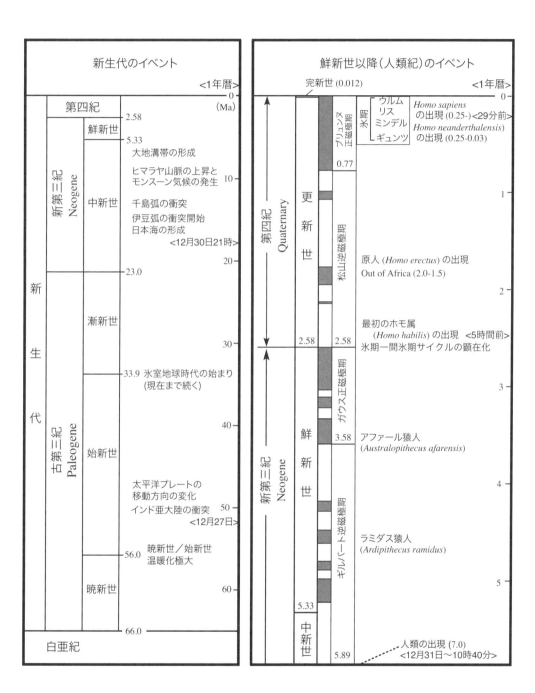

地球の探求と構成物質

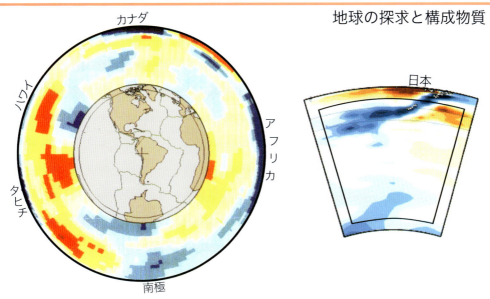

口絵 1.1　地震波トモグラフィーにより明らかになったマントルの低速度部（高温部：赤）と高速度部（低温部：濃青）．タヒチやハワイなどの枝分かれした南太平洋のスーパーホットプルームが浮かび上がっている．逆に南極の下では滞留したスラブが認められる．右図の日本列島下の東西断面のコールドプルームの帯は，沈み込む太平洋プレートの冷たいスラブが，上部マントルと下部マントルの境界で滞留している様子がみられる（出典：熊沢・丸山，2002の中の深尾・丸山による口絵）．

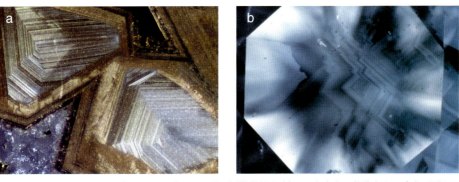

口絵 2.1　鉱物のカソードルミネッセンス像．**a.** 石英脈（菱刈鉱山産），**b.** 窒素を不純物として含むダイヤモンド（南アフリカ産：林 政彦氏提供）．偏光顕微鏡では認識できない成長累帯構造が認められる（高木秀雄撮影）．

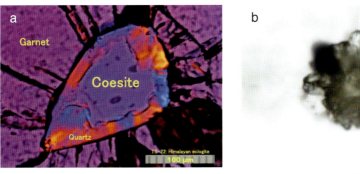

口絵 2.2　**a.** ざくろ石中のコース石包有物の偏光顕微鏡写真．直交ポーラーで鋭敏色検板使用．岩石はインドヒマラヤ Tso-Morari Complex 産の含炭酸塩エクロジャイト様岩．コース石を取り囲むゾーンは減圧過程でコース石から転移して生じた石英細粒集合体．その体積膨張のため，ざくろ石中に放射状割れ目が発生．**b.** カザフ共和国コクチェタフ超高圧変成帯産ドロマイト大理石中のマイクロダイヤモンド．2段階で成長したタイプ．周囲の鉱物はざくろ石．（小笠原義秀撮影）．

地球の変動

口絵3.1 ハワイ島キラウエア火山より流れ出る溶岩流とパホイホイ溶岩の形成（高木秀雄撮影）.

口絵3.2 スイスアルプス，グラールス押しかぶせ断層．始新世のフリッシュ堆積物（下盤）の上に，水平な断層面を境としてペルム紀の火山角礫岩（上盤：暗色部）が乗っている．断層面直下には，中生代の石灰岩が挟まれている（高木秀雄撮影）.

地球と生命の誕生と進化

口絵4.1 アエンデ隕石の研磨面．1969年にメキシコに広範囲に分離して落下した史上最大の炭素質コンドライト．コンドリュール（丸い緑色部）が特徴的で，CAI（白色部）からは，太陽系最古となる45.7億年前の放射年代が得られている（T. J. Fagan 提供）.

口絵4.2 カナダ北西部イエローナイフ グレートスレーブ湖イーストアーム島の約19億年前のストロマトライトの露頭（スケール：1m： 神奈川県立生命の星・地球博物館提供）.

口絵 4.3　米国アリゾナ州−ユタ州の州境に位置するモニュメントバレーのペルム紀赤色砂岩層．赤色砂岩は，縞状鉄鉱層（口絵 6.2）と同様，堆積時に地球上が酸化環境であった証拠の一つである（小笠原義秀撮影）．

地球と生命の誕生と進化

口絵 5.1　ペルム紀後期に繁栄した獣弓類の1種 *Lystrosaurus* の骨格標本（守屋和佳撮影）．

口絵 5.2　イギリス・デボンシャーの海岸沿いに分布する上部白亜系の白亜（チョーク）の壁．壁を構成している粒子のほとんどはハプト藻により生産されたココリスである（守屋和佳撮影）．

地球の資源と環境

口絵6.1 海底熱水噴出孔（ブラックスモーカー）インド洋中央海嶺エドモンド・フィールド（23°52.6'S, 69°35.7'E）（写真提供：海洋研究開発機構）

口絵6.2 スペリオル型縞状鉄鉱層（25億年前）西オーストラリア・ハマースレイ（写真提供：加藤泰浩 氏）

口絵7.1 降水の酸性化機構と大気浄化能解明のための霧（雲）水と雨水の採取風景（富士山麓，標高1300 m）．太陽光と風力を利用した自動霧水採取装置による（大河内 博撮影）．

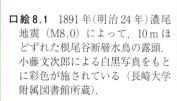

口絵8.1 1891年（明治24年）濃尾地震（M8.0）によって，10 mほどずれた根尾谷断層水鳥の露頭．小藤文次郎による白黒写真をもとに彩色が施されている（長崎大学附属図書館所蔵）．

地球・環境・資源
地球と人類の共生をめざして

第2版

高木　秀雄
山﨑　淳司
円城寺　守
小笠原義秀
太田　　亨
守屋　和佳
内田　悦生
大河内　博
香村　一夫　著

共立出版

著者紹介

氏　名	（専門分野）	担　　当
高木　秀雄*	（構造地質学）	第1章，第2.6節，第3章，編集，図表・デザイン
山﨑　淳司**	（応用鉱物学）	第2.1節，第2.2節
円城寺　守*[1]	（鉱床地質学）	第2.3節
小笠原義秀*[1]	（岩石学）	第2.4節，第4章
太田　亨*	（堆積学）	第2.5節
守屋　和佳*	（進化古生物学）	第5章
内田　悦生**	（資源地球化学）	第6章，企画・編集
大河内　博**	（大気水圏環境化学）	第7章
香村　一夫**	（地圏環境学）	第8章

*早稲田大学教育・総合科学学術院　教授　　[1] 同 名誉教授
（教育学部理学科地球科学専修／大学院創造理工学研究科 地球・環境資源理工学専攻 兼担）
**早稲田大学理工学術院　教授
　（創造理工学部環境資源工学科／大学院創造理工学研究科 地球・環境資源理工学専攻）

第2版改訂によせて

　本書が発刊されてから10年が経過した．この間，世界人口は67.5億人から76億人へと8.5億人増加するとともに先進国に加えて発展途上国における産業活動の活発化に伴ない地球大気のCO_2濃度は384 ppmから406 ppmへと22 ppm増加した．その結果，地球の温暖化がさらに進み，近年では，気象に関連した自然災害が増加しているように思われる．また，明らかな事実として，氷床面積の減少・氷河の後退・永久凍土の融解が進行しており，これらのことに関連して地球のアルベド（太陽光反射率）の低下，温室効果ガスであるメタンガスの発生が起きており，地球の温暖化に拍車がかかっている．地球はもはや暴走化の一歩手前の状態にあるとの指摘も出始めている．また，自然災害は気象ばかりではない．世界のM8.5を超える巨大地震の履歴を見ると，1965年までに頻発していたが，それ以降はゼロであった．しかし2004年のスマトラ沖地震以降，2008年（スマトラ），2010年（チリ），2011年（東北地方）など頻発しており，国内の大きな内陸地震の頻度からも，今活動期に入っているように見える．発生確率が高まっている南海トラフの地震など，地震災害の防災・減災のための対策も急がれている．資源問題も21世紀の大きな課題である．この10年間で中国は世界における鉱物資源のおよそ半分を消費するまでに至っている．多くの人口を抱えるインドや東南アジアは急速な経済発展を遂げており，鉱物・エネルギー資源確保の重要性は今後ますます増大してくることに疑問の余地はない．地球温暖化・資源問題は全人類に係わる解決しなければならない喫緊の課題である．このような背景から，地球の過去・現在・未来を知るための地球科学の知識はその重要度を増している．本書が地球の理解に少しでも貢献できれば本望である．

　この10年間において地球科学は様々な分野で進化・発展してきた．これまでに小さな修正は第5刷まで4回実施してきたが，専攻のスタッフも入れ替わり，大幅な改訂が望まれ，今回第2版の刊行に至った．なお，旧版の著者で故人となられた坂　幸恭名誉教授（第1章，第2.5節担当），ならびに平野弘道名誉教授（第5章担当）に代わり，新しい風を吹き込むべく若手研究者として太田亨博士（第2.5節担当）および守屋和佳博士（第5章担当）が著者として加わった．また，研究の進展が著しい第4章についても，大きく改訂されている．

　改訂の編集でお世話になった共立出版編集担当の河原優美・山内千尋の両氏にお礼申し上げる．

2019年3月

内田悦生・高木秀雄

初版まえがき

　環境問題・資源問題は21世紀に生きる人類に課せられた最重要課題である．環境問題のなかでも特に地球温暖化は深刻な問題であるが，地球温暖化も元をたどれば46億年かけて地球が育んできた化石資源に起因する．すなわち，初期地球の大気中に多く存在した二酸化炭素は，石炭，石油，天然ガス，石灰岩として地殻中に固定された．長い地球の歴史において固定された二酸化炭素は，近年，人類がこれらの資源を使用することにより急速かつ多量に大気中に排出され，地球に影響を及ぼすに至った．地球は定常状態を保ちつつ46億年かけて徐々に進化してきたが，人間活動の肥大化により今まさにそのバランスが崩れ，地球温暖化といった深刻な問題が生じているのである．

　他方，高度に発達した現代社会を支えるためには，エネルギー資源ばかりでなく，金属資源も必要不可欠である．金属・エネルギー資源は，地球の進化過程で生成され，人間の時間スケールでは再生不能なものである．近年における科学・技術の発達，人口の急激な増加，発展途上国の急速な成長により，これら資源は枯渇の危機を迎えつつある．

　今まさに人類に迫り来るこれら環境問題・資源問題を理解するうえで，46億年にわたる地球・生命の誕生とその進化の歴史を知るとともに，今現在の地球の姿を知ることは，大変重要なプロセスである．また，私たちが住んでいる日本列島には全世界のおよそ1割の地震と活火山が集中している．このような自然災害の多い環境下で安全に暮らすためには，国民の教養としてこれら自然の営みを理解し，防災の指針をたてる必要がある．

　本書は，大学1・2年の理系ならびに文系の学生を対象に，私たちが暮らしている地球のことを知ってもらうとともに，環境問題・資源問題を地球科学の立場から理解し，地球と人類が永遠に共生できる「宇宙船地球号」を創成する上での足がかりとなることを目指した教科書である．よく「地球にやさしい」とか，「自然保護」という標語を目にするが，むしろ私たち人類が地球にどれだけ守られてきたか，ということを理解することこそ，環境問題・資源問題に取り組む上で重要な出発点ではなかろうか．折しも本書が発刊される2008年は，ユネスコと国際地質科学連合（IUGS）が中心となって取り組んでいる国際惑星地球年（IYPE）の中核の年であり，また洞爺湖で開催されたサミットの最大のテーマは，地球温暖化とCO_2の削減であった．いま，国を越えたグローバルな視点でものごとを考え，行動することが求められている．地球のことを良く理解するために本書が少しでも役に立てば幸いである．

　本書の執筆者は，早稲田大学大学院創造理工学研究科地球・環境資源理工学専攻に属する地球科学，資源科学，環境学を専門とする9名の研究者から構成されている．本書のタイトル「地球・環境・資源」は，執筆者の属するこの専攻名に由来するものである．これまでの地球科学関係の教科書と異なり，「環境」と「資源」の章を充実させて広い領域をカバーしているのが本書の特徴である．

2008年8月

内田悦生・高木秀雄

もくじ

1 地球の探求 *1*
1.1 地球科学の時空スケール *1*
  1.1.1 自然科学が扱う分野とスケール *1*
  1.1.2 歴史科学としての地球科学 *2*
1.2 地球の構成・形態 *3*
  1.2.1 地球の圏構造 *3*
  1.2.2 固体地球の外観 *5*
  1.2.3 固体地球の探求 *6*
  1.2.4 固体地球の構成 *8*
1.3 地磁気 *12*
1.4 地球内部熱 *13*
  1.4.1 熱機関としての'地球' *13*
  1.4.2 地球内部熱の発生と放熱 *13*
  1.4.3 地殻熱流量 *13*
  1.4.4 地球内部の温度勾配 *14*

2 地球の構成物質 *15*
2.1 元素の存在比 *15*
  2.1.1 宇宙の元素存在比 *15*
  2.1.2 地殻の元素存在比 *15*
2.2 鉱物 *15*
  2.2.1 鉱物とは *15*
  2.2.2 鉱物の分類 *21*
  2.2.3 化学的性質 *21*
  2.2.4 物理的性質 *24*
  2.2.5 鉱物の構造 *25*
2.3 火成岩 *27*
  2.3.1 岩石の多様性 *27*
  2.3.2 火成岩の性質 *28*
  2.3.3 火成岩の分類 *30*
  2.3.4 火成岩の起源 *34*
  2.3.5 相平衡図 *35*
2.4 変成岩 *37*
  2.4.1 変成岩の定義 *37*
  2.4.2 変成作用の場 *38*
  2.4.3 変成岩の分類 *39*
  2.4.4 変成作用の物理化学的条件と変成相 *40*
  2.4.5 おもな変成岩の実例 *42*
2.5 堆積岩と地層 *44*

    2.5.1　岩石相互の関係　*44*
    2.5.2　堆積岩　*44*
    2.5.3　層序　*52*
  2.6　地層の変形：褶曲と断層　*55*
    2.6.1　褶曲　*55*
    2.6.2　断層と剪断帯　*56*

3　地球の変動　*59*
  3.1　海洋底の拡大とプレートテクトニクス　*59*
    3.1.1　大陸移動説　*59*
    3.1.2　古地磁気　*59*
    3.1.3　海洋底拡大説からプレートテクトニクスへ　*61*
  3.2　プレートとプレート境界　*66*
    3.2.1　発散境界：海嶺と大地溝帯　*66*
    3.2.2　横ずれ境界：トランスフォーム断層　*69*
    3.2.3　収束境界：海溝　*70*
  3.3　プルームテクトニクス　*70*
    3.3.1　コールドプルーム　*70*
    3.3.2　ホットプルーム　*71*
  3.4　プレートテクトニクスと地球の変動　*71*
    3.4.1　火山　*71*
    3.4.2　地震　*75*
    3.4.3　造山帯　*76*
  3.5　日本列島の発達史　*78*
    3.5.1　東アジアの活動的縁辺部としての日本：付加体成長の時代　*79*
    3.5.2　日本海の形成と日本列島の回転　*81*
    3.5.3　島弧の衝突　*82*
    3.5.4　活動を続ける日本列島　*82*

4　地球の誕生と進化　*87*
  4.1　地球の誕生からその後の進化　*87*
    4.1.1　惑星地球の進化過程　*87*
    4.1.2　地球誕生から現在までの大きな年代区分と事件　*88*
  4.2　原始太陽系，星雲から惑星の形成　*88*
    4.2.1　現在の太陽系天体と構造　*88*
    4.2.2　地球集積　*89*
    4.2.3　隕石の衝突　*91*
    4.2.4　集積プロセス　*93*
    4.2.5　衝突による融解とマグマオーシャン・核の形成　*94*
    4.2.6　月の成因　*94*
    4.2.7　地球型惑星と月の表面の年代分布　*96*
    4.2.8　地球に残された最古の記録　*96*
  4.3　原始大気と海洋の形成　*97*
    4.3.1　大気の起源　*97*

4.3.2 原始大気からの原始海洋の形成　*98*
   4.3.3 地球大気の進化　*99*
   4.3.4 光合成生物が決めた地球環境　*100*
  4.4 大陸の成長と超大陸の誕生　*102*
   4.4.1 古い大陸の証拠　*102*
   4.4.2 大陸構成物質の形成　*102*
   4.4.3 大陸の発達と分布　*103*
   4.4.4 プレートテクトニクスと大陸形成との関係　*103*
   4.4.5 大陸の成長時代と超大陸の形成　*104*
  4.5 全球凍結　*106*
   4.5.1 全球凍結の証拠　*106*
   4.5.2 全球凍結のステージ　*107*

5 生命の誕生と進化　*109*
  5.1 生命の誕生と初期の進化　*109*
   5.1.1 最古の生命の記録　*109*
   5.1.2 化学進化　*109*
   5.1.3 RNA ワールド　*110*
   5.1.4 地球上での生命誕生の場所　*110*
   5.1.5 太古代の生命　*110*
  5.2 原生代の生命：微生物の多様化と生命の爆発　*112*
   5.2.1 真核生物の登場　*112*
   5.2.2 真核藻類の誕生　*113*
   5.2.3 全球凍結とその後の大気中酸素濃度　*113*
   5.2.4 動物の誕生　*113*
   5.2.5 エディアカラ生物群の登場　*114*
  5.3 古生代の生命　*115*
   5.3.1 カンブリア紀　*115*
   5.3.2 オルドビス紀　*116*
   5.3.3 シルル紀　*118*
   5.3.4 デボン紀　*119*
   5.3.5 石炭紀　*120*
   5.3.6 ペルム紀　*122*
  5.4 中生代の生命　*123*
   5.4.1 三畳紀　*123*
   5.4.2 ジュラ紀　*123*
   5.4.3 白亜紀　*124*
  5.5 新生代の生命　*127*
   5.5.1 古第三紀　*127*
   5.5.2 新第三紀－第四紀　*129*

6 鉱物・エネルギー資源　*131*
  6.1 資源問題　*131*
   6.1.1 資源の消費動向　*131*

  6.1.2 資源の枯渇 *132*
  6.1.3 資源の供給不安 *133*
  6.1.4 資源と環境破壊 *134*
 6.2 鉱物・エネルギー資源の生成 *134*
  6.2.1 地球の進化と資源の生成 *134*
  6.2.2 鉱床とは *136*
 6.3 鉱床の種類と成因 *136*
  6.3.1 マグマの分化と元素の濃集：正マグマ性鉱床 *136*
  6.3.2 熱水作用と元素の移動・濃集 *139*
  6.3.3 堆積作用による鉱床の生成 *145*
  6.3.4 変成作用による鉱物資源の生成 *148*

7 地球表層の物質循環と地球環境問題 *149*
 7.1 地球生態系と物質循環 *149*
  7.1.1 生態系の構造と機能 *149*
  7.1.2 物質の地質学的循環と生物地球化学的循環 *150*
  7.1.3 物質循環と滞留時間 *150*
 7.2 輸送媒体の構成 *151*
  7.2.1 大気 *151*
  7.2.2 海洋 *156*
  7.2.3 河川 *158*
 7.3 物質循環と地球環境問題 *159*
  7.3.1 水循環と地球温暖化 *159*
  7.3.2 炭素循環と地球温暖化 *162*
  7.3.3 窒素循環と環境問題 *165*
  7.3.4 硫黄循環と酸性雨問題 *166*
  7.3.5 塩素循環と地球環境問題 *168*
 7.4 持続可能な循環型社会の構築に向けて *170*

8 自然と人間活動の調和をめざして *171*
 8.1 環境破壊と人間活動 *171*
  8.1.1 足尾鉱毒事件 *172*
  8.1.2 地盤沈下と地下水汚染 *172*
 8.2 自然災害と人間生活 *179*
  8.2.1 地震災害 *179*
  8.2.2 火山による災害と恩恵 *184*
  8.2.3 地すべりと崖崩れ *186*
 8.3 地質学と近年の人間活動 *189*
  8.3.1 堆積物に記録された環境汚染史 *189*
  8.3.2 地史学からみた人間活動 *190*
 8.4 自然を考える人間活動の原点 *190*

参考図書 *191*
索引・英文索引 *195*

1 地球の探求

太陽系第3惑星である地球は，固体地球と水圏・気圏をあわせておよそ7,000 kmの半径を有し，その誕生から46億年の歴史を経てきた．本章では，地球の構成や歴史および環境を学ぶにあたって，地球科学で扱う時間・空間スケールをまず解説する．そのうえで，46億年の歴史がいかにして求められたか，地球の構成はいかにして明らかにされたか，その手法として用いられた地球化学と地球物理学の基礎について解説する．

1.1 地球科学の時空スケール
1.1.1 地球科学が扱う分野とスケール

人間にとって地球は世界そのものである．地球科学はその地球を相手とするのであるから対象は無限にある．地球を丸ごと捉える分野から，地質学上の最小構成単位である鉱物の構造を探る分野

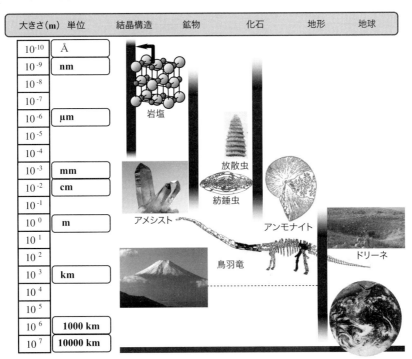

図1.1 地球科学が対象とするものの大きさ（坂 幸恭 原図を一部改変）

まで，とにかく地球のあらゆる部分が研究対象となる．このため地球科学の分野は多岐にわたっている．また，地球科学の基盤となる学問分野も広く，物理学，化学，生物学のみならず，歴史科学的な側面ももち合わせている．さらに，本書で取り扱う資源問題では経済学的な側面をもち，環境問題では社会科学的な観点が必要となる．

研究分野がこのように多岐にわたる地球科学では，研究対象の大きさも鉱物の結晶構造にかかわるナノメートルのオーダーから地球規模の10,000 kmに及ぶ（図1.1）．

1.1.2 歴史科学としての地球科学
(1) 46億年の長さ

月の岩石や火星などから地球に飛来した隕石などの放射年代測定に基づき，地球は約46億年前に誕生したと推定されている．この46億年という期間の長さを実感するために，46億年を1年間に例えてみる．地球が誕生した46億年前を1月1日午前0時，現在を12月31日午後12時，（翌年の1月1日午前0時）とする．年間のカレンダーに，だれもが知っている地球史上の大事件をいくつか当てはめてみると年代表（見返しの1年暦）のとおりとなる．たとえば，人類が出現したとされる700万年前を地球暦に例えると，大晦日の10時40分ごろとなる．産業革命以降人類は地球の環境に重大な影響を及ぼしてきた．その時間はわずかに1.7秒に満たない．誕生して以来それまでに築き上げてきた生命の惑星としての地球環境のことも，本書で学んでいただきたい．

(2) 地球の年代区分

地球の歴史は大きく2つに区分されている．すなわち，46億年前から5億4100万年前までの**先カンブリア時代**と，5億4100万年前から現在までの**顕生累代**である（図5.1）．先カンブリア時代は，さらに**冥王代**（46～40億年前），**太古代**（40～25億年前），**原生代**（25億～5億4100万年前）の3つに細分され，顕生累代は，**古生代**（5億4100万～2億5190万年前），**中生代**（2億5190万～6600万年前），**新生代**（6600万年前～現在）の3つに細分される（見返しの地質年代表参照）．

先カンブリア時代と顕生累代とでは，各年代境界の定義が本質的に異なっており，前者は，ほぼ放射年代によって定義されているのに対し，後者のほとんどは，ある生物の絶滅した層準によって定義されている．この違いは，各時代における地球上の生物の顕在性の違いに由来しており，顕生累代の堆積岩からは動物や植物の化石が産出し，各年代境界は動物や植物などの大型生物の進化と絶滅によって特徴づけられている．一方，先カンブリア時代は大型の生物に極めて乏しく，化石層序に基づく年代の構築が不可能な時代といえる．

(3) 放射年代測定法

本書では，地球の年齢46億年をはじめ，岩石の生成年代などがしばしば数値で示されている．地質学上の事象の年代は大きい数字となることが多いので，年代の単位は，100万年前をMa（期間を表すときはm.y.），10億年前をGa（同b.y.）としている．このような年代は，放射性同位体元素が物理化学条件にかかわらず厳密に一定の割合で壊変していくことを利用して決定されるので，**放射年代**（または**同位体年代**）という．これに対して，化石や層序によって定められた新旧の順序を示す年代は**相対年代**とよばれる．ここでは，代表的な放射年代測定法を紹介する．

ある時刻tにおける放射性親元素の量をP, $t=0$におけるPをP_0とすると，

$$dP/dt = -\lambda P$$

したがって，

$$P = P_0 \exp(-\lambda t) \quad (\lambda は\mathbf{壊変定数})$$

PがP_0の1/2になるまでの時間を**半減期**（$= \ln 2/\lambda$）とよぶ．次の半減期を経ると，Pは0となるのではなく，その半分，つまり$1/4 P_0$とな

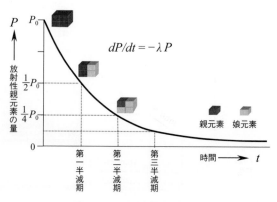

図1.2 放射性元素の壊変

る．というわけで，理論的には P は 0 とはなりえないことになる（図 1.2）．

放射性壊変によって生成した娘元素の量を D^* で表すと，娘元素全体の年代変化は $D = D_0 + D^*$ である（D_0 は $t = 0$ のときにすでに存在していた娘元素の量）．$D^* = P_0 - P$ であることから，
$$D = D_0 + P[\exp(\lambda t) - 1]$$
と表される．D と P は現在の量であるから測定することができるが，絶対量変化を知るために，娘元素の安定同位体 Ds との比を測定する．Ds は時間とともに変化しないので，上式は次のようになる．
$$D/Ds = (D/Ds)_0 + (P/Ds)[\exp(\lambda t) - 1]$$
D/Ds，P/Ds は測定可能な量であり，$(D/Ds)_0$，t は未知数．

このことから，$(D/Ds)_0$ と t が同じで，D/Ds および P/Ds の異なったいくつかの試料についての値をおのおの縦軸と横軸にとってプロットすると，試料が，P および D に関して $t = 0$ 以降閉鎖系を保っていれば，プロットは直線上に並ぶはずである．この直線を**アイソクロン**とよび，その傾きから t が求められる（図 1.3）．また，$(D/Ds)_0$ を初生比（同位体比初生値）とよぶ．

以下に，代表的な放射年代測定法をいくつか紹介する．

ルビジウム-ストロンチウム法（Rb-Sr 法）は，P-D-Ds の組合せが ^{87}Rb-^{87}Sr-^{86}Sr であり，^{87}Rb の半減期は 48.8 b.y. である．

不活性ガスである Ar を用いる方法，すなわち，**カリウム-アルゴン法**（K-Ar 法）では，P-D-Ds の組合せは ^{40}K-^{40}Ar-^{36}Ar である．K-Ar 法では，不変の初生比として $(D/Ds)_0 = 295.5$ が用いられる．これは岩石の Ar の初生比 $(^{40}\mathrm{Ar}/^{36}\mathrm{Ar})_0$ は大気に由来することに起因する．この場合には 1 個の試料から次の式によって年代値が求まる．
$$t = 1/(\lambda_e + \lambda_\beta)\ln[1 + ((\lambda_e + \lambda_\beta)/\lambda_e)(D^*/P)]$$
^{40}K は，^{40}Ar および ^{40}Ca に壊変し，λ_e と λ_β はそれぞれの壊変定数（0.581×10^{-10}/yr，4.962×10^{-10}/yr）である．また，^{40}K の半減期は，1.25 b.y. である．ここで，
$$D^* = D - D_0 = {}^{40}\mathrm{Ar}^* = {}^{40}\mathrm{Ar} - 295.5\,{}^{36}\mathrm{Ar}$$
である．K を含む鉱物として，カリ長石，雲母，角閃石がよく用いられる．

地球の年齢は，微惑星の破片である隕石のウラン-鉛（U-Pb）により明らかにされている．**ウラン-鉛法**の場合には，P-D-Ds の組合せとして，^{238}U-^{206}Pb-^{204}Pb（半減期：4.47 b.y.），^{235}U-^{207}Pb-^{204}Pb（半減期：704 m.y.）がある．U を含む鉱物としてジルコンがよく用いられる．

以上のように放射性元素の親元素と娘元素の量比を利用する年代測定法のほかに，宇宙線によって生成した元素を利用する方法がある．大気中の ^{14}N から宇宙線によってつくられる ^{14}C を利用する**放射性炭素年代測定法**（^{14}C 法）が，その代表である．生物が死んで呼吸が止まり，大気から ^{14}C を生体内に取り込まなくなった時点を $t = 0$ とする．それ以降は，放射性壊変によって ^{14}C が減少していくので，^{14}C/^{12}C を測定すればその生物の死亡年代，すなわち生物の年代が決定される．ただし，その生物が生息していたときの ^{14}C/^{12}C の値がわかっていることが前提である．この方法が開発されてから ^{14}C を生み出す宇宙線の量に変動があるため，大気中の ^{14}C 濃度が変動することがわかった．この変動を補正するために，寿命の長い樹木の年輪中の ^{14}C 濃度との照合が行われている．^{14}C の半減期は 5,730 年と短いので，炭質物を含む若い地層や考古学の出土品などの年代測定法として用いられる．

1.2 地球の構成・形態
1.2.1 地球の圏構造

図 1.4 に示すように，地球は断面図で同心円状の層構造，実体では球殻構造をなしている．中心に固体地球，その外側の大部分を海洋からなる水圏が覆い，最も外側を気圏が占める．

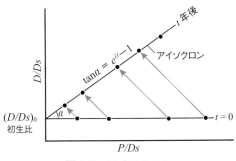

図 1.3 アイソクロン

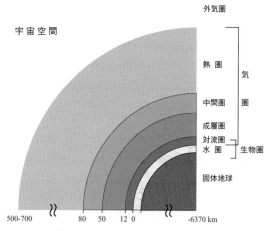

図 1.4 同心の圏構造をなす地球
固体地球の半径は極端に縮めて表示．

(1) 気圏

気圏は，高度による気温変化の様子によって，低いほうから，対流圏，成層圏，中間圏，熱圏に区分されている（図1.5）．最下層をなす**対流圏**は気圏全体の質量の3/4を占めている．大地や海洋が吸収した太陽熱が大気を下から暖めるため，対流による熱輸送が起こっている．これが大気の循環を引き起こし，気象現象の原因となる．気温は平均的には0.65℃/100mの割合（気温減率）で高度とともに低下し，約12kmで対流圏界面を経て**成層圏**となる．対流圏界面の高度は，夏期や低緯度地域では高い．成層圏では気温は高度とともに徐々に上昇し，高度約50kmの成層圏界面で0℃ほどの極大値に達する．これは，成層圏が**オゾン層**とほぼ一致しており，オゾンが太陽からの紫外線を吸収して加熱されるためである．成層圏界面より高度約80kmの中間圏界面までの**中間圏**では，高度とともにオゾンの濃度が低下するため，気温も中間圏界面では−90℃前後となる．それより上では，太陽からの短波長電磁波を吸収して上方に向かって気温が上昇していることから**熱圏**とよばれる．熱圏上部での最高気温は太陽活動に依存しており，数100〜2,000℃に達する．熱圏の上限をなす熱圏界面の高度は500〜700kmとされており，正確な高度は不明である．中間圏と熱圏では，太陽からの紫外線やX線などによって原子や分子が電離して，イオンや電子が多数

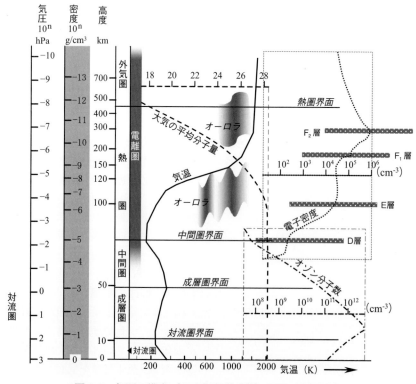

図 1.5 気圏の構成（日本気象学会編，1998を簡略化）

存在するため，**電離圏**ともよばれる．その中でも特に電子密度が高いため，地上からの電波を反射する電離層がいくつか知られている．地上から発信した電波をこの層で反射させ，それを地上局で受けてリレーすることによって，直進する電波を，地球の裏側にまで届けることができるのである．

熱圏界面より外側は**外気圏**とよばれているが，地球の重力に引き留められている気体分子が完全に存在しなくなる高度を確認することは不可能であるため，明確な上限は求められていない．外気圏が宇宙との間に明確な境界をもたず，しだいに宇宙空間に移行していくということは，地球は明瞭な外郭をもっていないということである．

(2) 水圏

原始地球が誕生してまもなく，創生時の高温状態から冷却していく過程で，水蒸気となっていた水が固まったばかりの固体地球の表面に短期間に降り注いで海洋が出現した．やがてこの海洋の中で生命が生まれ，進化をとげた．生命進化の過程で出現した光合成生物によって遊離酸素がつくり出され，これが気圏の組成をも変えて，今日に至っている．

海洋水に比べれば微々たる量にすぎないものの，陸上の生物にとって陸水は決定的に貴重である．氷河，湖沼水，河川水，地下水のかたちで陸上に存在する水は，太陽熱によって海から蒸発した水蒸気が上空で冷やされ，水滴や氷晶となって陸上に落下したものである．太陽熱は海水の揚水と淡水化の役割を果たしているのである．海面より高い位置に移された水は，途中で蒸発する分を除いて，重力にしたがって海へ戻っていく．その過程で陸地構成物質を砕屑物または溶解物のかたちで下流に運搬する（§2.5.2参照）．

(3) 固体地球

後に述べるように，固体地球は全体が固相をなしているわけではない．固体地球の構造は，よく鶏卵に例えられる．殻が地殻に，白身がマントルに，黄身が核に擬せられる．このうち，深度2,900 kmから5,100 kmにかけての黄身の外側半分にあたる外核は液相状態にあると推定されている．なお，これ以後煩雑さを避けるため，本章では固体地球を地球と略記し，地球全体を指す場合には'地球'と表記する．

1.2.2 固体地球の外観

(1) 地球の形

太陽系第3惑星である'地球'は，同じ構成をもつと考えられている地球型惑星（水星，金星，地球，火星）の中では最大の大きさをもつ．全質量は5.974×10^{24} kg，平均密度は5.515 g/cm^{3}である．

地球と称されているが，地球は二重の意味で球ではない．まず，表面に凹凸をもつため，幾何学的な球面をなしていない．地球表面上の最高地点と最深地点との差（約20 km）は，直径30 cmの地球儀では0.5 mmの凹凸となる．さらに，地球は第一次近似では球で表されるが，第二次近似では，極半径に比べて赤道半径が20 kmほど長い回転楕円体であって真球ではない．衛星を利用した測地学によって，さらに，三軸不等楕円体，柄が北極側についている西洋梨型楕円体というように，実物により近い形が求められている．しかし本書で扱うテーマでは，回転楕円体とする第二次近似で差し支えない（図1.6）．地球の形が回転楕円体をなしているのは，自転によって生じる遠心力のためである．

(2) ジオイドと地球楕円体

ジオイドは地球の重力の等ポテンシャル面であり，海洋では平均海水面に一致する．陸域では，縦横に張り巡らした溝に海水を導き入れたと仮定して，その水面を連ねた仮想の面で表される（その場合の海水面低下はないものと仮定）．陸域で

楕円体	年代	赤道半径 km	扁平率の逆数 1/f
ベッセル楕円体	1841	6,377,397.155	299.152813
測地基準系1980 楕円体（GRS80）	1980	6,378,137	298.257222101

$a = b > c$　　f(扁平率)$= (a-c)/a$

図1.6　地球楕円体

は水面より上にある岩石の引力によって水面はわずかながら引き上げられるので，おおむね地形に準じてわずかに盛り上がる．そのためジオイドは回転楕円体をなさず，大陸と海洋の分布状況に応じたわずかな凹凸を示す．個々の地域における重力はジオイド面に鉛直であり，ジオイド面は水平面を表す．地形測量の基準となるのは水平面（ジオイド）であり，作製された地形図は第二次近似の回転楕円体の上に投影される．このため回転楕円体がジオイドとできるだけ合致していることが望ましい．

ジオイドに最も良く合致する楕円体を**地球楕円体**とよぶ．このような楕円体は本来 1 個しかありえないはずであるが，いくつもの地球楕円体が計算されている．それは，1) 地球上のいろいろな緯度において子午線に沿う 2 つの緯度間の長さ（子午線弧長）を測定し，それに基づいて楕円体が計算されることと，2) 計算された楕円体のうち，いずれが'ジオイドに最も良く合致している'という正解がないためである．我が国ではベッセル（F. W. Bessel）が 1841 年に提唱した楕円体（ベッセル楕円体）が採用されていた．国や地方ごとに異なる楕円体を使っているのでは不都合であるので，国際測地学地球物理学連合は 1979 年に 1980 測地基準系を定めた（図 1.6）．日本では，現在，この測地基準系 1980 楕円体が採用されている．採用した地球楕円体とジオイドとの位置関係がわからなければ地形図をつくることはできない．そこで，地域（国や地方）ごとに，地球楕円体が実際にどこを通っているのか，そしてどの方向を向いているのか，を定めることにな

る．このように地形図作成のために地域ごとに位置と方向を定めた地球楕円体を準拠楕円体とよぶ．

1.2.3 固体地球の探求

気圏は有人気球や気象観測気球で直接探査することができる．海洋の調査は気圏よりは間接的とならざるをえないものの，有人・無人潜水艇によるほか，さまざまな技術を用いて海洋水の循環や海底地形が明らかにされてきた．試錐やドレッジによって底質を得ることも可能である．また，人類が月の岩石を手に入れてから久しく，近年では小惑星からの試料回収もできるようになってきた．これほど科学技術が進歩した現在でも，人類は足下の地殻の深さ 10 km 以深の岩石を，自身の手で取り出したこともないのである．それでは固体の地球内部はどのようにして調べるのであろうか．

(1) 地震波解析

地球内部を探る最も古典的かつ効果的な手段は，地球内部で反射したり，地球を通り抜けてきた**地震波解析**である．地震は地球表層部で発生する．最も深い地震でも震源の深度が 700 km を超えることはなく，多くはこれよりはるかに浅い．すなわち，地震は地表から地球内部に送り込まれた波動信号とみなすことができる．また，いつ発生するかわからない自然の地震を待つことなく人工地震を起こし，局地的な地下構造を推定する地震探査法が地球物理学や応用地質学の分野で整備され，広く用いられている．鉱山や採石場でなされる発破も同様に利用されている．震源から伝わる波動には，表面波と実体波がある．**表面波**は，海面の波と同様，媒体の表面を伝わっていくので，地球

コラム 1.1 メートル法

赤道上の地点は宇宙に対して 40,000 km/24 h ≒ 1,667 km/h という猛烈な速度で運動している．これほどの高速円運動によって働く遠心力をもってしても扁平率が 1/298 程度ですむほどに地球の剛性は大きいとみるか，さしもの地球も扁平率 1/298 程度の変形は免れないとみるか．これは個人の感性による．表に示した赤道半径と扁平率の逆数から極半径を求め，これに 2π を乗じると両極を含む地球の円周は約 40,000 km となる．これは偶然ではなく，19 世紀末，フランス科学アカデミーが子午線の北極から赤道までの経線の長さの 1/1,000 万を 1 m としてメートル法を策定したことによる．現在は，1983 年に国際度量衡総会が定義したものが用いられており，真空中で光が距離 l 進んだ時間を t 秒として，$l = ct$ として定義している（c は光速）．つまり，$t = 1/299{,}792{,}458$ 秒としたときの l が 1 m である．

深部の探求にはほとんど用いられない．

地球内部を伝播する実体波には，波の進行方向に振動する**P波**（粗密波）と，進行方向に直交して振動する**S波**（ねじれ波）がある．P波とS波の伝播速度（それぞれ V_P と V_S）は次の式で表される．

$$V_P = \sqrt{\frac{K + 4/3\,\mu}{\rho}}$$

$$V_S = \sqrt{\frac{\mu}{\rho}}$$

K：体積弾性率，μ：剛性率，ρ：密度

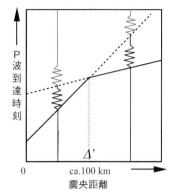

図1.7 走時曲線の折れ曲がり

この式から明らかなように，P波はS波よりも速く伝わって観測点に最初に（primary）到達し，S波はそれより少し遅れて2番目（secondary）に到達することから由来する．地殻上部で，V_P は5.5 km/秒，V_S は3.2 km/秒程度である．また，P波はどのような媒体中でも伝播するが，S波は剛性率 μ が0の物質では速度0となるので流体中を伝播することができない．

P波とS波は，それぞれ地震動の上下動（縦揺れ）と水平動（横揺れ）と誤解されることがあるが，両者が一致するのは震源が観測点の直下にあるか，あるいは地震波が観測点の直下から伝わる場合に限られる．

地震波解析には光学でよく知られている屈折の法則がそのまま適用される．図1.7は大陸内部の浅所で発生した地震について，震央距離（震源直上の地点から観測点までの距離）とP波が到達した時刻との間の一般的な関係を表す．図に示された曲線（実質的には直線であるが）を**走時曲線**とよび，その勾配は伝播速度を表し，勾配が急なほど低速度である．図に見られるように，震央距離100 km付近の地点において実線で表したP波速度が急に大きくなる．P波速度が小さい地表付近の層の下にはP波速度が大きい層があって，両者は不連続面（§1.2.4(1)参照）で接していると考えなければ説明できない．震源から発して境界面に臨界角で入射したP波は，境界面（下層の表面）を下層の速度で伝わっていき，進行中に，同じく臨界角で地表に向かうP波（屈折波）を発生させる（図1.8）．このように遠まわりして中間の区間を高速で伝わったP波と，低速の層内を震源から直接やってきたP波（直接波）とが同時に到達する地点が，走時曲線の折れ曲がり点である．折れ線は直接波と屈折波のうち，先に観測点に達した波の到達時刻を表しているのであって，一方が観測された後に到達したもう一方の波は考慮されていない．したがって，実際は斜めに交わる2本の走時曲線の下側半分が合成された結果，折れ曲がっているように表現されるのである．このように，不連続面の下に地震波速度が大きい層が存在する場合は，走時曲線の折れ曲がりが現れる．

逆に不連続面の下で地震波速度が小さくなる場合には，走時曲線が途絶える．地震現象としては，震央からある距離をおいて地震波が観測されない（地震波が到達しない）区域（**地震波の陰**）が現れる（図1.16）．

基本的には，走時曲線の折れ曲がり，あるいは地震波の陰が現れた震央距離から不連続面の深度

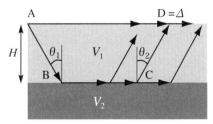

$\theta_1 = \theta_2 = $ 臨界角　P波速度 $V_1 < V_2$

$$H = \frac{\Delta}{2}\sqrt{\frac{V_2 - V_1}{V_2 + V_1}}$$

図1.8 下位の高速度層までの深さ
Δは，直接波と屈折波が同時に到達する地点までの距離（AD）

を求めることによって，地球の内部構造が明らかにされてきた．ただし，地震波解析の結果は各深度における地震波速度を示すのみで，構成物質を決めるものではない．構成物質は，各深度の密度・温度・圧力を間接的に推定して，状態方程式に適用したり，各種物質について高温・高圧実験を行ったり，隕石の組成から類推するなど，ほかの手段によって推定されている．

(2) **地震波トモグラフィー**

地震波を用いて地球内部を探る研究は，上に述べた古典的な方法から進歩した**地震波トモグラフィー**という方法によって立体的な地球の構成が明らかにされ，画期的な発展を遂げつつある．地震波トモグラフィーとは，地震波の伝播時間を用いて地球内部の三次元速度構造を求める手法である．すなわち，地震波速度が地球内部の物質の密度や状態を反映するのを利用して，地震波トモグラフィーでは地球内部を通る地震波の速度分布を画像化する．ちょうど，医学の世界でX線CTが生体内部の密度分布を捉えるのと同様である．

具体的には，ある地点で発生した地震から発する地震波を，地球上各地に設置された地震計で測定し，膨大な数の地震波記録をコンピュータ処理して，地球内部における地震波速度分布の三次元画像を得るものである（図1.9）．地震波速度は地球内部の密度や剛性率の違いによって変化する．特に，物質が均一である場合は，地震波速度分布は温度分布とよい相関をもっている．したがって，その画像を利用することによって，マントル物質

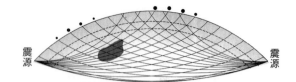

図1.9 地震波トモグラフィーの原理（川勝 編，2002）
暗色部は，低速度（高温）と判断される部分．●印は地震波が遅れて到達する観測地点．実体波（P波やS波）のほか，表面波を利用することもある．

の上昇流（プルーム）や，冷たいプレートが地球内部のどのあたりまで沈み込んでいるか，などの検討が可能になった（口絵1.1，§3.3参照）．

1.2.4　固体地球の構成
(1) **大陸地殻と海洋地殻**

大陸の地震から得られた走時曲線の折れ曲がりに基づいて求めた**大陸地殻**とマントルの境界面の深さは30〜60 kmである．この面はモホロビチッチ不連続面（モホ面あるいはM面）とよばれる．この名称は，1909年にクロアチアで発生した地震を解析して最初にその存在を地下50 kmに認めた同国の地震学者モホロビチッチ（A. Mohorovičić）に因んでいる．

その後，海底を震源とする地震についても同様の不連続面が大陸よりはるかに浅いところに発見され，海洋と大陸では地殻の性質が著しく異なることがわかった．さらに大陸地殻内部にはモホ面ほど顕著でないものの，もう1つの不連続面（コ

コラム1.2　ミュオグラフィーで火山の内部を観る

宇宙から降り注ぐ宇宙線の一種で透過力の強いミュー粒子（ミューオン）の飛跡を利用して，透過した物体の密度分布を調べる透視技術の一種が，2007年より東京大学地震研究所で開発された．X線で人体のレントゲン写真を撮るように，火山全体を透視することに成功しており，マグマの位置やマグマの通り道がわかるようになってきた（下図）．この方法は，溶鉱炉やピラミッドの内部構造の調査などにも利用されている．

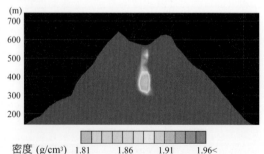

ミュオグラフィーで示された薩摩硫黄島の大量のマグマ（画像提供：田中宏幸教授）

1.2 地球の構成・形態　9

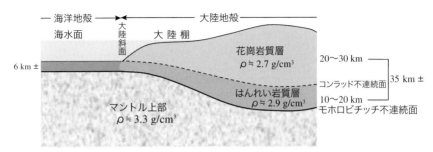

図1.10　大陸地殻と海洋地殻

ンラッド不連続面）が発見されて，大陸地殻が2層構造をなしていることが判明した（図1.10）．大陸地殻は，コンラッド面を境に上位の花崗岩質層と下位の玄武岩質層に分かれる．**花崗岩質層**はその名のとおり，花崗岩を主体とし，その風化産物である堆積岩と両者に由来する変成岩を伴う（第2章参照）．**海洋地殻**と大陸地殻の下部は**玄武岩質層**と通称されているが，厳密には玄武岩はおもに海洋地殻の表層部のみを構成し，その下位や，大陸地殻の下層は玄武岩と化学組成が同じ深成岩（はんれい岩）などからなる．このことは，地殻変動に際して陸上に乗り上げた海洋地殻構成岩類（**オフィオライト**）によって証明されている．

　大陸地殻と海洋地殻の違いは，起伏分布にも現れている．今日のように，測地法が人工衛星を駆使するようになる前から，天体観測による位置決定と水準測量・測深によって地球表面の起伏は詳細に明らかにされてきた．図1.11は地球の表面起伏の頻度分布である．曲線は陸域と海域にそれぞれ峰をもつ双峰性（バイモーダル）となっている．これは陸地表面と海底面が質的に異なるグループを構成していることを意味する．すなわち，

地球表層部は，大陸地殻と海洋地殻という質的に異なる部分からなっている．たまたま両者の境界付近に海水準があって，地理学上の大陸・海洋の境界とほぼ一致しているにすぎない．海水準は両者にかかわりのない存在であるから，当然，地質学的には大陸・海洋でありながら，地理学的にはそれぞれ海域・陸域となっている部分がわずかながら存在する．前者の代表例が大陸棚と大陸斜面であり，後者の代表例が海洋島，アイスランド，オフィオライト地域である（(3)および第3章参照）．

(2) アイソスタシー

　重力にも大陸と海洋で系統的な違いが現れている．地球の内部が均質であれば，地球楕円体上の各地点に働く重力は，地球の万有引力と自転による遠心力という，緯度のみに依存する値となる（**標準重力**）．地表における重力測定値は，陸域ではジオイド面より上に岩石があるので，その過剰質量の引力が加わり，重力測定値はその分大きくなっているはずである．海洋では，ジオイド面と海底までの間を岩石よりも軽い海水が占めているので，その分だけ質量が不足し，重力測定値は小さくなっているはずである．そこで，陸域ではジオイド面より上にある岩石を除去し，海域では海水を密度 $2.67\,\text{g/cm}^3$ の仮想の岩石に置き換えたと想定して，測定値に補正を施す（ブーゲー補正）．このブーゲー補正にジオイド面までの高度補正（フリーエア補正）および地形補正を加えた測定値と標準重力との差（**ブーゲー異常**）が，一般に陸域ではマイナス，海域ではプラスとなる．しかもその絶対値は高度および深度に比例して大きくなる．つまり，ブーゲー異常断面は地形断面と鏡像の関係を示す（図1.12）．これは何を意味しているのであろうか．このようになる原因は，ジオイド面の上下にある物質の影響を考慮したことに

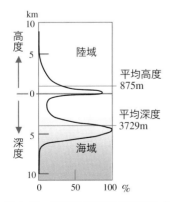

図1.11　固体地球表面の起伏分布

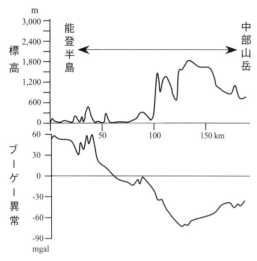

図 1.12 重力測定の例．標高とブーゲー異常の関係
（Kono *et al.*, 1982 を簡略化）

ある．図 1.13 に示したように，厚い大陸地殻は厚い分だけ少し重いマントルの中に根を下ろしている．薄い海洋地殻の下では陸域よりもかなり上のほうまでマントルが占めている．この状態はアルキメデスの原理そのものである．水に浮く氷のように，地殻はマントルの上に浮かんでいる状態にあり，表面高度と底の深さはその厚さによって決まる．このため，地下一定の深さに，それより上の物質の質量が等しくなる補償面が存在するのである．このような平衡状態を**アイソスタシー**とよぶ．そこで，アイソスタシーが成立している地域では，ブーゲー異常の値によってジオイド面より下にある地殻の厚さ，すなわちモホ面の深さを推定することができる．逆に，地形断面とブーゲー異常断面が一致する傾向にある場合には，なんらかの外力が働いてアイソスタシーを乱している

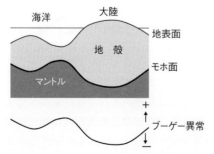

図 1.13 アイソスタシー平衡にある地殻とマントルの関係

と考えられる．

(3) マントル

地殻の下限を画するモホロビチッチ不連続面より深さ約 2,900 km まではマントルで，地球の体積の 83 %，質量の 67 % を占めている．マントル内では 410 km と 660 km の深さに地震波速度が急増する場所があることが知られている．660 km での不連続面を境にして，その上を上部マントル，下を下部マントルとよぶ．上部マントル内で P 波速度は下方に向かって 8.0～8.2 km/秒から 10 km/秒まで増大する．

震源から角距離 10°（1°＝111 km）の付近に地震波の陰が現れることから，深度 70～250 km 付近に地震波速度が低下する層が存在することが推定されている．この低速度層の状態は場所により異なり，変動帯では異常に厚く，上限がモホ面にまで及んでいる．これに対して安定地塊の下では不明瞭であることが多い．海洋底下では，両者の中間の性状を示す．地震波速度の低下の原因として，岩石が部分溶融しているためと考えられる．低速度層より上位のマントルと地殻は合わせて**リソスフェア**（岩石圏）とよばれ，プレートテクトニクスではプレートに相当する（第 3 章参照）とよばれている．

上部マントルでは，410 km まではかんらん石を 6 割ほど含み，輝石（単斜輝石，直方（斜方）輝石），ざくろ石（メージャライト）を伴うかんらん岩で構成されている．この部分に由来する岩石は地表でも確認されている．海洋地殻とともに陸上に現れた岩体（オフィオライト），マントル物質をも巻き込んだ地殻変動によって地表にもたらされた岩体（口絵 3.2），溶融し損なったままマグマとともに地上に運び上げられた岩片（火山岩に含まれている捕獲岩）などがそれである．

上部マントルでの構成鉱物は，深さ 410 km でかんらん石（α 相）が変形スピネル構造をもつウォズレアイト（β 相）に相転移する．ウォズレアイトは，深さ 500 km 付近で正スピネル構造をもつリングウッダイト（γ 相）に相転移する．β 相と γ 相の密度差が小さいことから，この境界は，地表からは明確な不連続面として観察されない．他方，圧力の増加とともに輝石はメージャライトに固溶され，500 km 付近に達するまでにす

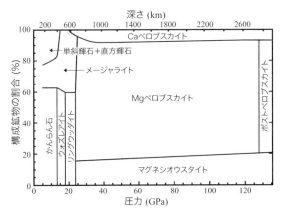

図1.14 マントル（パイロライト質）の構成鉱物
（Hirose, 2006を改変）

べてメージャライト化する．600 km 付近からはメージャライトは，ペロブスカイト構造をもつ Ca ペロブスカイト（CaSiO₃）と同じくペロブスカイト構造をもつ Mg ペロブスカイト（MgSiO₃：ブリッジマナイト）に分解し始める．さらに，γ相は，660 km において Mg ペロブスカイト（MgSiO₃）とマグネシオウスタイト（MgO）に分解する．したがって，下部マントルは Ca ペロブスカイト，Mg ペロブスカイトおよびマグネシオウスタイトを主体とする岩石からなると考えられている．410 km と 660 km の不連続面に挟まれた上部マントルの基底領域を**マントル遷移層**とよぶ．マントルの構成鉱物を図1.14に示す．ここで想定されているマントルはパイロライト（オーストラリアの地球物理学者 A. E. Ringwood が提案したかんらん岩と玄武岩が3対1の割合で混合した始原的マントル物質）の組成をもつとされている．

上部・下部マントルの違いは，構成鉱物が異なるだけではなく，地震の発生が上部マントルに限られる点でも重要である．下部マントルの最下部（2,700〜2,900 km；D″層（ディー・ダブル・プライム）層）には地震波速度の急増する不均一な領域も知られているが，まだ謎は多い．D″層では，Mg ペロブスカイト（MgSiO₃）がポストペロブスカイト（MgSiO₃）に相転移していると考えられている．核/マントル境界（グーテンベルグ不連続面）より深部では，P波速度が大きく減少し，S波が通らなくなる．その境界の深度は約 2,900 km である．

(4) 外核

角距離103°から143°の間でP波の陰が現れ，S波は角距離103°以遠では観測されない（図1.15）．これは，マントルの下でP波速度が急減することを物語っており，かつS波が通過できない（S波速度が0）ことから，この部分（**外核**）は液相（液体の剛性率が0）であると考えられている．構成鉱物として，太陽系における月-地球の運動力学から求めた地球全体の質量を勘案すると，マントルよりもはるかに重い物質を想定する必要があり，太陽系に豊富に存在する元素である鉄を主体とした鉄-ニッケル溶融体で，少量の珪素，硫黄，酸素，炭素，水素などを含有していると伴うと推測されている．隕鉄がその具体例とみなされている．また，外核は流体の鉄が対流運動をする領域で，地球の磁場を発生させている（§1.3参照）．外核を構成する鉄-ニッケル溶融体の粘性は水程度であると推定されている．

(5) 内核

核全体が液相であれば，角距離103°から143°の範囲でP波が観測されることはありえない．ところがごくまれに，この領域でP波が観測される．これは核の中心部分にP波を屈折させて陰の範囲内にP波を送り込むレンズの役割を果たしている部分があるからにほかならない．この部分（内核/外核境界）の深度はおよそ5,100 kmであり，この境界はレーマン不連続面とよばれる．**内核**は外核よりもP波速度が大きく，固相をなしていると推定されている．内核は，鉄-ニッケル合金からなる．外核と内核とを合わせて地球の体積の16 %，質量の32 %を占めている．以上述

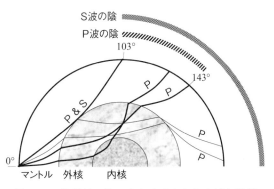

図1.15 地震波の陰により定められた内核と外核

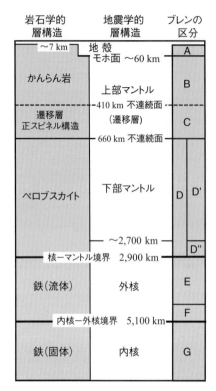

図 1.16 物質構成と地震波速度による地球内部の層構造区分（川勝 編，2002 より一部改変）

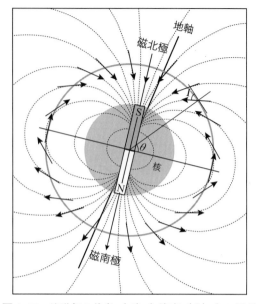

図 1.17 地磁気の伏角（I）と緯度（θ）との関係

べた地球内部の構成を，物質と地震波速度に基づいて区分すると図 1.16 のようになる．

1.3 地磁気

'地球'の磁場は，地球半径の数倍以上宇宙空間に広がって磁気圏をつくっている．その外縁，すなわち磁気圏界面が太陽から飛来する高速の太陽風を遮断している．地球磁場は双極子磁場，つまり地球の中心に，自転軸にほぼ平行に棒磁石を置いた状態に概ね近似することができ（図 1.17），現在は北極部にS極，南極部にN極に相当する地磁気極が設定される．地磁気極は地理上の極（自転軸）に対して約 10°傾いている．一方，磁力線は赤道付近では地表と平行であるが，高緯度ほど地表面（水平面）となす角度（**伏角**）が大きくなり，＋90°になる点が磁北極，−90°になる点が磁南極である．これらの**磁極**は，双極子磁場の極（地磁気極）とは一致しない．たとえば 2018 年段階で磁北極の緯度が 86.5°N，磁南極の緯度が 64.2°S となっており，地球の正反対の位置で

はなく，時間とともにその位置を変化させている．また，磁極のSとNが逆転することが知られている（§3.1.2 参照）．

日本では伏角は関東〜中国地方で 45°〜50°，北海道では 58°程度である．したがって，日本でつくられた磁気コンパスでは，磁針が水平を保つように南の針を少し重くしてある．また，全磁力の大きさも緯度により 23,000〜67,000 nT（ナノテスラ）と変化し，赤道付近で小さく，高緯度地域で大きい．

一方，水平面に投影した全磁力（＝水平分力）の方向を磁北とよび，磁北が真北となす角を**偏角**とよぶ．伏角と同様，偏角も高緯度ほど大きくな

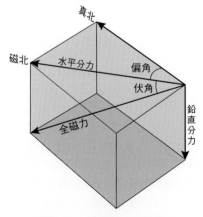

図 1.18 地磁気の 3 要素

る．現在の偏角は東京付近では西に 7°程度，北海道では 9°程度である．日本からみる磁北の方向は，真北に対して東にずれているにもかかわらず，偏角が西に振れているのは，バイカル湖付近の全磁力が高いために，磁力線が曲がっているためである．以上の全磁力，伏角，偏角を地磁気の 3 要素とよぶ（図 1.18）．

伏角が緯度に依存していることは，古地磁気学で重要な意義をもつ．ある地質時代に岩石が生成した地点の緯度（古緯度 θ）は，その岩石が生成するときに獲得した残留磁気の伏角（I）から，$\tan I = 2/\tan\theta$ によって求められる（図 1.17）．

1.4 地球内部熱
1.4.1 熱機関としての'地球'

'地球' は 2 種類の熱が関与している熱機関である．1 つは太陽熱で，これが生命を育み，大地と海洋および大気を暖めている．大気や雲によって反射され，'地球' を暖めることなく宇宙に発散する分を除くと，年間受熱量は 5.5×10^{24} J に達する．'地球' が受け取る太陽放射と宇宙に放射する地球放射との収支は，'地球' 全体としてはゼロであるが，低緯度地域ではこれが過剰，高緯度地域では不足となっている．気圏（対流圏）でも海洋でも，この熱の不均等分布をならす機構として大循環が起こっている．大気中に温室効果ガスが増加して大気中に蓄えられた熱が増大していることが地球的な大問題となっているが，これについては第 7 章で述べられる．

もう 1 つの熱は地球自身がつくりだしている熱である．量としては太陽熱にははるかに及ばず，年間 1.4×10^{21} J にすぎないため，表面温度にほとんど影響しない．内部で発生する熱も地殻表面を通じ宇宙に逃げ出している．このため過剰な発熱があった創生期を除けば固体地球の温度が上昇していくことにはならない．しかし，地球構成物質の熱伝導率がきわめて低いため，熱は長く地球内部に滞留し，その過程で運動エネルギーに転換されて，地球表層部に大きい影響を及ぼしている（第 3 章参照）．

1.4.2 地球内部熱の発生と放熱

地球内部が熱いのであろうということは，我が

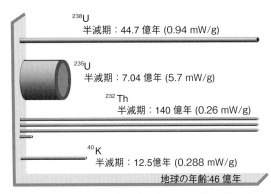

図 1.19 主要な放射性元素の半減期と発熱量

国のような変動帯に住む人間には容易に想像がつく．地下から熱いお湯が湧きだしてくる温泉，熱の象徴のようなマグマを噴出する火山は，熱エネルギーの仕業である．このように，内部熱の放出が認識できるのは，それぞれ，火山帯や地熱地帯とよばれる特殊な地帯に限られる．その量も内部で生産される熱のうちのごくわずかであって，大部分は容易には認識されない姿で地殻表面全体にわたって抜け出していく．この**地殻熱流量**と上記の特殊な形態の放熱量の比率は，地震波動：温泉・地熱：火山活動：地殻熱流量 = 1：4：60：1,900 である．

創生期の地球は，微惑星の集積過程で解放された位置エネルギーと金属核形成に伴って解放された位置エネルギーによって高温に達したと考えられている．誕生以来 46 億年経った現在の地球では，岩石中に含まれる寿命の長い放射性元素の原子核が崩壊するのに伴って発生するエネルギーが主要な熱源となっている．現在，地球に存在する主要な放射性元素は以下の 4 種である（図 1.19）．図に示すように，このうち，^{235}U は発熱量が十分に大きいものの半減期が短い．逆に ^{232}Th は永遠ともいえる長い半減期をもちながら発熱量が著しく小さい．^{40}K にいたっては半減期が短い上，発熱量も取るに足らない．^{238}U が年間に地球全体で放出する熱量は地球全体の地殻熱流量にほぼ相当すると見積もられている．

1.4.3 地殻熱流量

地殻熱流量 Q は，太陽熱や地下水の影響がないところに掘った孔で z だけ上下に離れた 2 点の

温度差 dt を測定し，熱伝導の法則にしたがって，$Q=K\cdot dt/dz$（K：熱伝導率）で求められる．全世界で5,000以上の地点で測定された熱流量の平均値は，陸上でも海底でもほぼ同じ約6.9×10^{-6} J/cm²·sec(69 mW/m²) である．

主要な熱源である ^{238}U の濃度は岩石によって大きく異なる．圧倒的に濃度が高い花崗岩を擁する大陸では，観測される地殻熱流量は平均的な ^{238}U 濃度をもつ花崗岩の発熱量（25.2～43.6×10^{-6} J/g·年）で説明される．これに対して，濃度が花崗岩の1/263である薄い玄武岩質岩（5.0～7.1×10^{-6} J/g·年）からなる地殻と濃度1/1,270のかんらん岩（発熱量0.8～3.8×10^{-6} J/g·年）からなるマントルの上の海洋底が，大陸に匹敵する熱流量をもつのはなぜであろうか．それは地殻に比べてマントルが圧倒的に厚いことによる．濃度が低いとはいえ，ごくわずかながら含まれている放射性元素は長い年代にわたって熱を発生し続ける．マントル物質の熱伝導率はごく小さいため，深部ほど熱が蓄積し，熱膨張の結果，固体の状態で熱対流が発生する．上昇してきたマントル部分は海嶺で海洋地殻（海洋プレート）を生産し，両側に分かれて地球表面と平行に移動するうちに熱を失い，やがて冷えて重くなって再び地球内部に回収される（第3章参照）．このため，海嶺付近は地球上で最も熱流量が高い領域，プレートが沈み込んでいく海溝付近は最も低い領域となっている．それらを全海洋域について平均したものが上記の値である．対流速度が1 cm/年であれば海洋底の地殻熱流量を説明することができるとされている．

1.4.4 地球内部の温度勾配

いくつかの仮定と前提をもとに，地球内部の温度が推定されている．手がかりとしているのは，地球表面における地殻熱流量分布，マントル起源の捕獲岩の熱力学的解析，マントル内での地震波速度の急変，外核がその圧力における鉄の融点以上，内核で融点以下であることを示す地震学的事実，などである（図1.20）．

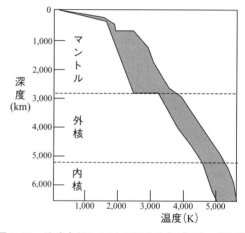

図 1.20 地球内部における温度分布（灰色の範囲）唐戸（2000）を簡略化

2 地球の構成物質

地球の環境と資源を考察するにあたって，固体地球を構成する物質とその循環を知ることは重要である．そこで本章では，まず地球に存在する元素について概観し，その元素がつくる地球物質の基本単位である鉱物と，鉱物から構成される岩石である火成岩，変成岩，堆積岩についての分類と生成過程を解説する．さらに地殻表層部における物質循環の産物である地層とその変形についても解説する．

2.1 元素の存在比
2.1.1 宇宙の元素存在比

一般に知られている**「宇宙の元素存在比」**は，太陽系を構成する物質の平均元素組成であり，主要な元素を太陽大気の分析値，微量元素はC1コンドライト隕石の化学分析値，さらにAr, Kr, Xeなどの希ガス元素については理論的な推定値を用いてまとめたものである．宇宙の元素存在比の値を表2.1に，また原子番号との関係を図2.1に示す．

宇宙の元素存在比では，Hが最も多く，それに次ぐHeの2元素で全元素の約99.9%を占めている．比べてLi, Be, Bの量は非常に少なく，それより原子番号の大きい元素については，原子番号が偶数の元素は両隣の奇数の元素より多い傾向（オッド=ハーキンスの法則）を示しながら，原子番号が大きくなるにしたがって，徐々に減少している．特徴的に，Feは原子核の単位核子あたりの結合エネルギーが比較的大きいので原子核として安定であり，周辺の元素と比べて存在比が大きくなっている．

2.1.2 地殻の元素存在比

地殻の化学組成は場所によって大きく変化しており不均質である．したがって，**地殻の元素存在比**（平均化学組成）を求めるには，できるかぎり多くの種類の岩石に対して化学組成と存在量（分布）を推定し，平均値を求める必要がある．このような試みは古くから行われており，クラーク（F. W. Clarke）が1924年に総合的にまとめている．その後もポルダーバールト（A. Poldervaart）などの多くの研究者が地殻の平均化学組成を報告しており，求められた地殻の元素存在比は**クラーク数**とよばれている．

地殻を構成する主要な元素はO, Si, Al, Fe, Mg, Ca, Na, Kの8種類で，これらの元素が量的に地殻のほとんどを占めている（表2.1）．存在する原子数の割合にすると，O, Si, Alの3元素で約90%を占めていることになる．すなわち，地殻の大部分は珪酸塩鉱物で構成されていることを示している（§2.3.2参照）．

2.2 鉱物
2.2.1 鉱物とは

鉱物とは，「地質学的プロセスによって生成した通常は結晶質の無機化合物」と定義されている．したがって，人為的な操作なしに生成したものはたいていが鉱物といえる．このようにして生成し

表2.1 宇宙と地殻の元素存在比（資源データハンドブック，1989）

原子番号	元素	宇宙（原始太陽系）（原子比，Si=10⁶）	地殻（重量比，ppm）	原子番号	元素	宇宙（原始太陽系）（原子比，Si=10⁶）	地殻（重量比，ppm）	原子番号	元素	宇宙（原始太陽系）（原子比，Si=10⁶）	地殻（重量比，ppm）
1	H	3.18×10^{10}	1,400	29	Cu	5.40×10^2	55	58	Ce	1.18	60
2	He	2.21×10^9	—	30	Zn	1.144×10^3	70	59	Pr	0.149	8.2
3	Li	4.95×10	20	31	Ga	4.8×10	15	60	Nd	0.78	28
4	Be	0.81	2.8	32	Ge	1.15×10^2	1.5	62	Sm	0.226	6
5	B	0.94	10	33	As	6.6	1.8	63	Eu	0.085	1.2
6	C	1.18×10^7	200	34	Se	6.72×10	0.05	64	Gd	0.297	5.4
7	N	3.74×10^6	20	35	Br	1.35×10	2.5	65	Tb	0.055	0.9
8	O	2.15×10^7	466,000	36	Kr	4.68×10	—	66	Dy	0.36	3
9	F	2.45×10^3	625	37	Rb	5.88	90	67	Ho	0.079	1.2
10	Ne	3.44×10^6	—	38	Sr	2.69×10	375	68	Er	0.225	2.8
11	Na	6.0×10^4	28,300	39	Y	4.8	33	69	Tm	0.034	0.5
12	Mg	1.016×10^6	20,900	40	Zr	2.8×10	165	70	Yb	0.216	3.4
13	Al	8.5×10^4	81,300	41	Nb	1.4	20	71	Lu	0.036	0.5
14	Si	1.00×10^6	277,200	42	Mo	4	1.5	72	Hf	0.21	3
15	P	9.6×10^3	1,050	44	Ru	1.9	0.01	73	Ta	0.021	2
16	S	5.0×10^5	260	45	Rh	0.4	0.005	74	W	0.16	1.5
17	Cl	5.70×10^3	130	46	Pd	1.3	0.01	75	Re	0.053	0.001
18	Ar	1.172×10^5	—	47	Ag	0.45	0.07	76	Os	0.75	0.005
19	K	4.20×10^3	25,900	48	Cd	1.48	0.2	77	Ir	0.717	0.001
20	Ca	7.21×10^4	36,300	49	In	0.189	0.1	78	Pt	1.4	0.01
21	Sc	3.5×10	22	50	Sn	3.6	2	79	Au	0.202	0.004
22	Ti	2.775×10^3	4,440	51	Sb	0.316	0.2	80	Hg	0.4	0.08
23	V	2.62×10^2	135	52	Te	6.4	0.01	81	Tl	0.192	0.5
24	Cr	1.27×10^4	100	53	I	1.09	0.5	82	Pb	4	13
25	Mn	9.30×10^3	950	54	Xe	5.38	—	83	Bi	0.143	
26	Fe	8.3×10^5	50,000	55	Cs	0.387	3	90	Th	0.058	7.2
27	Co	2.21×10^3	25	56	Ba	4.8	425	92	U	0.0262	1.8
28	Ni	4.80×10^4	75	57	La	0.445	30				

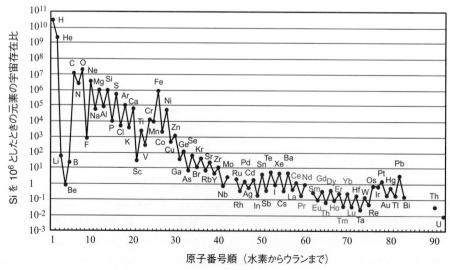

図2.1 元素の宇宙存在比（山中ほか，1995）

た鉱物は基本的に，①化学組成が一定の化学式で表記できる，②結晶構造をもっている（構成する原子または分子が規則正しく並んでいる），③無機質（自然過程によってできた物質），の3条件を満たすものとされている．

実際，ほとんどの鉱物がこの3条件を満たしているが，3条件を満たさない例外的な鉱物も存在しており，このような鉱物については，**国際鉱物学連合**（IMA）は特例として記載している．たとえば，自然水銀（Hg）は標準状態で液体として存在し，また，オパール（$SiO_2 \cdot nH_2O$）は非晶質（後述）であって結晶ではない．しかし，

表2.2 鉱物の分類

a. 鉱物の分類基準（森本ほか，1975）

分類	基準	例
類（class）	陰イオングループの性質により分類	珪酸塩鉱物
亜類（subclass）	類の組成または構造による細分	テクト珪酸塩鉱物
族（group）	化学的・構造的に関係の深い系列や種の集り	長石族
系列（series）	単一の固溶体もしくは同形の化合物	斜長石
種（species）	単一の鉱物	曹長石

b.「類」の分類（Strunz, 1970）

分類		例
I	元素鉱物	自然金，自然銀，ダイヤモンド，石墨
II	硫化鉱物	黄銅鉱，黄鉄鉱，方鉛鉱，閃亜鉛鉱
III	酸化鉱物，水酸化鉱物	石英，ルチル，スピネル，ギブサイト
IV	ハロゲン化鉱物	蛍石，岩塩
V	炭酸塩鉱物，硫酸塩鉱物など*	方解石，ドロマイト，石膏，重晶石
VI	燐酸塩鉱物，砒酸塩鉱物	燐灰石，モナザイト，トルコ石
VII	バナジン酸塩鉱物，ほう酸塩鉱物	小藤石
VIII	珪酸塩鉱物	かんらん石族，輝石族，長石族，雲母族
IX	有機鉱物（厳密には鉱物ではない）	琥珀，瀝青炭

* 硝酸塩鉱物，タングステン酸塩鉱物，モリブデン酸塩鉱物，クロム酸塩鉱物，セレン酸塩鉱物，テルル酸塩鉱物を含む

表2.3 珪酸塩鉱物の構造的分類（森本ほか，1975，図は杉村ほか，1988を改変）

構造群	Si-O 四面体の結合様式
ネソ珪酸塩	Si-O四面体は1つずつ分離していて，どの角をも共有しない．
ソロ珪酸塩	2つのSi-O四面体が1つの角を共有してつながる．
サイクロ珪酸塩	Si-O四面体は2つの角を共有してつらなり，リングをつくる．1つのリングをつくる四面体の数は，3個，6個，12個など．
イノ珪酸塩	Si-O四面体が2つの角を共有してつらなり，長い単鎖をつくる．または，その鎖が2つ連結して複鎖をつくっている．
フィロ珪酸塩	Si-O四面体は3つの角を共有して，平らな層状構造をつくる．
テクト珪酸塩	Si-O四面体は4つの角をすべて共有し，3次元的につながり，フレーム状構造をつくる．

注：ここでいうSi-O四面体は一部のSiがAlによって置換されているものも含む．

表2.4 さまざまな鉱物

鉱物名	英語名	化学組成	結晶系
I 元素鉱物 (native element)			
自然金	gold	Au	立方
自然銀	silver	Ag	立方・六方
自然白金	platinum	Pt	立方
自然硫黄	sulfur	S	直方
ダイヤモンド	diamond	C	立方
グラファイト〔石墨〕	graphite	C	六方・三方
II 硫化鉱物 (sulfides)			
針銀鉱〔輝銀鉱〕	acanthite (argentite)	Ag_2S	単斜(立方)
閃亜鉛鉱	sphalerite	ZnS	立方
方鉛鉱	galena	PbS	立方
黄銅鉱	chalcopyrite	$CuFeS_2$	正方
黄鉄鉱	pyrite	FeS_2	立方
III 酸化鉱物 (oxides)・水酸化鉱物 (hydroxides)			
石英	quartz	SiO_2	三方
オパール〔蛋白石〕	opal	$SiO_2 \cdot nH_2O$	非晶質
ルチル	rutile	TiO_2	正方
コランダム	corundum	Al_2O_3	三方
赤鉄鉱	hematite	Fe_2O_3	三方
ギブス石〔ギブサイト〕	gibbsite	$Al(OH)_3$	単斜
チタン鉄鉱〔イルメナイト〕	ilmenite	$Fe^{2+}TiO_3$	三方
スピネル	spinel	$MgAl_2O_4$	立方
磁鉄鉱	magnetite	$Fe^{2+}Fe^{3+}_2O_4$	立方
IV ハロゲン化鉱物 (halides)			
蛍石	fluorite	CaF_2	立方
岩塩	halite	$NaCl$	立方
V 炭酸塩鉱物 (carbonates)			
方解石	calcite	$CaCO_3$	三方
マグネサイト	magnesite	$MgCO_3$	三方
菱鉄鉱	siderite	$FeCO_3$	三方
ドロマイト〔苦灰石〕	dolomite	$CaMg(CO_3)_2$	三方
アラゴナイト	aragonite	$CaCO_3$	直方
V 硫酸塩鉱物 (sulfates)			
重晶石	baryte (barite)	$BaSO_4$	直方
石膏	gypsum	$CaSO_4 \cdot 2H_2O$	単斜
VI 燐酸塩鉱物 (phosphates)			
水酸燐灰石	hydroxylapatite	$Ca_5(PO_4)_3(OH)$	六方
燐灰ウラン鉱	autunite	$Ca(UO_2)_2(PO_4)_2 \cdot 10\text{-}12H_2O$	正方

鉱物名	英語名	化学組成	結晶系
VIII 珪酸塩鉱物 (silicates)			
①ネソ珪酸塩鉱物 (nesosilicates: orthosilicates)			
かんらん石族 *olivine group*			
フォルステライト	forsterite	Mg_2SiO_4	直方
ファヤライト	fayalite	Fe_2SiO_4	直方
ざくろ石族 *garnet group*			
パイロープ	pyrope	$Mg_3Al_2(SiO_4)_3$	立方
アルマンディン	almandine	$Fe_3Al_2(SiO_4)_3$	立方
スペサルティン	spessartine	$Mn_3Al_2(SiO_4)_3$	立方
グロシュラー	grossular	$Ca_3Al_2(SiO_4)_3$	立方
ジルコン	zircon	$ZrSiO_4$	正方
チタン石	titanite	$CaTiSiO_5$	単斜
珪線石	sillimanite	Al_2SiO_5	直方
紅柱石	andalusite	Al_2SiO_5	直方
らん晶石	kyanite	Al_2SiO_5	三斜
トパーズ〔黄玉〕	topaz	$Al_2SiO_4(F,OH)_2$	直方
②ソロ珪酸塩鉱物 (sorosilicates)			
緑れん石族 (*epidote group*)			
ゾイサイト	zoisite	$Ca_2Al_3(Si_2O_7)(SiO_4)O(OH)$	直方
クリノゾイサイト	clinozoisite	$Ca_2Al_3(Si_2O_7)(SiO_4)O(OH)$	単斜
緑れん石	epidote	$Ca_2(Al,Fe^{3+})_3(Si_2O_7)(SiO_4)O(OH)$	単斜
ローソナイト	lawsonite	$CaAl_2Si_2O_7(OH)_2 \cdot H_2O$	直方
③サイクロ珪酸塩鉱物 (cyclosilicates; ring silicates)			
電気石族 (*tourmaline group*)			
鉄電気石	schorl	$NaFe^{2+}_3Al_6(Si_6O_{18})(BO_3)_3(OH)_3(OH)$	三方
苦土電気石	dravite	$NaMg_3Al_6(Si_6O_{18})(BO_3)_3(OH)_3(OH)$	三方
菫青石	cordierite	$Mg_2Al_3(Si_5Al)O_{18}$	直方
④イノ(鎖状)珪酸塩鉱物 (inosilicates; chain silicates)			
輝石族 (*pyroxene group*)			
直方輝石系列 (*orthopyroxenes*)			
エンスタタイト	enstatite	$Mg_2Si_2O_6$	直方
フェロシライト	ferrosilite	$Fe^{2+}_2Si_2O_6$	直方
単斜輝石系列 (*clinopyroxenes*)			
透輝石	diopside	$CaMgSi_2O_6$	単斜
ヘデン輝石	hedenbergite	$CaFeSi_2O_6$	単斜
→普通輝石〔オージャイト〕	augite	$(Ca,Mg,Fe)_2Si_2O_6$	単斜
ひすい輝石	jadeite	$NaAlSi_2O_6$	単斜
珪灰石	wollastonite	$Ca_3Si_3O_9$	単斜・三斜

鉱物名	英語名	化学組成	結晶系
角閃石族　(amphibole group)			
直閃石	anthophyllite	$Mg_7Si_8O_{22}(OH)_2$	直方
カミングトン閃石	cummingtonite	$Mg_2Mg_5Si_8O_{22}(OH)_2$	単斜
透閃石	tremolite	$Ca_2(Mg, Fe)_5Si_8O_{22}(OH)_2$, Mg#= 0.9-1.0	単斜
アクチノ閃石	actinolite	$Ca_2(Mg, Fe)_5Si_8O_{22}(OH)_2$, Mg#= 0.5-0.9	単斜
らん閃石	glaucophane	$Na_2Mg_3Al_2Si_8O_{22}(OH)_2$	単斜
⑤フィロ(層状)珪酸塩鉱物　(phyllosilicates; sheet silicates)			
雲母族　(mica group)			
白雲母	muscovite	$KAl_2(AlSi_3)O_{10}(OH)_2$	単斜
金雲母	phlogopite	$KMg_2(AlSi_3)O_{10}(OH)_2$	単斜
→黒雲母	biotite	$K(Mg, Fe)_3(AlSi_3)O_{10}(OH)_2$	単斜
滑石	talc	$Mg_3Si_4O_{10}(OH)_2$	単斜・三斜
緑泥石族 (chlorite group)			
クリノクロア	clinochlore	$(Mg,Fe, Al)_6(Si, Al)_4O_{10}(OH)_8$	単斜
カオリナイト	kaolinite	$Al_2Si_2O_5(OH)_4$	三斜
アンチゴライト	antigorite	$(Mg, Fe)_3Si_2O_5(OH)_4$	単斜
ぶどう石	prehnite	$Ca_2Al(AlSi_3)O_{10}(OH)_2$	直方
⑥テクト(網状)珪酸塩鉱物　(tectosilicates; network silicates)			
長石族　(feldspar group)			
カリ長石系列 (potassium feldspar series)			
正長石	orthoclase	$KAlSi_3O_8$	単斜
アノーソクレース	anorthoclase	$(Na, K)AlSi_3O_8$	三斜
微斜長石(マイクロクリン)	microcline	$KAlSi_3O_8$	三斜
サニディン	sanidine	$(K, Na)AlSi_3O_8$	単斜
斜長石系列 (plagioclase series)			
アルバイト〔曹長石〕	albite	$NaAlSi_3O_8$（Ab90-100）	三斜
→灰曹長石	oligoclase	（An10-30）	三斜
→中性長石	andesine	（An 30-50）	三斜
→曹灰長石	labradorite	（An 50-70）	三斜
→亜灰長石	bytownite	（An 70-90）	三斜
アノーサイト〔灰長石〕	anorthite	$CaAl_2Si_2O_8$（An90-100）	三斜
準長石族　(feldspathoid group)			
ネフェリン	nepheline	$(Na,K)AlSiO_4$	六方
白榴石	leucite	$K(AlSi_2O_6)$	正方・擬立方
ソーダ沸石	natrolite	$Na_2(Al_2Si_3O_{10})\cdot 2H_2O$	直方
方沸石	analcime	$NaAlSi_2O_6\cdot H_2O$	立方, 正方, 三方, 直方, 三斜
有機鉱物			
→琥珀	amber	主成分 $C_{10}H_{16}O + (H_2S)$	非晶質

→ は正式な鉱物名ではない．　　Mg# = Mg/(Mg+Fe)

天然に産するこれらの物質は鉱物として取り扱われている．

また鉱物はそのほとんどが結晶質であるため，それぞれ鉱物固有の形態（**晶癖**）を示して産出することが多い．鉱物は肉眼的な大きさのものから，光学顕微鏡スケール，さらには電子顕微鏡スケールの大きさなどさまざまであるが，それぞれの鉱物で特徴的な形態（晶癖）を支配する法則は同じである．

2.2.2 鉱物の分類

2018年現在，IMAでは，約5,400の鉱物種がリストアップされている．これらの鉱物種は，化学組成と結晶構造の間の密接な関係を明らかに示すために，化学組成を基礎にして結晶化学的な立場から分類する方法が広く用いられている．中でも1962年のデーナ（J. D. Dana）や1970年のシュツルンツ（H. Struntz）が提案した分類法を基本とすることが多い（表2.2）．また，珪酸塩鉱物の鉱物種の数は鉱物全体の約半分を占めているので，珪酸塩鉱物はさらに基本的な SiO_4 四面体の結合様式によって表2.3のように細かく分類される．これらの分類をもとにした代表的な鉱物のリストを表2.4に示す．

2.2.3 化学的性質
(1) 組成式と構造式

鉱物の化学組成の式を組み立てるには，分析データ（重量%）をそれぞれ成分の分子量で割って求めた値をできる限り簡単な実数比に直せばよい．たとえば，カオリナイトの分析データが，SiO_2 46.6 %，Al_2O_3 39.5 %，H_2O 13.9 %であれば，化学組成式は $2SiO_2 \cdot Al_2O_3 \cdot 2H_2O$ または $Si_2Al_2O_7 \cdot 2H_2O$ となり，構造式は $Al_2Si_2O_5(OH)_4$ と表す．ここで構造式は，結晶構造中の結合と独立した性質の原子位置（サイト）を表現した化学式であり，たとえばカオリナイトの例では，Alが6配位，Siが4配位という別種のサイトを占めており，OH基をもつことを表している．

(2) 配位数

イオンを剛体球として近似した場合，鉱物の構造はこの剛体球の配置の仕方で決められる．鉱物を構成する陽イオンの多くの半径は，O^{2-} などの陰イオンの半径と比べて小さく，また価数が大きいほど小さい（表2.5）．

岩石を構成する鉱物を**造岩鉱物**とよぶが，その

表2.5 周期表におけるイオンの価数とイオン半径（単位は pm：10^{-12}m）（松井・坂野，1979）

	Ia	IIa	IIIa	IVa	Va	VIa	VIIa	VIII			Ib	IIb	IIIb	IVb	Vb	VIb	VIIb	0
1	H^+ I: 38 II: 18																	He
2	Li^+ IV: 59 VI: 74	Be^{2+} IV: 27 VI: 35											B^{3+} III: 2 IV:12	C^{4+} III: 8	N^{3-} IV:146	O^{2-} III: 136 VI:140	F^- III:130 VI:133	Ne
3	Na^+ VI: 102	Mg^{2+} VI: 72											Al^{3+} IV: 39 VI: 53	Si^{4+} IV: 26 VI: 40	P^{5+} IV: 17	S^{2-} VI: 184 S^{6+} IV: 12	Cl^- VI: 181 Cl^{7+} IV: 8	Ar
4	K^+ VI: 138 VIII:151	Ca^{2+} VI: 100 VIII:112	Sc^{3+} VI: 74.5	Ti^{3+} VI: 67 Ti^{4+} VI: 60.5	V^{2+} VI: 79 V^{3+} VI: 64.0	Cr^{2+} VI: 82 Cr^{3+} VI: 61.5	Mn^{2+} VI: 83 Mn^{3+} VI: 64.5	Fe^{2+} VI: 78 Fe^{3+} IV:49 VI:64.5	Co^{2+} VI:74.5 Co^{3+} VI: 61	Ni^{2+} VI: 69	Cu^{2+} IV: 62 VI: 73	Zn^{2+} IV: 60 VI: 75	Ga^{3+} IV: 47 VI: 62	Ge^{4+} IV: 40 VI: 54	As^{3+} VI: 58 As^{5+} IV:33.5	Se^{2-} VI: 198	Br^- VI: 196	Kr
5	Rb^+ VI:152	Sr^{2+} VI: 113	Y^{3+} VI: 90	Zr^{4+} VI: 72	Nb^{5+} VI: 64	Mo^{6+} VI: 60	Tc^{4+} VI: 64	Ru^{3+} VI: 68 Ru^{4+} VI: 62	Rh^{3+} VI:66.5 Rh^{4+} VI:61.5	Pd^{2+} VI: 86 Pd^{4+} VI: 62	Ag^+ VI: 115	Cd^{2+} IV: 80 VI: 95	In^{3+} VI: 80	Sn^{4+} VI: 69	Sb^{5+} IV:61	Te^{6+} VI: 56	I^- VI:220	Xe^{8+} IV: 40 VI: 48
6	Cs^+ VI:170	Ba^{2+} VI:136	La^{3+} VI:104.5	Hf^{4+} VI: 71	Ta^{5+} VI: 64	W^{6+} VI: 60	Re^{4+} VI: 63	Os^{4+} VI: 63	Ir^{4+} VI:63	Pt^{4+} VI: 63	Au^+ VI:137	Hg^{2+} IV: 96 VI: 102	Tl^{1+} VI: 150 XII:176	Pb^{2+} VI:118 Pb^{4+} VI:77.5	Bi^{3+} VI:102	Po^{4+} VI: 94	At^{7+} VI: 62	Rn
7	Fr^+ VI:180	Ra^{2+} VI:143	Ac^{3+} VI:118															
アクチニド			Th^{4+} VI: 100 VIII:104	U^{4+} VI: 97 VIII:100														

造岩鉱物の多くは珪酸塩鉱物であり，地殻の90体積％以上を占める．O^{2-}の半径（約140 pm）は造岩鉱物を構成する主要な陽イオンの半径と比べるとかなり大きいことから，ほとんどの鉱物はO^{2-}陰イオンの空隙を陽イオンが埋めている構造であると考えてさしつかえない．ある陽（陰）イオンに最近接する陰（陽）イオンの数を**配位数**といい，配位数は**イオン半径比**＝（陽イオン半径）／（陰イオン半径）により，幾何学的に決まる（図2.2）．

しかし実際の結晶では，イオン結合性に加えて共有結合性や塩基などのイオングループなどの存在もあり，期待される配位数が実際の配位数と一致するのは50％程度である．また，結晶生成時の温度や圧力が，構成するイオンの配位数をある程度制約することが知られている．たとえば，Al^{3+}は4～6の配位数をとるが，高温・低圧では4配位，低温・高圧では6配位をとりやすい．

(3) 同形と多形

異なる化学組成をもちながら結晶構造が同じ鉱物どうしを**同形**，同じ化学組成をもちながら結晶構造の違う鉱物どうしを**多形**という．

基本的には，その鉱物を構成するそれぞれのイオンの大きさと価数の類似性による現象である．炭酸塩鉱物の例では，図2.3のような関係をとる．炭酸カルシウムは，方解石型とアラゴナイト型の2種類の構造をとり，Ca^{2+}はこれら2種の構造安定領域の境界付近のイオン半径であることを示す．多形の代表例としては，石墨（グラファイト）とダイヤモンドがあげられる．これらの鉱物は同じ化学組成（C）であるが，結晶構造が異なる．石英，クリストバライト，トリディマイト，コース石，スティショバイトも同じ化学組成（SiO_2）を

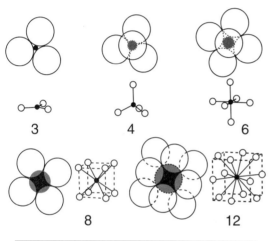

イオン半径比	陽イオン周りの陰イオンの配置	陽イオンの配位数
0.15～0.22	正三角形の頂点	3
0.22～0.41	正四面体の頂点	4
0.41～0.73	正八面体の頂点	6
0.73～1	立方体の頂点	8
1	立方体の辺の中心	12

図2.2 イオン半径比と配位数の関係（Mason and Berry, 1968）

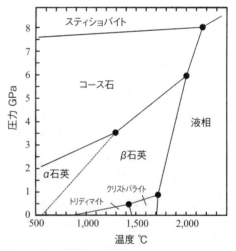

図2.4 シリカ鉱物の他形と安定領域（Zoltai and Stout, 1984）

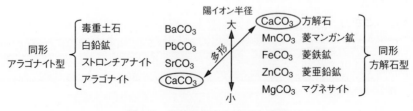

図2.3 炭酸塩鉱物の同形と多形

もち，多形の関係にある（図2.4）．

温度・圧力の変化に伴い，結晶構造が変化して多形の関係にある別の鉱物相となることを**相転移**という．鉱物の相転移の仕方には，変位型と再構築型がある．変位型相転移は，基本的に結晶構造中の結合が切断することなしに歪み，対称性が変化することで生じる．例としてシリカ鉱物（図2.4）の低温石英（α石英）－高温石英（β石英）間の相転移（1気圧，573℃）があり，可逆的に起こる．再構築型相転移は，基本的に原子間の結合が一度切断された後に再結合することで生じる．例として，高温石英（1気圧，867℃）→トリディマイト（1気圧，1,470℃）→クリストバライトの反応があげられる．反応は一般に逆方向には進みにくい．

(4) 原子置換と固溶体

固溶体とは，割合の変化する2つ以上の成分（**端成分**）からなる均質な結晶であり，同形の鉱物は固溶体を形成することが多い．その際には，この鉱物を構成する原子・イオンの大きさの近似と，電荷または原子価のバランスが固溶体をつくる重要な因子であり，これらがかけ離れた原子・イオンの組合せでは固溶体をつくらない．たとえば，高温において曹長石（アルバイト，$NaAlSi_3O_8$）と灰長石（アノーサイト，$CaAl_2Si_2O_8$）は完全固溶体を形成するが，その際は，$Na^+ + Si^{4+}$（計+5価）と$Ca^{2+} + Al^{3+}$（計+5価）の組になって置換する．これは**長石型置換**とよばれる．一般に，原子置換が生じる条件として，置換するイオンの価数の差が1以下であること，置換するイオン間のイオン半径差が15％未満であることがあげられる．固溶体は必ずしも端成分間全体の組成割合にわたって生じない．原子置換の範囲は，イオン半径，生成温度などに影響を受けて，一般に高温では低温よりも固溶度が大きくなる．鉱物によっては，高温で安定なA-B系連続固溶体が，低温でAに富む相とBに富む相に分離（**離溶**）することがある．たとえばアルカリ長石は，高温では$KAlSi_3O_8$ - $NaAlSi_3O_8$系のあらゆる比率をとるが，低温ではKに富む相とNaに富む相に離溶して，**パーサイト**構造を呈する．

(5) 仮像

仮像（あるいは**仮晶**）とは，温度，圧力，化学的状態の変化により，その外形（晶癖）を保ったまま，多くは成分の一部，あるいは全部が置換して全く新しい鉱物となったものである．すなわち，元の結晶Aの表面に結晶Bが成長したり，あるいは結晶A全体を結晶Bが置換することにより，結晶Bが結晶Aの外形（晶癖）を留めたものをいう．これには，①組成の変化が起こらないもの（例：結晶外形がアラゴナイト$CaCO_3$（直方晶系）で，実体は方解石$CaCO_3$（三方晶系）），②組成変化が起こるものとがある．後者はさらに，1)成分の喪失（例：結晶外形が赤銅鉱Cu_2Oや藍銅鉱$Cu_3(CO_3)_2(OH)_3$で，実体は自然銅Cu），2)成分の獲得（例：結晶外形が硬石こう$CaSO_4$で，実体は石こう$CaSO_4 \cdot 2H_2O$），3)成分の部分変化（例：結晶外形が黄鉄鉱FeS_2で，実体は針鉄鉱$HFeO_2$），4)成分の完全変化（例：結晶外形が蛍石CaF_2（立方晶系）で，実体は石英SiO_2（三方晶系）），がある．

(6) 非晶質鉱物

非晶質鉱物には，**メタミクト鉱物**と**無定形鉱物**の2種類がある．メタミクト鉱物は，鉱物結晶が放射線などにより2次的に破壊されたもので，光学的に等方性で，劈開がなく，多くがガラス状かピッチ状，貝殻状の断口を示し，加熱により再結晶化する，などの性質をもつ．1％以下のU，Thなどの放射性元素を含むことが多い．図2.5は，黒雲母中のメタミクトの例である．

無定形鉱物とは，原子・イオンの配列が1次的（初生的）に無秩序である鉱物をいう．例としては，オパール（$SiO_2 \cdot nH_2O$），アロフェン（$Al_2SiO_5 \cdot H_2O$，粘土鉱物で火山灰土壌中に産する）がある．いずれも光学的に等方（光伝搬速度，屈折率などが方向によらず同じ）である．

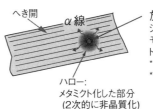

図2.5 黒雲母中の多色性ハロー（メタミクト）

2.2.4 物理的性質

鉱物の物理的性質は，化学組成や結晶構造と大きな関係がある．鉱物の物理的性質としては，劈開（裂開，割れ目），硬さ（モース硬度），粘靭性（延展性，弾性，曲げ強さ），熱的性質（熱安定性，加熱変化，比熱），電磁気性（磁性，圧電性，熱電性），光学的性質（透過色，反射色），光沢，ルミネッセンス（蛍光，燐光）などがあげられる．

劈開とは，機械的な力によって常に簡単な有理指数（§2.2.5参照）を有する1つないし複数の結晶面に沿って平行に割れ目ができる性質をいう．結晶の脆弱性によって生じた割れ目は**裂開**といい，劈開を有しない割れ目は**断口**という．

鉱物に力を加えたとき，その力が小さいときは弾性変形を起こす．加える力が大きくなり弾性限界に達すると脆性破壊が起こる．しかし，弾性限界を超えても破壊されずに変形し，加えた力を除いても元の形状に戻らない塑性変形を起こすこともある．脆性破壊を起こすか塑性変形を起こすかは，鉱物の結晶構造と力の加え方（方向，時間など）および温度条件などによって変わる．また鉱物によっては，圧力を加えると静電気を発生したり，電圧を加えると一定の振動数で振動するもの（**圧電性**：石英など）や，熱を加えると静電気を発生するもの（**焦電性**：電気石など）がある．これらの性質は結晶構造の対称性（対称心がない，など）と関係がある．

鉱物の硬度を表す1つの指標として，基準となる鉱物とのひっかき硬度で表す**モース硬度**が使われている．代表的な10種類の基準鉱物を表2.6に示す．硬度は主に結晶の結合様式を反映したものである．ヌープ硬度やビッカース硬度は，ダイヤモンド圧子を用いて結晶表面に一定荷重を加えて，それを生成した圧痕（くぼみ）の表面積で割って求められる「押し込み硬さ」の値であり，さまざまな鉱物や材料の硬度測定に用いられている．

また，鉱物の代表的な性質に色があるが，同じ鉱物でもその形態や結晶性によって色が変わって見えることがある．そこで鉱物の色を観察するときは，白色のセラミックス板などに鉱物を擦りつけて観察される**条痕色**（粉末色）を用いる．条痕色は，鉱物の状態にほとんどかかわらず安定した色を呈する．外観色と条痕色が変わらない色を自色といい，条痕色が変わる鉱物の色を他色という．モース硬度7以上の鉱物の大半は条痕色が白く，他色鉱物である．また鉱物結晶内部での入射光の選択吸収による透過色と，入射光の吸収が非常に大きい不透明結晶の表面の選択反射による反射色とに分類される．さらに鉱物結晶の組織によっては，さまざまな干渉色，屈折色などが見られる．鉱物の表面の性質が違うと，反射光の量の大小によって光沢の強さが変化し，また反射面の性質によって光沢の種類（金属光沢，非金属光沢，樹脂光沢，真珠光沢，など）が異なる．

さらに，鉱物が光，熱などの刺激エネルギーを吸収して，そのエネルギーの一部または全部を光（エネルギー）として放出する場合がある．このような性質を**ルミネッセンス**といい，蛍石など紫外線照射により発光する例が知られている．ルミネッセンスはエネルギー刺激の停止後 10^{-8} 秒（自

表2.6 モース硬度，ビッカース硬度およびヌープ硬度（kg/mm^2）（原田，1981）

鉱物	化学式	Mohs 1812	Vickers 1925	Knoop 1939	結合・構造型
滑石	$Mg_3Si_4O_{10}(OH)_2$	1	47	0	層状構造
石膏	$CaSO_4 \cdot 2H_2O$	2	60	32	層状構造
方解石	$CaCO_3$	3	136	135	イオン結合
蛍石	CaF_2	4	200	163	イオン結合
燐灰石	$Ca_5(PO_4)_3F$	5	659	430-490	3次元構造
正長石	$KAlSi_3O_8$	6	714	560	3次元構造
石英	SiO_2	7	1103	710-790	イオン+共有結合
トパーズ	$Al_2SiO_4(F,OH)_2$	8	1648	1250	イオン+共有結合
コランダム	Al_2O_3	9	2085	1600-2000	共有結合
ダイヤモンド	C	10	-	5500-6950	共有結合

由電子の励起状態の平均寿命)程度で消失する蛍光と,数秒から数日間にもわたって発光を持続する燐光に分けられる.両者は発光の機構が異なるが,鉱物には蛍光と燐光の両方を発するものが多数ある(閃亜鉛鉱,燐灰石,灰重石など).口絵2.1の写真は,電子線を鉱物に照射して発光したカソードルミネッセンスの例である.

2.2.5 鉱物の構造
(1) 鉱物結晶の対称性(対称要素)

結晶の対称性は,その**単位格子**(**単位胞**)中の格子点が,**対称心**(点対称:図2.6a),**鏡面**(面対称:図2.6b),軸対称(**回転軸**:図2.6c,**回反軸**:図2.6d)を有するか否かで分けることができる.幾何学的には,対称心と鏡面,およびn回回転軸($n=2, 3, 4, 6$)と4回回反軸の合計7種類の対称要素の組合せを考えれば,すべての鉱物結晶は32種類の**点群**(**晶族**)に分類することができる.この32点群は,基本格子の大きさと形状を決める長さa, b, cと角度a, β, γ(格子定数)の関係によって7つの**結晶系**に分類することができる(図2.7).また,7つの結晶系と基本格子の型(P, I, F, C(A, B))を組み合わせると14種の**ブラベ格子**に分類される(図2.8).32点群にさらに並進操作(らせん軸,映進面)を加えることにより,230種類の**空間群**に分類できる(表2.7).これらの説明と図表は,International Tables for Crystallography A (Hahn, 2002ed.) にまとめられている.ある結晶が,どの空間群に属するかは,その結晶構造を精密に調べるための基本情報であり,主にX線,電子線,中性子線,放射光などの回折測定から得られる.

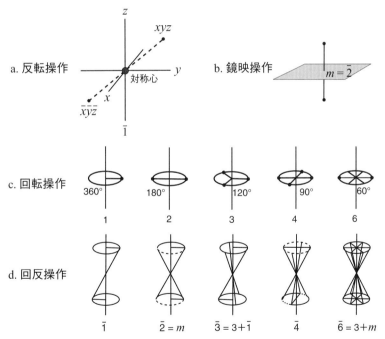

図2.6 結晶の対象の要素とそれに含まれる操作

a. 反転操作:(x, y, z) にある点を $(\bar{x}, \bar{y}, \bar{z})$ に移す操作.この操作により初めと同じ状態になる場合を点対称(対称中心は単位格子の中心)という.
b. 鏡面操作:平面に対する対称操作.この操作を満たす面を鏡面という.
c. 回転操作:ある軸のまわりに角度$360°/n$の回転操作を行って合同となる場合,この軸をn回回転軸とよび,n ($=1, 2, 3, 4, 6$)で表す.
d. 回反操作:ある軸のまわりに角度$360°/n$の回転に続いて,軸上の1点を対称点として反転を行って合同となる場合,この軸をn回回反軸とよび,n ($=\bar{1}, \bar{2}, \bar{3}, \bar{4}, \bar{6}$)で表す.ここで,$\bar{1}$は反転であり,$\bar{2}$は鏡面と同じ.$\bar{3}$は3と1,$\bar{6}$は3と$m$の組合せからできているが,$\bar{4}$だけがこれまでの対称要素で表せないので,独立の対称要素として考える.

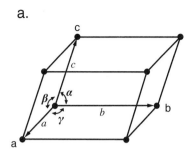
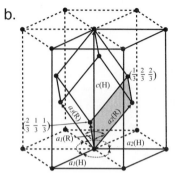

立方晶系　$a = b = c,\ \alpha = \beta = \gamma = 90°$
正方晶系　$a = b \neq c,\ \alpha = \beta = \gamma = 90°$
直方晶系　$a \neq b \neq c,\ \alpha = \beta = \gamma = 90°$
単斜晶系　$a \neq b \neq c,\ \alpha = \gamma = 90°, \beta \neq 90°$
三斜晶系　$a \neq b \neq c,\ \alpha \neq \beta \neq \gamma \neq 90°$

三方晶系（R）　$a_1 = a_2 = a_3$
　　　　　　　$\alpha = \beta = \gamma \neq 90°$

六方晶系（H）　$a_1 = a_2 = a_3 \neq c,$
　　　　　　　$\alpha = \beta = 90°, \gamma = 120°$

図 2.7 単位胞の形状
a. 立方（等軸），正方，直方，単斜および三斜の各晶系，b. 三方（図の内側）および六方晶系（森本ほか，1975 原図）．三方晶系は主軸が 3 または $\bar{3}$ であり菱面体格子もとれるのに対して，六方晶系は主軸が 6 または $\bar{6}$ の違いがある．

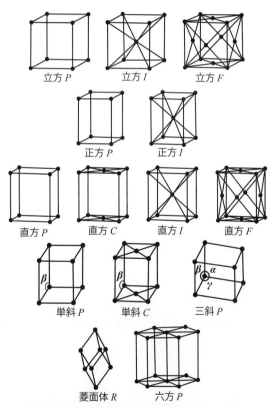

図 2.8 14 のブラベ格子（森本ほか，1975）
P：単純格子，I：体心格子，F：面心格子，C：底心格子，R：菱面体格子．

表 2.7 結晶構造の幾何学的階層

単位胞（格子）
　↓　　格子定数：$a, b, c, \alpha, \beta, \gamma$
7 晶系
　↓　　格子：$P, I, F, C(A, B)$
14 ブラベ格子
　↓　　対象の要素：$((1), 2, 3, 4, 6, \bar{4},$ 鏡面, 対称心$)$
32 点群（晶族）
　↓
230 空間群

(2) 面指数（ミラー指数）

　結晶形態を比較検討するためには，個々の結晶面を何らかの数学的方法で表示する必要がある．結晶面を表現する方法として，ミラーの表示法が一般的である．これは図 2.9 に示すように，結晶内部に直交，または，斜交する適切な座標軸（**結晶軸**）を設定し，基準面を設定する．たとえば，図 2.9 で基準面 P が 3 軸を切り取る長さの比（結晶の単位長さの比：**軸率**）を $a_0 : b_0 : c_0$ とする．そして，任意の結晶面 A が，座標軸を切る長さの比（**軸比**）を $a_1 : b_1 : c_1$ とすると，両者の間には，

$$a_1 : b_1 : c_1 = \frac{a_0}{h} : \frac{b_0}{k} : \frac{c_0}{l}$$

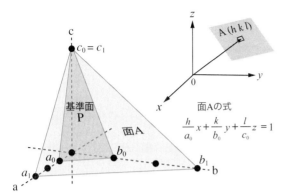

図 2.9 面指数（ミラー指数）の設定法
結晶軸と基準面 P の設定，および任意の結晶面 A との関係

の関係が成立する．ここで，鉱物結晶では一般に h, k, l は簡単な整数となる（**有理指数の法則**）．この (hkl) を用いて任意の結晶面 A を表示しようという方法である．図 2.9 の例では，$a_1 : b_1 : c_1 = 3a_0 : 3b_0 : 1c_0 = a_0/1 : b_0/1 : c_0/3$ であるから，$h : k : l = 1 : 1 : 3$ となり，A 面は（1 1 3）と表される．この指数 (hkl) を，**ミラー指数（面指数）**とよぶ．任意の結晶面 A のミラー指数は，結晶の中心（座標軸の原点）から，その結晶面に垂直な方向にのばした方位ベクトルと同じである．つまり，結晶の中心からみて平行な結晶面には，ミクロからマクロのレベルまですべて同じミラー指数が与えられる．

2.3 火成岩
2.3.1 岩石の多様性

岩石は「鉱物の集合体」である．岩石を構成している鉱物（造岩鉱物）の種類と量をその岩石の**鉱物組成**という．これは堆積岩や変成岩についても当てはまるが，火成岩の場合にはその分類や成因を考えるうえで特に重要である．

大部分の鉱物は一定の元素組成をもっていて，その組成を化学組成式で表すことができる．したがって，鉱物は変化に富み種類も多いが，化学的対象として捉えやすい．これに対して，岩石は鉱物の集合体であり，その化学組成は構成鉱物の種類と量によりさまざまに変わりうる．したがって，その化学組成を決まった数字で表すことは困難である．また，その物性（物理的性質）も連続的に変化する．このように，岩石の性質は連続的なものであり，類似の岩石の間に明瞭な境界があるわけではない．

実際に岩石を構成する鉱物組成は**モード**とよばれる．これに対し，火成岩を分析して得られた化学組成を基にあらかじめ想定したいくつかの標準鉱物の重量%を求めることができる．これを岩石の**ノルム**といい，この計算に用いられる標準鉱物を**ノルム鉱物**という．岩石の実際の鉱物組成を表すわけではないが，火成岩の性質を比較する場合などに有効である．

以下，この章ではいくつもの岩石名が登場する．しかし，岩石の名前は，多分に便宜的であり，歴史的に地域的に複雑な命名の背景を有している．岩石名は概念を共有するために便利であるが，名前に余り捉われないことが肝要である．

重要なことは，その岩石がどのような構成物をどのような形で有しているのか，そして，どのようにして生成し，どのように変化してきたのか，また，ほかの岩石や地質体とどのような関係にあるのか，を知ることである．

構成鉱物が小さかったり，変質していたりして種類を同定できないことも多く，特に野外で岩石名を決めることは実際にはかなり難しい．野外で便宜的につける岩石名を**フィールドネーム**とよんでいる．

(1) マグマ

地下で岩石が溶融状態にあるものを総称して**マグマ**という．火山から噴出する**溶岩**は，地下で生成したマグマの一部が，状態をある程度変えて地表に出てきたもの，あるいはそれが固結したものである．

大部分のマグマでは SiO_2 が約 45 % 以上を占めており，このため一般にマグマは**珪酸塩溶融体**である．このほかに，硫黄・炭酸塩を主とするものなど，化学組成上特異なマグマも知られている．マグマ中には揮発性の物質（おもに水，二酸化炭素や硫化水素）もわずかに含まれており，これらが溶融体の性質に著しく影響する．マグマは，地下深部で，既存の岩石にかかる圧力・温度・含水量が変化して生じる．マグマは，時間の経過や周囲の環境の変化に応じて，移動し，周辺の岩石と反応しながら冷却し，結晶を生成し，**火成岩**を生じる．この一連のプロセスが**火成作用**である．マ

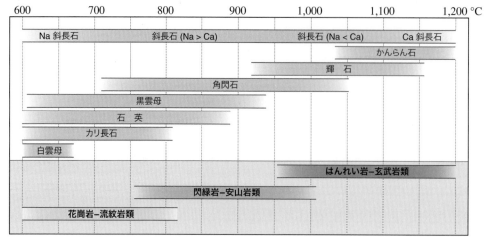

図 2.10 マグマから造岩鉱物が生成する順序
各データは実験によって得られたものであるが，実験条件により，温度範囲の両端にはある程度の変化幅がある．

グマのもとになった岩石の化学組成や，固結過程に応じて，さまざまなマグマが形成され，その結果，性質の異なる多様な岩石が生じる．

SiO_2 と Al_2O_3 に富むマグマは，**珪長質**マグマとよばれる．これらは，石英，カリ長石，Naに富む斜長石を多く生じる傾向にあり，花崗岩や流紋岩といった明るい色の**優白質岩**を形成する．FeOやMgOに富むマグマは，**苦鉄質**マグマとよばれる．これから生じる岩石は，かんらん石・輝石・角閃石など，濃い色の鉱物を多量に含むために暗い色を呈し，Caに富む斜長石を含む．こうして，はんれい岩や玄武岩といった**優黒質岩**が生成する．

(2) 結晶化作用

マグマからの鉱物の結晶化は，およそ1,200〜600℃の間で起こる．高い温度で結晶化する鉱物は，よく発達した結晶面に囲まれた**自形**の結晶を生じやすい．低い温度で結晶化する鉱物は，マグマ中ですでに生成した自形結晶の間に生成するため，結晶面がほとんど発達しない不規則な**他形**を呈する．火成岩の研究や実験でつくったマグマの研究により，結晶化のおおまかな順序がわかっている（結晶分化作用：§6.3.1参照）．非アルカリ岩系列（後述）の火成岩の場合，図2.10のような順序でマグマの結晶化が起こる．

(3) 共存と共生

ある岩石内に2種以上の鉱物が同時に存在しているとき，これを**共存**という．鉱物が共存していても，同時に生成したとは限らない．後の時期の貫入や変質などによって，鉱物が新たに添加することがよくあるからである．共存している鉱物が同時に生成した場合，これを**共生**という．すなわち，一定の物理化学的条件下で平衡にある鉱物どうしを意味し，両者の存在によってマグマの化学的性質をおおよそ知ることもできる．

たとえば，シリカ鉱物（SiO_2：例，石英）とフォルステライト（Mg_2SiO_4）は，SiO_2−MgO二成分系に属する鉱物であるが，両者が存在すると，反応してエンスタタイト（$MgSiO_3$）を生じる．こうして，シリカ鉱物かフォルステライトのどちらかが消費されてしまい，「エンスタタイト＋フォルステライト」か「シリカ鉱物＋エンスタタイト」の組合せとなる．すなわち，平衡条件下では，シリカ鉱物とフォルステライトとが共生することはない．

準長石とは，長石からシリカ（SiO_2）成分を引き去ったような化学組成を有する鉱物グループの総称であり，シリカ成分の少ないアルカリ岩中に産出する．一般にこの鉱物は石英などのシリカ鉱物とは共生しない．

2.3.2 火成岩の性質

火成岩は，化学組成・鉱物組成・組織に基づいて分類される．火成岩の組織は，マグマの冷却過程について，重要な情報を与えてくれる．これらに基づいて，マグマや岩石が生成するに至った地質学的背景についての洞察が可能となる．

(1) 火成岩の化学組成

地殻を構成する火成岩の約99％は，8種類の元素からできている．それらは原子比で多い順に，酸素（O）・珪素（Si）・アルミニウム（Al）・鉄（Fe）・カルシウム（Ca）・ナトリウム（Na）・カリウム（K）・マグネシウム（Mg）である．これらの元素は石英や，長石・かんらん石・輝石・角閃石・雲母などの**珪酸塩鉱物**をつくり，これらが主要造岩鉱物となっている．これら6種の鉱物が一般的な火成岩の95体積％以上を構成している．

一般的な火成岩に最も多く含まれる成分はSiO_2である．SiO_2含有量に対するアルカリ含有量（Na_2OとK_2O）を基にして，アルカリを多く含むか否かで，火成岩を二分することができる．すなわち，アルカリが多いものを**アルカリ岩**，少ないものを**非アルカリ岩**とよぶ．

アルカリ岩は，アルカリ長石・準長石・アルカリ角閃石・アルカリ輝石を含むことが多い．アルカリ岩に属する粗面玄武岩・粗面安山岩・粗面岩，およびその深成岩相を**アルカリ岩系列**とよぶ．

非アルカリ岩は，アルカリ岩に比べてはるかに一般的で多量に産する．**非アルカリ岩系列**はさらにカルクアルカリ岩系列とソレアイト系列に分けられる．**カルクアルカリ岩系列**では，分化作用に伴い，マグマの残液のSiO_2量が増加しFeO量が減少する特徴がある．この岩石の石基には輝石として直方輝石と単斜輝石が存在する．日本列島などの島弧や大陸縁の火山岩として多く産する．**ソレアイト系列**では，分化作用に伴い残液のSiO_2があまり増加せずFeO量が増加する特徴がある．石基の輝石は単斜輝石（普通輝石，ピジョン輝石）のみである．この岩石は，**溶岩台地**（デカン高原・コロンビア川溶岩台地など）・海嶺・**火山島**（アイスランド・ハワイ・ガラパゴスなど）および島弧の主要構成物をなしている．

このように，化学組成の主要成分は火成岩の総体的な性格を理解したり分類したりするうえで，重要な役割を演じている．一方，微量元素の含有量の特徴も，火成岩の成因と起源を研究するうえで，重要な意味をもっている．

(2) 火成岩の組織

組織は，岩石を構成する鉱物の大きさ・形・分布や，隣り合う鉱物どうしの接触関係，分布の偏り方などによって生じる．火成岩の組織は，マグマの組成と冷却過程を反映している．

鉱物の集合状態などによって表される岩石の特徴的な様相を，組織または構造という．一般的に，肉眼的規模以上のものを**構造**，顕微鏡の規模以下のものを**組織**とよぶことが多いが，例外もある．マグマの流れに沿って拍子木状の鉱物などが配列する**流理構造**は前者の例であるが，カリ長石のパーサイト構造は離溶組織の1つである．

a．構成物質の粒径など

火成岩の組織は，構成する結晶の粒度から次のように区分される．

顕晶質とは，構成鉱物が肉眼で識別される程度の粒度をもつ岩石組織のことである．顕晶質組織が示す結晶の大きさは，肉眼でかろうじて識別可能な程度から，長径が数cm以上，場合によっては数10cmに達することもある．顕晶質組織は，底盤や岩株をなす花崗岩などの深成岩に特徴的であり，ゆっくりと冷却するマグマから生成する．

非顕晶質とは，肉眼で構成鉱物を見分けられないほど細粒・均質な岩石組織のことである．粒度により，顕微鏡下でのみ観察できる**微晶質**，顕微鏡下でも観察が困難な**隠微晶質**に区分される．非顕晶質組織は，地表に噴出した火山岩に認められ，マグマが急速に冷却して生成したことを物語る．

ガラス質とは，**非結晶質**のことで，**非晶質**ともいう．ガラスの存在は，結晶が生成するよりも速く固結したことを意味している．火山ガラスは準安定状態にあるので，古い岩石では脱ガラス化し，組織として残らない．代表的な火山ガラスである**黒曜岩**はSiO_2に富んだ塊状の火山ガラスで**流紋岩**の一種であるが，わずかに含まれる成分の影響や，塵埃状の磁鉄鉱や苦鉄質鉱物を含むために暗

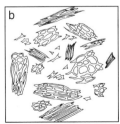

図2.11 火山ガラスの例
a．黒曜岩（長野県下諏訪町和田峠産，横幅10 cm），b．火山灰や凝灰岩中の火山ガラスのスケッチ（久野，1976）

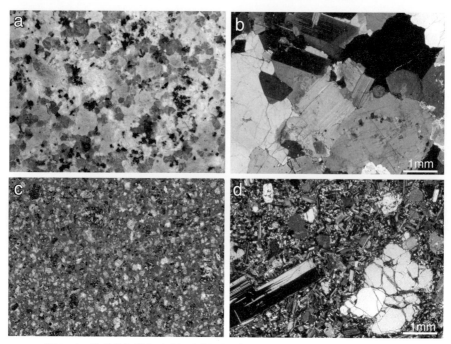

図2.12 等粒状組織を示す深成岩（a, b）と斑状組織を示す火山岩（c, d）
a. 黒雲母花崗岩（岡山市万成産），b. 両雲母花崗岩（岡崎市米河内産），c. 安山岩（諏訪郡富士見町境産），d. 粗粒玄武岩（男鹿市入道崎産）．a, c：研磨片写真（横幅6 cm），b, d：薄片写真（直交ポーラー）．

色を呈する（図2.11a）．このようなガラス質で緻密な岩石は，図のような貝殻状断口をもつことがある．

b．構成物質の組織

結晶の種類や大きさがほぼ一様に見える組織を，**等粒状組織**という．構成鉱物がお互いに他形あるいは半自形をなしており，ほぼ同時に生成したことを物語る．この組織は，花崗岩などの深成岩に普通に認められる（図2.12a, b）．等粒状組織をもつ深成岩は，その粒度により粗粒，中粒，細粒と区分されることが多いが，その境界は明確ではない．

一方，火成岩中に，特定の鉱物種が，周囲の細かい粒子の数倍から数10倍もの大きさに発達している組織を，**斑状組織**という．大きな鉱物を**斑晶**，周囲の細かい粒子の集合体を総称して**石基**とよぶ．石基を構成する鉱物の中にも斑晶と同じ種類の鉱物が含まれることが多い．このことから，斑状組織をもつ岩石は，斑晶が生成している途中でマグマが急冷し，結晶化が急速に進んだため，残液が微細な結晶や**火山ガラス**として固結したものと考えられる．火山岩ではこの組織をもつものも多く，地表近くにおけるマグマの冷却が段階的に行われたことを意味している．斑状組織には，石基が顕晶質のもの（図2.12c, d）と，非顕晶質のものがある．一方，花崗岩中に特に粗粒な自形の長石を伴うことがあり，その場合は斑状花崗岩（眼球状花崗岩）とよぶ．

2.3.3 火成岩の分類

火成岩の化学組成と造岩鉱物の間には，対応した傾向が存在する．図2.13では，横軸に化学組成や鉱物の種類を，縦軸に産出状態と造岩鉱物の量比を示している．これによって非アルカリ岩系列火成岩の一般的分類がある程度可能である．

図2.13の中段には，岩石の生成場所による分類が示されている．すなわち，同じマグマから生成しても，生成場所によって冷却速度が違うので，組織に特徴的な差異が生じる．一般にマグマが深所で固結して生成した火成岩は**深成岩**，浅所あるいは地表で固結して生成した火成岩は**火山岩**とよばれる．そのほか，地下で生成した**貫入岩**，地表で生成した**噴出岩**という区分もなされている．

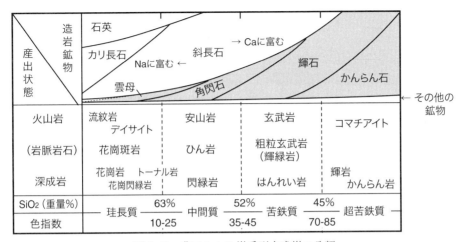

図 2.13 非アルカリ岩系列火成岩の分類
網掛けの部分は有色鉱物（苦鉄質鉱物），色指数の境界値は大まかな目安．

(1) 造岩鉱物

火成岩はマグマの固結によって生成し，このときに生成した鉱物は，**初生鉱物（一次鉱物）**とよばれる．その種類・量・組合せによって，マグマ固結時の物理化学的状態やマグマの起源などを推定できる可能性があり，火成岩の研究にとって特に重要な鉱物群である（図2.13上段）．火成岩を構成するおもな鉱物を**主成分鉱物**，ごくわずかに含まれる鉱物を**副成分鉱物**という．たとえば，花崗岩では，斜長石・カリ長石・石英・雲母などがふつう主成分鉱物であり，ジルコンや燐灰石などが副成分鉱物としてしばしば含まれる．

これらの鉱物の一部は，岩石が固結した後に被った変質や風化などの作用により，新しい環境で安定な**二次鉱物（変質鉱物）**に変化する．たとえば，熱水による変質作用で H_2O や CO_2 などが添加され，鉱物の一部または全部が，交代されたり粘土化したりする．また，このような過程で新たに生じる鉱物もある．黒雲母や角閃石から生じる緑泥石は典型的な二次鉱物である．

火成岩には多くの種類の造岩鉱物が知られているが，主要なものや特徴的なものとなると，それほど多くはない．似た性質をもつ造岩鉱物をまとめて，5つのグループに分けることができる．

Q：石英・トリディマイト・クリストバライト

A：アルカリ長石（正長石・微斜長石・曹長石など）

P：斜長石（斜長石のうち，An_{5-100} のものはPに入れるが，An_{0-5} の曹長石はAに入れる．）

F：準長石（リューサイト・ネフェリン・方曹達石など）

M：雲母・角閃石・輝石・かんらん石・磁鉄鉱など

Q・A・P・Fグループの鉱物は，珪素やアルミニウムを主要成分とする鉱物で，**珪長質（フェルシック）鉱物**という．これらは薄片で無色なため，**無色鉱物**ともいう．一方，Mグループの鉱物は鉄やマグネシウムに富む鉱物で，**苦鉄質（マフィック）鉱物**という．これらは暗色で薄片にしても色を呈するため，**有色鉱物**という．有色鉱物の全体に対する体積%は**色指数**とよばれ，岩石の化学組成的性質を示す目安となる．

(2) おもな火成岩の分類

図2.14および図2.15は，国際地質科学連合（1989）が決めた深成岩の分類図である．この三角図に各成分値をプロットして，岩石の名称が決められる．岩石は組成的に連続する物質であるので，ここに示された区分線の値に厳密な意味はなく，それまで世界中で用いられていた名称にできるだけよく合うようにまとめられたものである．

a．深成岩の分類

まず苦鉄質鉱物Mの量によって，M<90%の岩石群と，M≧90%の岩石群とに，二分する．

M<90%の岩石群は珪長質から苦鉄質の深成岩である．これについてはQ・A・P・Fの量比で分類するが，Q（石英など）とF（準長石）は

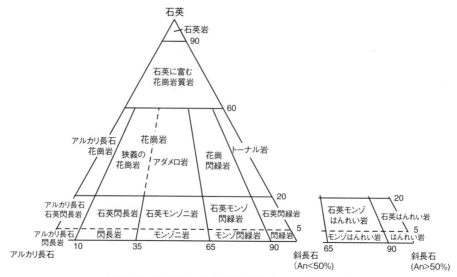

図 2.14 珪長質〜苦鉄質深成岩（M＜90）の分類
（左は端成分斜長石の組成が An＜50％の場合，右は An＞50％の場合）．（国際地質科学連合の規約による）

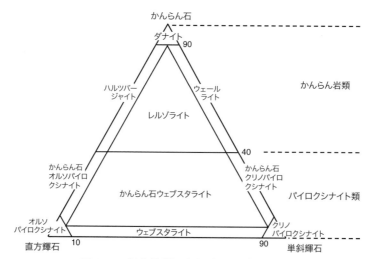

図 2.15 超苦鉄質深成岩（M≧90）の分類
かんらん石-直方（斜方）輝石-単斜輝石図（国際地質科学連合の規約による）

共生できないので，Q-A-P と A-P-F の 2 つの三角図が用いられる．日本に産する深成岩は準長石 F をほとんど含まないので，ここでは Q-A-P（石英-アルカリ長石-斜長石）を端成分とする三角図を用い，深成岩を 17〜21 種の基本的岩石に区分している（図 2.14）．

また，90％以上の斜長石を含む岩石は斜長岩とよばれ，**閃緑岩**および**はんれい岩**の領域におよそ相当し，これに応じて，石英閃緑岩と石英はんれい岩の領域には石英斜長岩が加わる．なお，は

んれい岩の分類については，この図とは別に，斜長石-輝石-角閃石三角図と，斜長石-かんらん石-輝石三角図を用いた分類法がある．

M≧90％の岩石群は**超苦鉄質岩**であり，これについては別の分類が用意されている．まず，超苦鉄質岩をかんらん石-輝石-角閃石によって分類する．このうち，かんらん石と輝石に富む超苦鉄質岩については，かんらん石-直方（斜方）輝石-単斜輝石によって分類する（図 2.15）．この図で，かんらん石の量が 40％以上の領域にある岩石を

図2.16 マントルを構成するかんらん岩（北海道幌満，高木秀雄撮影）
a. アポイ岳周辺の層状かんらん岩，b. ハルツバージャイト（H）中で発生した玄武岩質マグマの抜け道（ダナイト：D），北海道様似町役場所蔵．

かんらん岩と称している．超苦鉄質岩は，マントルの上部を構成していると考えられており，その新鮮な岩体が地表に露出している北海道南部の幌満かんらん岩体（図2.16）では，国際的な研究が展開されている．超苦鉄質岩の主要構成鉱物であるかんらん石に水が加わると蛇紋石に変化し，かんらん岩は**蛇紋岩**となる．

b．花崗岩類の分類

従来，**花崗岩類**は図2.14のように鉱物組成に基づいて分類されてきた．これに対し，Ishihara（1977）は，不透明鉱物の種類と量，実質的には帯磁率の違いに着目して，花崗岩類を**磁鉄鉱系**と**イルメナイト系**に分類した（§6.3.2参照）．化学的性質や同位体的性質の違いからも，これらが花崗岩質マグマの生成に関与した物質の性質を反映しているとされ，分布などの産状や鉱化作用との関係が議論されている．

一方，チャペルとホワイト（たとえば，Chappell and White, 1974，など）は，泥質岩に類似した化学組成をもつ花崗岩類を「**Sタイプ（堆積岩型）**」，カルシウムに富む鉱物（角閃石，単斜輝石など）を含有する火成岩に類似した化学

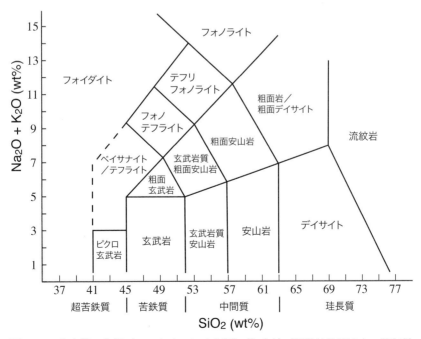

図2.17 火山岩の分類（アルカリ-シリカ図に基づく）（理科年表2018を一部改変）

組成をもつ花崗岩類を「Ｉタイプ（火成岩型）」と名付けた．その後，「Ｍタイプ（マントル型）」，「Ａタイプ（非造山型）」が提唱された．Ｉタイプは磁鉄鉱系およびイルメナイト系に，Ｍタイプは磁鉄鉱系に，Ｓタイプはイルメナイト系にほぼ対応する．

ｃ．火山岩の分類

火山岩は，火山ガラスや細粒な石基を含むので，全岩化学組成によって分類されることが多い．火山岩の分類には，SiO_2（重量％）と総アルカリ（$Na_2O + K_2O$）（重量％）によって区分した**アルカリ-シリカ（TAS）図**が用いられる（図2.17）．

マグマから直接結晶化せず，空中や水中に放出された噴出物が集積して生成された岩石は，**火山砕屑岩**とよばれる．火山砕屑岩は，構成する砕屑物質の大きさと割合によって図2.18のように分類される．火山放出物のうち，64〜2 mmの大きさのものを**火山礫**，これより大きいものを**火山岩塊**や**火山弾**，2 mmより細粒のものを**火山灰**とよぶ．多孔質の火山放出物には，白色の**軽石**（パミス：珪長質）と暗色の**スコリア**（苦鉄質〜中性）がある．火山灰は，さらに鉱物（結晶）・岩片・ガラス片の量比により細分される．

火山放出物が水中で降り積もったときには緑色凝灰岩などの岩石となる．放出物が，陸上で，空中に飛散せずに堆積したときには，自身の熱のために溶結し，**溶結凝灰岩**となる．また，海底火山の噴火に際して溶岩流が水中に流出し，破砕を受けて生じたガラス質の火山砕屑岩を**ハイアロクラスタイト**とよぶ．

2.3.4 火成岩の起源

マグマの起源は，火成岩の化学組成やプレートテクトニクスから理解されるマグマ形成場の条件などから推察されるが，直接の観察からは何も知られていない．しかし，ここ数10年の間に，世界各地の火成岩の研究や実験岩石学・理論岩石学の成果から，マグマの起源についての理解が進んだ．

(1) マグマの発生

地球が2,900 kmの深さまで本質的に固体であり，外核だけが液体である．このことは，地震学的証拠から明らかである．外核のFe-Ni溶融体はマグマの起源となりそうにない．したがって，マグマはマントルおよび地殻の岩石が部分的に融解してできるものであろう．地球内部の温度分布と岩石の融解開始温度（ソリダス温度：後述）の関係から，マグマができる深さは50〜200 kmであろうと推定される．

岩石の融解温度は一定ではない．マグマの起源を理解するには，このことが重要である．岩石を構成する鉱物は異なった温度で融け始める．図2.10に示したように，白雲母・カリ長石・石英は，最も低い温度で融け始める．角閃石はより高い温度で，輝石やかんらん石はさらに高い温度で融解する．Naに富む斜長石は低い温度で融解し始めるが，Caに富む斜長石はかなりの高温に達するまで融解しない．

直径 (mm)	火山放出物	火山砕屑岩
≧64	火山岩塊 放出のとき固体	火山角礫岩 角礫50%以上
		凝灰角礫岩 角礫50%以下
	火山弾 放出のとき一部〜 全部が液体	集塊岩 おもに火山弾からなる
64〜2	火山礫	火山礫凝灰岩
2〜1/16	粗粒火山灰	粗粒凝灰岩
≦1/16	細粒火山灰 火山塵	細粒凝灰岩

白色の多孔質放出物を軽石 (pumice)，
黒色〜赤褐色の多孔質放出物をスコリア (scoria) という

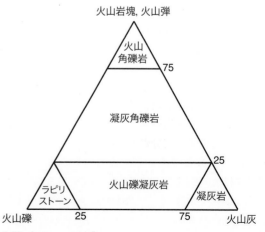

図2.18 火山砕屑岩の分類（Fisher, 1966）

物質が多成分系である場合，混合物質の融け始める温度は純粋物質の融点よりも低いという一般的特徴がある．つまり，2つ以上の鉱物が混合した岩石が融け始める温度は，それぞれの鉱物が融解する温度よりも低いことが多い．このような相平衡関係は，マグマの発生を理解するうえで特に重要である．

マグマを発生する源となる岩石の全岩組成とともに，温度・圧力・H_2O 含有量等が融解に大きく影響する．たとえば，温度が上昇するかあるいは圧力が減少するかのどちらかによってでも融解は始まるし，H_2O が供給されることによっても融け始める温度が低下する．玄武岩質マグマはプレート発散境界やホットスポットで生じ，花崗岩質マグマや玄武岩〜安山岩質マグマはプレート収束境界において生じる．プレート運動の結果として温度と圧力の変化や H_2O の供給が生じ，下部地殻と上部マントルの**部分融解（溶融）**によって，マグマがつくり出される．

(2) プレート発散境界における玄武岩質マグマの発生

プレート発散境界では，プレートの引っ張りの力により，海嶺直下の固体のアセノスフェアの上昇が誘発され，ほぼ断熱状態で上昇してきたかんらん岩が部分的に減圧融解を起こし，**玄武岩質マグマ**が生じる．かんらん岩は，かんらん石・輝石・ざくろ石および微量の斜長石からなっている．アセノスフェアの下部の温度は，融解が始まるには低すぎる．そのため，少なくとも，かんらん岩のソリダスを越えるまで，減圧による融点降下が起こらなければならない．このような融解のメカニズムは，より深部からのマントルの上昇流に起因するホットスポット直下のマグマの発生についてもいえることである．

マントルのかんらん岩の一部だけが融解する．こうして部分融解した結果，化学組成が原岩とは著しく異なる玄武岩質マグマが生じる．これはより融け出しやすい成分が選択的にマグマの成分となるからである（図 2.16b）．発生した玄武岩質マグマは，周りのかんらん岩よりも密度が小さいので，拡大中心に沿って上昇し，海嶺やリフト帯中に玄武岩流として噴出する．

(3) プレート収束境界における玄武岩質〜安山岩質マグマの発生

日本のような**プレート収束境界**の造山帯には，玄武岩〜**安山岩**を主体とするソレアイト系列岩石やカルクアルカリ岩系列岩石がよく見られる．沈み込む海洋プレート上部にある**ウェッジマントル**（図 2.22）に，沈み込みに伴って水が添加され，そこを構成するかんらん岩の部分融解が促進された結果，玄武岩質〜安山岩質マグマが生じると考える人もいる．そのほか，初生**安山岩質マグマ**は存在せずに，玄武岩質の初生マグマが地殻物質を取り込むことによって，安山岩質マグマができるという考えもある．

(4) プレート収束境界における花崗岩質マグマの発生

プレート収束境界において発生した玄武岩質〜安山岩質マグマは，上昇に際して，その熱により大陸地殻物質を溶融することにより，あるいは，大陸地殻物質を取り込むことにより，**花崗岩質マグマ**が生成される（図 2.22）．また，玄武岩質〜安山岩質マグマの**結晶分化作用**によっても花崗岩質マグマは生成される．そのほか，高温の海嶺や海洋プレートが沈み込むことによりその一部が溶融し，アダカイト質の花崗岩質マグマが生成することもある．また，大陸同士の衝突に伴い，大陸地殻が厚くなり，大陸地殻下部で部分溶融し，花崗岩質マグマを生成することもある．

2.3.5 相平衡図

マグマが結晶化して火成岩になる過程については，多くの室内実験が行われており，これらの結果を，相平衡図を描いて考えると理解しやすい．天然の岩石は多成分系であるが，二成分系や三成分系とみなした相平衡図でも実質的に適用することができる．従って，火成岩の成因やマグマの冷却プロセスを論じるうえで，相平衡図は重要な役割を果たしている．

(1) 相平衡図

図 2.19a は A-B 二成分共融系の相平衡図である．横軸に化学組成，縦軸に温度をとってある．圧力は一定である．m 相の化学組成は A100 %，n 相の化学組成は B100%であり，中間の組成をもつ固相は安定ではない．L は液相（溶融体）で

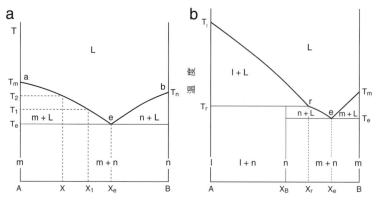

図 2.19 a. A-B 二成分共融系の相平衡図，横軸は化学組成，縦軸は温度，圧力は一定．
b. A-B 二成分包晶系の相平衡図，圧力は一定（杉村ほか編，1988）

ある．液相は広い組成範囲にわたって均質な混合物をつくる．この系ではA-Bの中間のすべての化学組成をもつ液相が存在しうる．温度 T_m，T_n はそれぞれm相，n相の融点である．(m+L)の領域および(n+L)の領域がLの領域と境する曲線は**液相線（リキダス）**とよばれる．液相線は，温度 T_e 以上で液相がm相あるいはn相と共存するときの液相の組成を示す．

このような相平衡関係をもつ系は**共融系**とよばれる．e点を**共融点**という．この系では，m相とn相の量によらず，温度 T_e で融解が始まり，そのときの液相の化学組成は X_e となる．

鉱物によっては，加熱してある温度に達すると，分解して，もとの鉱物とは異なる化学組成をもった新しい中間化合物と液相を生じるものがある（図2.19b）．このような現象を**分解融解（溶融）**

という．温度が降下すると，一旦晶出した鉱物は残液と反応して別の鉱物を生ずる．この反応を**包晶反応**，この反応を示す系を**包晶系（反応系）**とよぶ．r点を**包晶点（反応点）**という．

斜長石は曹長石（$NaAlSi_3O_8$）と灰長石（$CaAl_2Si_2O_8$）を端成分とする連続固溶体である．図2.20は，1気圧における斜長石固溶体と液相とに関する相平衡図である．この図で L_1（あるいは S_2）の組成については T_1 と T_2 の間で斜長石固溶体と液相が共存する．そのとき液相と斜長石の組成はそれぞれ液相線と**固相線（ソリダス）**上にある．

組成 X_L の液相が温度 T_1 まで冷却すると，灰長石寄りの斜長石 S_1 が晶出する．このため，灰長石成分を減じた液相は，曹長石寄りのものとなる．温度降下に伴い，晶出した固相は残液と反応しながら S_2 の組成に向かって変じていく．残液は L_1 から L_2 へと向かい，温度 T_2 で消滅する．晶出した固相は組成 X_S の斜長石となる．

(2) 圧力依存性

多くの相平衡図は実験結果をプロットしたもので，通常は，圧力を一定にして示されることが多い．図2.21は，Mg_2SiO_4-SiO_2 系の相平衡図であるが，1気圧下では包晶系であり，2.5 GPaでは共融系になっている．このように相平衡関係は，温度とともに圧力の変化によっても変わる．

圧力が高くなれば部分融解で生じるマグマの組成は Mg_2SiO_4 成分に富み，SiO_2 に不飽和な組成へと変化していく．すなわち，マントルの部分融解が低圧で生じれば，SiO_2 に飽和した非アルカ

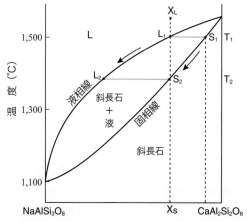

図 2.20 1気圧における斜長石の相平衡図（曹長石 $NaAlSi_3O_8$-灰長石 $CaAl_2Si_2O_8$）

2.4 変成岩

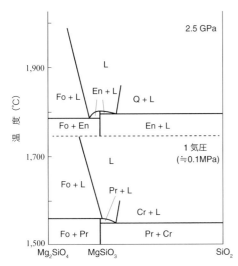

図 2.21 Mg$_2$SiO$_4$-SiO$_2$系の相平衡図（1気圧および2.5 GPaにおける）
Fo：フォルステライト（Mg$_2$SiO$_4$），En：エンスタタイト（MgSiO$_3$），Pr：プロトエンスタタイト（MgSiO$_3$），Q：石英（SiO$_2$），Cr：クリストバライト（SiO$_2$）．

リ岩系列のマグマが生じ，高圧下ではSiO$_2$に不飽和なアルカリ岩系列のマグマが生じる．

日本列島では，主として非アルカリ岩系列の火山岩が産出し，日本海側の一部でアルカリ岩系列の火山岩が産する．これは，海洋プレートの沈み込みとともに，太平洋側から日本海側に向かってマグマの発生場所が深くなる，すなわち圧力が高くなることに起因しているため，と考えられる．

従来の岩石学，特に火成岩の研究では，鉱物組成であれ，化学組成であれ，岩石の主要成分についての研究が主であった．岩石は，その成果に基づいて，分類され，理解され，反応や変遷などが議論されてきた．

しかし，岩石中には，微少量の成分や見過ごされそうな現象も，多く存在する．たとえば，微量鉱物や微量元素の腑存状況や挙動については，これまであまり注目されてこなかった．鉱物の粒界における様々な現象は，岩石の生成時の物質移動についての情報を有しているであろう．また金属鉱物の賦存状況は，当該元素の来歴やマグマ中での挙動はもとより，流動する溶融体の物性やその源岩の姿を知るのに大いに役立つであろう．造岩鉱物中に閉じ込められた，捕獲鉱物は勿論のこと，**結晶化包有物**や**ガラス包有物**などは，火成岩を作

ったマグマの「片鱗」そのものであり，溶融体の化学組成や物理化学的性質を明らかにする上で，極めて重要である．

マグマ中に存在する水の溶解度は，実験やモデル計算によって求められている．たとえば，1100℃，500 MPaの場合，玄武岩では7.9～8.5 %，安山岩では8.5～9.8 %，流紋岩では10.0 %～，などの値が得られている．これは溶解度であり，実際の存在量はこれよりも少ないと考えられるが，それにしても，1割にも達する量の水は，岩石の生成や変遷に格段に大きな寄与をするに違いない．

地球の表面にある水（大部分は海洋水である）の量は，地球の全体積のわずかに0.12 %である．地球は水惑星であるとはいっても，水の量はこの程度であるとみなされてきた．

ところが近年の研究から，地球表層の深いところにも水が安定して存在することがわかってきた．たとえば，マントル内に存在する鉱物（様物質）中には，多量の水素イオンと酸素イオンが入り込み，その水の量は海洋水の数倍にも達する，と見積もられている．このような水は，直接また間接に，火成岩の生成や変遷の機構，延いては地球表層の物質循環を理解する上で，重要な知見をもたらすものと期待される．

2.4 変成岩
2.4.1 変成岩の定義

既存の岩石（堆積岩・火成岩・変成岩）がその形成場の温度・圧力とは異なる条件におかれ，本質的に固体のままで変化してできた岩石を**変成岩**という．変成岩が形成される過程を**変成作用**，変成作用を被る前の元の岩石を**原岩**という．高温の変成作用を被った岩石には，部分的に融解しているものもある．大規模に融解した場合は，マグマが形成されることになり，冷却すれば火成岩になる．通常，変成作用では変成反応が進むにつれて新たな鉱物が生成される．しかし，新たな鉱物の生成がなく，粗粒化だけの変化による変成岩もある．また，化学反応が起きず構成鉱物の粗粒化もなく，鉱物が変形あるいは壊されていくのみの変化の場合（**変形作用**）も変成作用に含めることが普通である．

2.4.2 変成作用の場

変成作用が起こる場は多様である．既存の岩石が温度・圧力条件の異なった場におかれて変化すれば変成岩となるので，その範囲は広い．通常は地殻内部の温度・圧力条件を想定しているが，**超高圧変成作用**（コラム2.1参照）のようにコース石やダイヤモンドが形成されるほどの高圧のマントルで起こる場合もある．そのほか，地殻深部において極めて高い温度条件（900℃以上）で岩石が融解することなく変化する**超高温変成作用**も知られている．プレート運動に伴う地球表層からマントルへの物質の動きに関連しており，変成岩の形成にはプレートテクトニクスは必須の枠組みである．

海洋プレートがつくられる海嶺周辺のプレート上層部では，海水起源の熱水が循環している．これにより海嶺でつくられたプレート上部は熱水変質作用を受け，変質作用の進んだ含水玄武岩層となる．海嶺の連なりを考えると，この変質作用はきわめて広範囲に起こっていることがわかる．これを**海洋底変成作用**あるいは**海嶺変成作用**という．

海洋プレートが沈み込む場では，沈み込む海洋プレートがつくられた海嶺付近の条件とは大きく異なる条件におかれることになる．海嶺でつくられた含水玄武岩層は沈み込みに伴い脱水反応を起こし，徐々に変成反応が進行して新たな岩石，すなわち，変成岩となっていく．これも代表的な**広域変成作用**のひとつである．これを**沈み込み帯変成作用**とよぶ．

地下深所で発生したマグマ，たとえば花崗岩質マグマが上昇し貫入した場合，貫入以前に周囲の岩石がおかれていた温度条件よりもより高温状態の領域がマグマの周辺にでき，**接触変成作用**をもたらす．この領域が接触変成帯である．接触変成作用の起こる領域はまちまちであり，貫入するマグマの規模，温度や熱水放出の有無に依存する．マグマからの熱エネルギーの供給において，液体のマグマが結晶化することによって放出される潜熱の寄与が大きい．

図2.22には，海底の堆積物が埋没により弱い変成を受けた**埋没変成作用**の場，および沈み込み帯変成作用，接触変成作用の場が描かれている．海洋プレートの沈み込む側では温度の逆転構造，つまり，深部ほど温度が低くなる領域が形成される．沈み込む海洋プレート上部にあるウェッジマントル（図2.22）では海溝からある距離隔たったところでマグマが発生している．沈み込む海洋プレートとウェッジマントルでのマグマの発生場との間にわずかな隙間がある．つまり，沈み込む海洋プレート自体が融解していないことを示している．海洋プレートから脱水反応で放出されるH_2Oがその上部にあるウェッジマントルに浸透し，融解を起こす温度条件のところまで上昇してマグマを発生する．これも温度の逆転構造がも

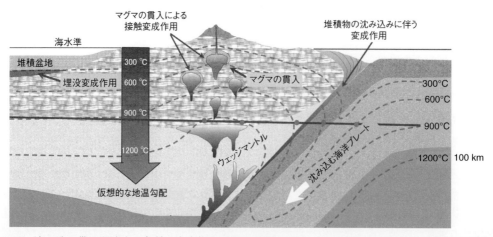

図2.22 沈み込み帯に関連する各種の変成作用の場を説明する図（Tarbuck and Lutgens, 2005を簡略化）
図の中の破線で描かれた等温線は仮想的でおおまかなものである．仮に，図の左端と右端の900℃の深度が等しいとして，この線上での温度分布を読み取ると，山脈の下では1,200℃に達しているのに，海溝の下では600℃以下のゾーンもある．沈み込むプレートの境界部に，深部ほど温度が低下するゾーンである温度の逆転構造が存在する．

たらす現象である．マグマが発生し，上昇しているところでは，地下の温度分布が上に凸になっている．これは深所で発生したマグマが熱エネルギーを運んできた結果としてつくられる高温領域である．この領域が高温型の広域変成作用と関連づけられる．

海洋プレートの沈み込みに伴う地下深所での温度分布の不均質性を理解するために，たとえば，左端と右端の900℃の深度の位置における断面を描いてみるとよい．図中の山脈の下では，1,200℃近くにも達するが，海溝の下では600℃以下である．沈み込み帯では，同一の深度でもこのくらい大きな温度差が存在することがわかる．このことは，次に述べる対の変成帯の分布とも密接に関係している．高圧型変成帯と低圧型変成帯が対を成して存在する場合に，**対の変成帯**という．対の変成帯はほぼ同時期の変成作用により，**高圧型変成帯**が海洋プレート側に，**低圧型変成帯**が大陸プレート側に形成される．その代表的な例として，三波川変成帯（高圧型）と領家変成帯（低圧型）がある（図3.27）．

局所的な場での変成作用には，接触変成作用のほかに，熱水変成作用，動力変成作用，衝撃（衝突）変成作用などがあげられる．熱水の浸透によって鉱物が変化する過程を**熱水変成作用**とよび，**熱水変質作用**とほぼ同義であり，熱水が地下の岩石の割れ目に沿って浸透して岩石と反応し，化学組成変化を伴う．熱水と岩石との反応により新たな鉱物が形成されるので，反応の広がりは熱水の通路周辺である．その意味では局所変成作用に区分される．広域変成作用である海洋底変成作用は，熱水変成作用が広域に起こっているものと捉えられる．

断層や剪断帯形成に伴って既存の岩石が破砕や塑性変形を受けることを動力変成作用とよぶこともある．差応力場での変成作用であり，断層に伴われるため，**断層岩**ともよばれる．主要構成鉱物の少なくともひとつが塑性変形した**マイロナイト**や，構成鉱物のすべてが機械的に破砕した**カタクレーサイト**などが形成される．断層運動時の摩擦熱により局所的に高温になり岩石が融解することもあり，融解-急冷の過程で形成した脈状岩石を**シュードタキライト**とよぶ．断層岩は変形に伴い，後退変成作用や変質を受けていることが多い．

隕石衝突等で発生した衝撃波によりきわめて短時間に引き起こされる変成作用を**衝撃変成作用**とよぶ．隕石衝突以外の衝撃波の発生要因としては，地下核爆発等がある．隕石衝突に限定する場合は，**衝突変成作用**ともいう．米国アリゾナ州にあるバリンジャー隕石孔（図4.4）が有名であり，SiO_2の高圧多形であるコース石およびスティショバイトが天然ではじめて発見されている．ここからは，黒色の微細な粒子のダイヤモンドの産出も報告されており，衝突時に形成されたと考えられている．岩石中を衝撃波が通過することによってできる円錐状の構造，**シャッターコーン**や融解してできたインパクタイトなども衝撃変成作用の産物である．隕石衝突跡でもシュードタキライトの形成が知られており，世界最大・最古の隕石衝突跡として知られている南アフリカのフレデフォート・ドームのものは有名である．

2.4.3 変成岩の分類

変成岩の岩型を決定し分類するための最も重要な情報は，**鉱物組合せ**と組織である．鉱物組合せは，その変成岩が形成された温度・圧力条件の範囲を限定するのに用いることができる．鉱物組合せの温度・圧力条件をおおまかに表したのが変成相の概念である．

鉱物組合せは，一定の温度・圧力条件で平衡に共存する鉱物の集合をさす．変成岩では，岩石中に含まれる鉱物が平衡に共存していたと受け止めることが多い．それは，変成作用の温度・圧力の最高条件までに変成反応が進行し，変成岩が地表に露出するまでの過程ではほとんど変化なく保たれるとする考えが主流であったからである．その背景には，温度・圧力低下時には，すでに脱水反応などが進んでしまったため，逆向きの反応を起こすためにはH_2Oなどの供給が必要となるため，逆の反応がほとんど起きないと理解されていたためである．したがって，変成岩中に産出する鉱物の集合は，一般的に変成作用ピーク時に平衡に共存する鉱物であると理解されている．しかし，この見方が通用しない事例は少なくない．温度・圧力低下過程で反応が逆向きに進む変成作用を**後退変成作用**という．特に，超高圧変成岩のように，

きわめて深いところまで沈み込んで変成作用が進み、それが地表に上昇してくる場合，変成岩のかなりの部分あるいはほとんどが浅所で安定な鉱物組合せに逆戻りしてしまうことが最近わかってきた．そのような変成岩では，ざくろ石やジルコンなどの一部の鉱物にのみ，きわめて深いところに到達した証拠が包有物として残されていることがよくある．そのほか，超高温変成岩や断層岩も，後退変成作用を受けているのが普通である．変成岩の観察をして，鉱物組合せを決定する場合，その組合せが一体変成作用のどの時期の情報を提示しているのかについては，常に注意を払う必要がある．後述するように，変成岩はその変成作用の**温度–圧力–時間経路**に沿った変化をしてきた産物であるが，その岩石が保持している温度・圧力条件がどの時点のものであるかが重要となる．

変成岩は本質的に固体のままで新たな条件に対応して変化した岩石である．したがって，それを示す特徴的な組織を呈することが普通である．変成作用が進むと，一般に構成鉱物の粒径が大きくなる．固体の状態である鉱物粒子が大きくなる作用を狭義の**再結晶作用**という．変成作用の進行に伴って新たな鉱物が形成される場合，**新鉱物形成作用**というが，これを広義の再結晶作用とよぶ．変成岩中の構成粒子の粒径が大きいことは，おおまかな意味ではより変成作用が進行したものとみることができる．変成岩の原岩で単一の鉱物からなる場合は，変成作用の進行とともに化学反応としての変成反応は進行せず，狭義の再結晶作用が進み粗粒化が起こるのみである．この代表例が結晶質石灰岩（大理石）である．

変成作用では，特定方向からの応力が卓越することがある．この場合，構成鉱物の配列など，変成岩に特定の方向性をもった組織がつくられる．このような特定の方向からの力が卓越する状態を差応力という．差応力がなく，あらゆる方向から均等な力がかかっている場合は，静岩圧あるいは封圧という．差応力が存在する場で変成岩が形成されたか否かで変成岩の組織は異なってくる．

差応力場で変成岩が形成された場合には，**面構造**や**片理**などがつくられる．また，単に縞状になっていることもあり，その場合には**縞状組織**（または縞状構造）という．縞状組織は原岩が元々もっていたものであることもある．ほとんど片理がなく縞状組織が発達している場合には，**片麻状組織**という．

鉱物が一定方向に配列することでつくられる線状の組織は**線構造**とよばれる．これらの組織から得られる情報は，変成岩の変形場の解析に用いられる．変成岩の中には特定の鉱物が選択的に大きく成長していることがある．これを**斑状変晶**といい，ざくろ石や曹長石などが代表例である（図 2.26a, b）．変成岩に発達する等粒状組織を**グラノブラスティック組織**という．面構造の発達した組織を**レピドブラスティック組織**，針状結晶や長柱状結晶の並んだ組織を**ネマトブラスティック組織**という．

変成岩の命名法には特別な規則はない．異なる基準で命名された岩石名が混在して用いられている．より詳細な名称としては，特徴的な鉱物名を接頭語としてつけて変成岩の名称とすることが多い．たとえば，ざくろ石–黒雲母片麻岩や緑泥石片岩などである．原岩を示す変成岩のおおまかな名称として，岩石名の前に"変"（meta-）をつけて変堆積岩・変火山岩・変塩基性岩・変玄武岩・変はんれい岩・変泥質岩・変砂質岩・変炭酸塩岩などが用いられる．鉱物名を用いた変成岩の名称として，角閃岩がある．組織名を用いた変成岩のおおまかな名称として，結晶片岩・片麻岩・グラニュライトがある．

変成岩は既存の岩石が異なる条件下で変化して形成した岩石であるから，あらゆるタイプの岩石がその原岩となり，火成岩，堆積岩など，多様な岩石が変成岩となりうる．また，変成岩を原岩として再度変成作用を受けて別の変成岩となることもあり，このような変成作用を**重複変成作用**または**複変成作用**という．

2.4.4 変成作用の物理化学的条件と変成相

堆積岩の形成過程である続成作用の上限温度が，変成作用の温度の下限となる．しかし，続成作用と埋没変成作用の境界の認定は難しい．明瞭な変成作用の証拠を示す温度としてはおおまかに300℃程度以上といってよいであろう．ただし，それ以下でも変成作用とみるべき固体状態での変化があることを念頭に置く必要がある．後述する変成

相の中のより低温領域の変成相を考える場合は，百数十℃程度を下限とすることになる．変成作用の温度の上限は岩石が大規模に融解する温度である．しかし，その温度には大きな幅がある．岩石が部分融解するときの温度は，岩石が融け始めるソリダス温度と岩石が完全に融解するリキダス温度の間である．ソリダス温度もリキダス温度も岩石の全岩化学組成と流体環境（特に，H_2Oの活動度）により大きく変化する．一般的に，花崗岩質岩ではH_2Oの活動度が高い場合，ソリダス温度は600～700℃くらいである．しかし，H_2Oの活動度が高くても塩基性岩ではソリダス温度は花崗岩質岩よりもかなり高くなり，超塩基性岩ではさらに高い温度となる．およそ1,000℃を変成作用の上限と考えておけばよいであろう．ただし，それ以上の温度の変成作用を否定しているわけではない．1984年にイタリアアルプスのドラマイラとノルウェーのWestern Gneiss Regionで変成岩中にコース石が発見されたことを契機として，変成作用の圧力領域は大きく拡大し，それまでのほぼ2倍になった．それ以前は，変成作用の圧力領域は，およそ1 GPa 程度までであり，地殻内部を対象としており，その範囲の温度・圧力領域を変成相として区分していた．1990年にはダイヤモンドが変成岩中に報告され，さらに圧力領域は高圧側に拡がった．地球内部の営力による変成作用とは別に，外的営力による変成作用である衝突変成作用の場合には，きわめて短い時間内に非常に高い圧力と高温状態がつくられるのが特徴である．

温度と圧力以外に，形成される変成岩を決定する重要な要因に揮発性成分の化学ポテンシャルあるいは分圧がある．特に，変成流体の主成分と考えられるH_2OとCO_2の化学ポテンシャルは変成反応の温度・圧力条件に大きく影響する．変成流体が両者を成分とする場合には，さらに複雑な影響を変成反応の温度・圧力条件に与える．

温度上昇に伴う一連の変成プロセスを**累進変成作用**とよぶ．これはバロー（G. Barrow）が1893年にイギリス北部のスコットランド高地の変成岩研究から構築した枠組みである．彼の研究により，この地域は変成岩・変成作用を学ぶ上で長い間教科書的な地域となっている．バローの提唱後，温度のみならず圧力条件や流体環境も変成度の上昇にかかわっていることがわかり，それらを含めて変成度の上昇する一連の変成プロセスを累進変成作用とよぶようになった．変成度が異なる領域が同一の変成帯に分布し，低変成度から高変成度の変成帯に連続的に変化している地域を累進変成帯という．このような変成帯の場合，特定の鉱物の出現を用いて温度・圧力条件の異なる帯として変成帯を細分することができる．この作業を**変成分帯**という．その細分化された帯の境界を**アイソグラッド**といい，新たに出現する鉱物を用いて黒雲母アイソグラッド，ざくろ石アイソグラッドなどという．ただし，指標鉱物の出現・消滅は必ずしも変成反応が起こっている場とは限らない．変成反応が起こっている場合に限定したより厳密な反応アイソグラッドを用いることもある（Bucher and Frey, 1994）．ただし，仮にアイソグラッドが変成反応の起こった場であることが確かめられても，反応アイソグラッド上で圧力が一定である

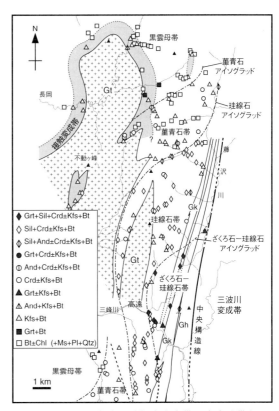

図2.23 長野県高遠地域領家変成帯の変成分帯とアイソグラッド（牧本ほか，1996，高木原図）

鉱物分帯	黒雲母帯	菫青石帯	珪線石帯	ざくろ石－珪線石帯
白雲母	───	───	───	---
黒雲母	───	───	───	───
カリ長石		───	───	───
菫青石		───	---	
珪線石			───	───
紅柱石		---	---	
ざくろ石				───
斜長石	───	───	───	───
石英	───	───	───	───

図 2.24 泥質変成岩の変成分帯に対応する各帯の鉱物組合せ（高木原図）

ことが保証されない限り等温条件とはならない．反応アイソグラッドは，変成反応のP（圧力）−T（温度）図上での**一変反応線**（平衡曲線）が地下でもつ温度・圧力曲面と地表面との交線として定義できる．

変成鉱物の出現・消滅により決定されたアイソグラッドの例を図 2.23 に示す．泥質変成岩の各帯における鉱物組合せは図 2.24 のようになる．

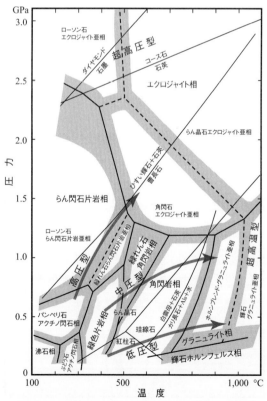

図 2.25 変成相を示すP（圧力）−T（温度）図（坂野ほか，2000 を改変）

この例に示す領家変成帯では塩基性岩の分布がごく限られていることから，通常泥質変成岩を変成分帯に用いている．高遠花崗岩（図の Gt）の貫入による接触変成帯として認定できるのは，母岩の変成度が低い部分（おもに黒雲母帯と菫青石帯の一部）に限られ，珪線石帯ではその認定は難しいが，鏡下では黒雲母の配列がランダムになる傾向がある．

ある代表的な原岩の化学組成に対して，特徴的な鉱物組合せが安定である温度・圧力領域は代表的な変成岩の名称を用いて変成相とよばれ，エスコラ（P. E. Eskola, 1915）により提唱された．基本的には，変成作用の温度・圧力領域をおおまかに区画したそれぞれの領域をさす．彼は，当初，サニディナイト相・輝石ホルンフェルス相・角閃岩相・緑色片岩相・エクロジャイト相を定義したが，その後，緑れん石角閃岩相・グラニュライト相・らん閃石片岩相を加えた．さらに，1959 年に，クームス（D. S. Coombs）ほかにより，沸石相とぶどう石−パンペリー石相（近年ではぶどう石−アクチノ閃石相が追加）が加えられた．個々の変成相と対応する温度・圧力条件を図 2.25 に示す．

2.4.5 おもな変成岩の実例

緑色片岩：塩基性火成岩を原岩とする緑色を呈する低変成度の変成岩（図 2.26a）．一般には，緑色片岩相に属する塩基性片岩であるが，ほかの変成相に属することもある．緑泥石・アクチノ閃石・緑れん石などを含むことが多く，緑色を呈する．そのほか，白雲母・曹長石・方解石などを含む．

青色片岩：らん閃石片岩ともいう．塩基性火成岩を原岩とするらん閃石片岩相（低温高圧）の代表的な変成岩．らん閃石などのアルカリ角閃石を含み青色を呈する．低温・高圧の条件で安定．ローソン石やひすい輝石を伴うことがある．

角閃岩：角閃岩相に属する高変成度の変成岩で，Ca 成分を比較的多く含む斜長石とホルンブレンドを主成分鉱物とする．塩基性火成岩を原岩とするが，石灰質岩起源のこともある．エクロジャイトの後退変成作用によっても形成される．図 2.26b はざくろ石斑状変晶を含む角閃岩である．

エクロジャイト：塩基性岩が高温・高圧（エク

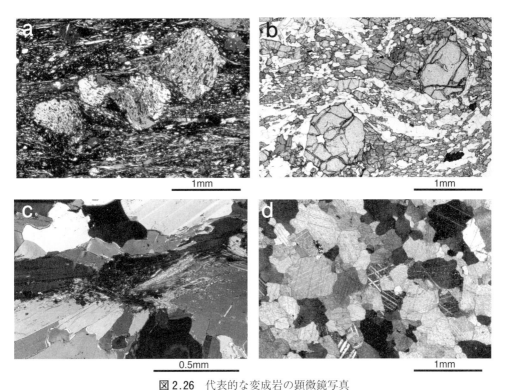

図 2.26 代表的な変成岩の顕微鏡写真
a. 緑色片岩，b. ざくろ石角閃岩，c. 珪線石片麻岩，d. 結晶質石灰岩（大理石）．b 以外は直交ポーラー．

コラム 2.1　超高圧変成岩とその意義

　変成岩からのコース石（SiO_2）の発見は，イタリアアルプスのドラマイラ（Chopin, 1984）とノルウェーの Western Gneiss Region（Smith, 1984）からほぼ同時になされた．この 2 つの発見は，主として地殻内物質を扱ってきたそれまでの変成岩岩石学の枠組みを大きく変えることにつながった．この発見以降，中国の大別山地域をはじめとする世界の大陸衝突帯で変成作用起源のコース石が報告され，石英-コース石の転移圧力以上の圧力条件を示す変成作用を超高圧変成作用と定義するようになった．コース石は，しばしばざくろ石の包有物として産出する．典型的な試料では，コース石の周辺部に減圧過程でコース石から転移した細粒石英の集合体が取り囲むことが多く，また，ホスト鉱物であるざくろ石には，転移による体積膨張に起因して発生した放射状の割れ目が発達している（口絵 2.2a）．さらに，1990 年には変成作用起源のダイヤモンドがカザフ共和国のコクチェタフ変成帯からはじめて報告された（Sobolev and Shatsky, 1990）．変成作用起源のダイヤモンドは粒径が数〜数 10 μm と小さいため，マイクロダイヤモンドとよばれる．この変成帯に多量に産出するマイクロダイヤモンドはおもに結晶質ドロマイト岩やざくろ石-黒雲母片麻岩中のざくろ石に含まれており，その大部分は 10〜20 μm ほどの直径を示す（口絵 2.2b）．1990 年代後半になって，エクロジャイトを含む母岩も同様に超高圧変成作用を受けた証拠が次々と発見され，超高圧変成岩に対する見方は大きく変わってきた．そして，ブロック状にエクロジャイトを含む母岩の片麻岩や炭酸塩岩も注目されるようになった．これまでに報告されている超高圧変成岩は大陸衝突帯（§3.4.3 参照）に産出しているが，これは大陸衝突帯がマントル深部に沈み込んだ物質を地殻浅所まで上昇させるメカニズムをもっていることを示している．

ロジャイト相）で変成してできた変成岩であり，オンファス輝石とざくろ石からなる．密度が約3.5 g/cm³もあり，マントルのかんらん岩よりも密度が大きい．エクロジャイト相はらん閃石片岩相・角閃岩相・グラニュライト相の高圧側領域の広い範囲を占める．海洋プレート上部の含水玄武岩層がマントルに沈み込んでできる変成岩の一種である．

グラニュライト：グラニュライト相に属する等粒状の変成岩．全岩組成の範囲は広い．斜方輝石を含むことが特徴である．典型的なグラニュライトは角閃石や雲母などの含水鉱物を欠く．700℃以上の高温で形成されるが，圧力範囲は広い．典型的なグラノブラスティック組織を呈する．

片麻岩：片麻状組織をもつ高変成度の変成岩．一般に広域変成岩に対して用いる．全岩組成の範囲は広い．花崗岩質岩起源の片麻岩を**正片麻岩**，堆積岩起源の片麻岩を**準片麻岩**（図2.26c）とよぶ．

ミグマタイト：片麻岩や片岩の変成岩的部分と花崗岩質部分が不均質に混在した高変成度の変成岩．成因としては，部分融解や花崗岩質マグマの注入等が考えられるが，単に組織・産状をさす名称として用いることが普通である．変成岩的部分を**パレオゾーム**，花崗岩質的部分を**ネオゾーム**という．

結晶質石灰岩（大理石）：再結晶した方解石からなる変成岩．原岩は石灰岩．典型的なグラノブラスティック組織を呈する（図2.26d）．原岩が不純物を含む場合は，方解石以外に珪酸塩鉱物を産する．生成の温度・圧力範囲は広い．原岩が方解石以外にドロマイトや石英を含む場合は，珪質ドロマイト質結晶質石灰岩となる．その場合に含まれる珪酸塩鉱物は，滑石・トレモラ閃石・透輝石（ディオプサイド）・フォルステライトなどである．

ホルンフェルス：塊状で細粒緻密な無方向性の変成岩．代表的な接触変成岩である．ただし，広域変成帯に産出することもある．全岩組成には幅がある．原岩により，泥質ホルンフェルス・苦鉄質ホルンフェルス・石英長石質ホルンフェルス・石灰質ホルンフェルスなどに分けられる．

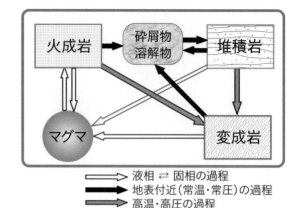

図2.27 火成岩・変成岩・堆積岩の関係
堆積岩は常温・常圧の条件下で生成し，火成岩・変成岩は高温・高圧の条件下で生成する．

2.5 堆積岩と地層
2.5.1 岩石相互の関係

堆積物（堆積岩）は，地表に露出した岩石が砕屑物化し，重力や水流などによって運搬・集積したものである．したがって，堆積物の元となる物質は火成岩・変成岩あるいは堆積岩自体であるが，鉱物組成および化学組成は，元となった岩石とは異なっている．火成作用・変成作用で生成された岩石は，高温・高圧下で安定な物質であるが，それらが地表にさらされると不安定になり，常温・常圧で，かつ，水の多い環境下で安定な物質（砕屑物と風化生成物）に変化する（図2.27）．この地表環境で起こる物質の変化（風化作用）については，§2.5.2(2)で解説する．重要な点は，堆積物・堆積岩は，常温・常圧下という環境において安定な生成物であり，ゆえに，地球表層環境における，様々な過去の物理的・化学的プロセスを保持している．

2.5.2 堆積岩
(1) 堆積岩の分類
a. 砕屑岩

既存の岩石が堆積過程（後述）で破砕され，集積したものを**砕屑物**（堆積物），またそれが岩石化したものを**砕屑岩**（堆積岩）という．砕屑物（岩）を構成する粒子は，鉱物・岩石・化石などの様々な粒子・破片であり，ゆえに砕屑物の組成から，砕屑岩（堆積岩）を分類できる（図2.28）．

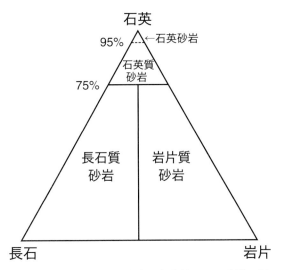

図2.28 石英・長石・岩片の含有量による砂岩の区分の例

石英粒子の割合が多い砂岩（75％以上）は石英質砂岩，それが95％を超える砂岩は石英砂岩，長石あるいは岩片が過半数を超えて含有される砂岩は，それぞれ，長石質砂岩，岩片質砂岩（または石質砂岩）とよばれる．基質の少ない（15％以下）の砂岩をアレナイト，基質の多い砂岩（15％以上）をワッケとよぶ．

表2.8 砕屑物と砕屑岩の粒度による分類

粒径 (mm)	(φ)	砕屑物		砕屑岩	
256	-8	巨礫	礫	巨礫礫岩	礫岩
64	-6	大礫		大礫礫岩	
4	-2	中礫		中礫礫岩	
2	-1	細礫		細礫礫岩	
1	0	極粗粒砂	砂	極粗粒砂岩	砂岩
1/2	1	粗粒砂		粗粒砂岩	
1/4	2	中粒砂		中粒砂岩	
1/8	3	細粒砂		細粒砂岩	
1/16	4	極細粒砂		極細粒砂岩	
		シルト	泥	シルト岩	泥岩
1/256	8	粘土		粘土岩	

最も基本的な砕屑岩の分類は粒径によってなされる．表2.8に示したように，直径2 mm以上のものは礫（礫岩），2 mmから1/16 mmまでのものは砂（砂岩），1/16 mm以下のものは泥（泥岩）として分類される．なぜ，2 mmと1/16 mmという数値が，分類のしきい値になっているのかについては，§2.5.2(3)で解説する．

砕屑物の中でも，火山噴火を起源とする砕屑物は，火山砕屑物（火山砕屑岩）とよばれる．火山砕屑物についても，粒子の直径2 mmと1/16 mmという値によって分類される（図2.18）．このように，砕屑物（砕屑岩）の分類は，岩石由来・火山噴火由来などの成分の違いよりも，粒子の粒径が重要視される（§2.5.2(3)項参照）．

b．生物起源堆積岩

生物の遺骸が集積した岩石も堆積岩の一種である．貝類やサンゴなどの炭酸カルシウム（$CaCO_3$）の骨格をもつ生物遺骸の集積物を**石灰岩**といい，放散虫などの珪酸（SiO_2）の骨格をもつ生物遺骸の集積物を**チャート**という．石灰岩の特殊例としては，**チョーク**があげられる．これは，白亜紀という特定の時代に異常発生した石灰質ナノプランクトンの骨格の集積物であり，イギリス南東の海岸線などに分布する"白亜の壁"として有名である（口絵5.2）．

石灰岩とチャートはともに生物起源の堆積岩であるが，堆積水深には大きな違いが見られる．炭酸カルシウムは，高い水圧下（あるいは酸性条件下）では溶解度が高くなるので，深海環境では堆積しない．この炭酸カルシウムが溶解する水深を**炭酸塩補償深度**（CCD：Carbonate Compensation Depth）といい，およそ水深3000 mである（図2.29）．一方で，珪酸骨格は溶解せずにマリンスノーとして深海域に堆積する．したがって，たとえば，海山では，海山上部に石灰岩が分布し，海山山麓などの深海域にチャートが分布している．このように，一般的には石灰岩は浅海環境を，チャートは深海環境を示唆する堆積物である．

c．蒸発岩・化学的沈殿岩

海水や湖水が蒸発する際に，溶存イオンが無機的に沈殿することにより生成する岩石を**蒸発岩**もしくは**化学的沈殿岩**という．一般的に，海水・

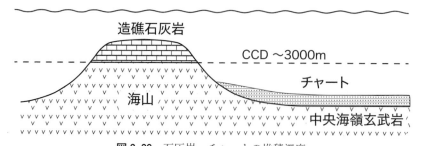

図 2.29 石灰岩・チャートの堆積深度
石灰岩は炭酸塩補償深度（CCD）以浅に堆積し，チャートはそれ以深に堆積する．

湖水が蒸発すると最初に石灰岩（$CaCO_3$），次に石膏（$CaSO_4$），そして蒸発の最終段階で岩塩（$NaCl$）が生成される．これらの蒸発岩の存在は，環境の乾燥化を表す指標として活用できる．

(2) 堆積過程

砕屑岩の生成過程を図 2.30 にまとめる．堆積岩の生成では，まず初めに陸上に露出した岩石が**風化作用**を受けて砕屑物化する．その後，重力・風力・水力などの営力によって砕屑物が運搬作用を受け，環境変化に応じて集積する（**堆積作用**）．堆積物が累重することによって徐々に地下深部に埋没すると，上に堆積する堆積物の荷重と地熱によって，堆積物が岩石化する**続成作用**を受け，最終的に堆積岩が生成される．風化作用，運搬作用，堆積作用，続成作用において，図 2.30 で示したように，地球表層環境に応じて様々な物理的・化学的作用を受ける．逆に，堆積岩に残されている物理的・化学的痕跡から，過去の地球表層環境の復元が可能となる．具体的にどのような地球表層環境が復元できるのかを以下に述べる．

a．風化作用

堆積物の元となる火成岩・変成岩・堆積岩は地表と比べて高温・高圧下で生成されたものである（図 2.27）．高温・高圧下で生成された岩石は，常温・常圧下，ならびに，水が豊富な地球表層環境下に置かれると不安定となり，常温・常圧で，かつ，水が豊富な環境で安定な堆積物に変化する（風化作用）．風化作用には，物理的風化作用と化学的風化作用が存在する．

物理的風化作用とは，地表露出による減圧や，昼夜における温度差による鉱物と間隙水の膨張・収縮，結氷作用，植物の根の成長によって機械的に亀裂が発生し，岩石がやがて砕屑物化することである．たとえば，花崗岩の節理などに沿って物理的風化（＋化学的風化）が進み，鉱物の熱膨張率の違いにより粒間に隙間ができて砂状に崩れたものを**真砂**（マサ）とよび，真砂化を免れた硬い岩石部分を**コアストーン**（風化核）という．通常コアストーンは玉ねぎ状風化の結果，丸みを帯びる．

コラム 2.2

約 500〜600 万年前のメッシニアン期には，地中海全域が蒸発岩で覆われる事変が発生した．この事実は，一時期，地中海が蒸発したことを示唆するものとして注目され，メッシニアン塩分危機とよばれている．下位から上位に向かって順に石灰岩・石膏・岩塩が積み重なっている．この積み重なりは前述した海水が蒸発する際に沈積する順番通りであり，地中海が完全に砂漠化したことを示している．

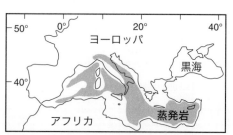

図：メッシニアン塩分危機時の蒸発岩の分布
地中海の海底全体が蒸発岩で覆われた．

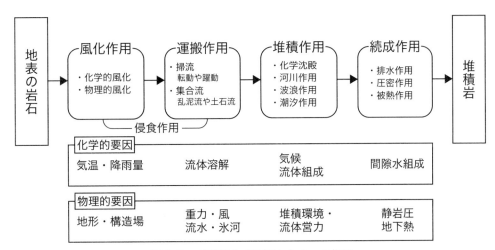

図 2.30 堆積岩生成に関わる4つの作用
それぞれの作用には地球表層環境における物理的・化学的因子が関与しており，堆積岩はこの地球表層環境を記録している．

　化学的風化作用とは，高温・高圧環境下で生成した造岩鉱物が，常温・常圧下で安定な**含水層状珪酸塩鉱物**（いわゆる**粘土鉱物**）に変質する作用である．たとえば，主要造岩鉱物であるカリ長石が粘土鉱物であるカオリナイトに変質する化学反応式は以下の通りである．

$2KAlSi_3O_8 + CO_2 + 2H_2O$
　カリ長石
　　　　　$\Rightarrow Al_2Si_2O_5(OH)_4 + 4SiO_2 + 2K^+ + CO_3^{2-}$
　　　　　　カオリナイト

また，石灰岩の風化作用による溶解反応は以下の通りである．

$CaCO_3 + CO_2 + H_2O \Rightarrow Ca(HCO_3)_2$
　石灰岩　　　　　　炭酸水素カルシウム

　上記の化学反応式の左辺からわかるように，風化作用には H_2O が必要となり，降雨量の多い熱帯雨林気候帯では化学的風化作用が進行しやすい．また，上記の化学反応式から，CO_2 の存在も化学的風化作用を促進する役割を担っていることがわかる．従って，大気中の CO_2 が多い地球温暖化の時期には化学的風化作用が加速する．この関係を利用すれば，逆に，泥岩や古土壌の化学組成から風化作用の進行程度を定量化でき，過去の気候や気候変遷を推定することができる．
　岩石を構成している各種元素には，風化によって溶脱しやすいもの（Ca，Na など）と溶脱しにくいもの（Al，Fe^{3+} など）が存在する．泥岩や古土壌は，岩石が風化作用を受けて生成したものであるが，溶脱しやすい成分が多い泥岩・古土壌は，化学的風化作用があまり進行してないことを示しており，すなわち，寒冷・乾燥気候帯において生成した可能性が高い．逆に，溶脱しにくい成分が濃集している泥岩・古土壌は，化学的風化作用が進行していることを示しており，温暖・湿潤気候帯において生成した可能性が高いことを示している．現世の熱帯雨林気候帯にはラテライトとよばれる土壌・岩石が生成しており，これは，アルカリ元素・アルカリ土類元素が極度に溶脱した Al および Fe^{3+} の酸化物・水酸化物に富んだ土壌・岩石である．

b．運搬作用

　風化作用によって生成した土壌などがその場から除去されたり，運搬作用によって基盤が削られたりすることを**侵食作用**という．たとえば，河川による侵食作用では V 字谷が，氷河による侵食作用では U 字谷が生成される．
　風化作用によって砕屑物化した粒子は**掃流**運搬と**集合流**運搬によって運搬される．掃流運搬とは，風や水などの流体の営力によって砕屑物が単体で転動・躍動・浮遊する作用である（図2.31）．一方，集合流運搬は砕屑物と水の混合物自体が流体となって流れ下る運搬様式である（図2.31）．乱泥流や土石流が堆積物重力流の典型例であり，これについては，後の§2.5.2(4)で解説し，この項では掃流運搬について解説する．
　掃流運搬によって砕屑物が移動を開始するの

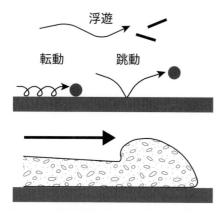

図2.31 掃流運搬（上）と集合流運搬（下）

は，初動速度曲線よりも流速が速くなった時である（図2.32の侵食の領域）．直感的には，小さな粒子ほど動きやすく，大きな粒子ほど動きにくい印象があるが，実は中間的な大きさである砂が低速で動きやすく，粒径が大きな礫と小さな泥が動きにくい（図2.32）．礫が容易に動かない理由は質量が大きいためである．最も細かい泥粒子が大きい粒子よりも動きにくいのは，次のように説明される．ベルヌーイの法則では，同一流線上では，運動エネルギー＋位置エネルギー＋圧力は一定であるとされている．たとえば飛行機の主翼は上に凸な形態であるので，主翼の上部を流れる流線

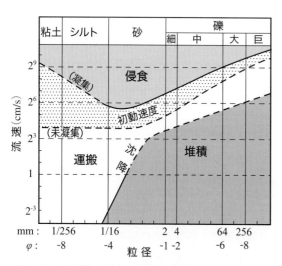

図2.32 砕屑物の侵食・運搬・堆積が起きる流速と粒径（$d=2^{-\varphi}$ mm）の関係

初動速度より流速が速い領域は侵食・運搬作用が，初動速度と沈降速度の間の領域は運搬作用が，沈降速度より流速が遅い領域では堆積作用が起こる（F. Hyulström, 1935による）．

と下部を流れる流線では，上部の方が高速になる（運動エネルギーが高い）．その結果，上部は減圧されて，浮力が発生して，飛行機は飛び続けることが可能となる．泥（層状珪酸塩鉱物）は，板状なので，この浮力効果を受けにくい．それに対して，砂のように凹凸がある物質は，飛行機の主翼のように浮力を得て移動が容易になる．

沈降曲線は粒径が大きいほど速く，小さいほど遅くなる．図2.32の堆積領域は，沈降曲線より流速が遅い領域に対応する．初動速度曲線と沈降曲線の間の範囲では，新規に堆積物が動き始めることはないが（初動曲線より遅い領域），すでに動いている粒子は動き続けることができる（沈降曲線より速い領域）ので，運搬作用（特に浮遊運搬）が進行する．

図2.32をみると1/16 mmと2 mmを境に砕屑物の挙動が変化することがわかる．1/16 mm以下の泥粒子では運搬作用が支配的に働くのに対して，2 mm以上の礫では堆積作用が支配的である．中間の砂粒子は侵食・運搬・堆積が比較的均等に働く領域である．このように1/16 mmと2 mmを境に砕屑物の挙動が変化するので，砕屑物ではこのしきい値が分類の基準として採用されている．

流速や粒径が微妙に変化すると，図2.32の侵食・運搬・堆積の領域が複雑に入れ替わり，その結果，特徴的な小地形が形成される．この小地形はベッドフォームとよばれ，ベッドフォームの形態は一般的に流速によって変化する．流速が増加する順に，低領域平滑床，リップル，デューン，高領域平滑床，アンチデューンが形成される（図2.33）．低領域平滑床の形成時には堆積岩に平行葉理が形成され，リップルでは下流側に傾斜した波長30 cm以下の斜交葉理が，デューンでは下流側に傾斜した波長30 cm以上の斜交葉理（トラフ型斜交葉理）が，高領域平滑床では，再度平行葉理が，アンチデューンでは上流側に傾斜した斜交葉理が形成される（図2.33）．各種ベッドフォームが形成される流速は，おおよそ，図2.33に記した値である．したがって，このような堆積構造から当時の流速を復元でき，たとえば，リップル葉理が発達していれば，当時の流速が20～30 cm/sであったことがわかる．

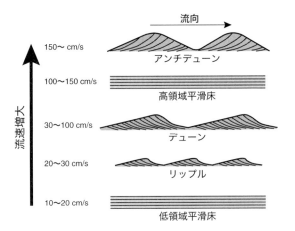

図 2.33 ベッドフォームの種類とおよその形成流速
低領域平滑庄と高領域平滑庄は形態からの区別はできない．リップルとデューンは大きさが異なり，一般的にリップルが波長 30 cm 以下，デューンが波長 30 cm 以上とされている．

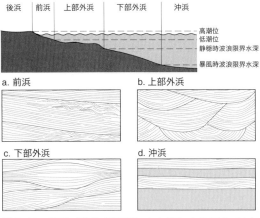

図 2.34 海浜（波浪卓越型）の水深による区分（上）と，それぞれの水深区分で形成される堆積相のイメージ（下）

a：前浜における砕波と振動流による，平行葉理とウェーブリップル葉理．b：上部外浜における沿岸流による，トラフ型斜交葉理．c：下部外浜における嵐の振動流による，ハンモック状斜交葉理．d：沖浜における，泥の定常的沈積と嵐の砂再堆積によって形成される砂泥互層相．

c．堆積作用

　砕屑物が沈積する際には，堆積環境に応じて特徴的な堆積相が発達する（図 2.34）．たとえば，波浪卓越型海岸環境においては，水深に応じて浅海域から順に前浜・上部外浜・下部外浜・沖浜に区分される．

　前浜は，通称ビーチとよばれている場所であり，堆積学的には高潮位と低潮位の間の区間と定義される（図 2.34）．前浜では波浪の振動流の影響が卓越する．前浜の上部では，砕波の打ち寄せによって，緩やかに海側に傾斜した平行葉理が発達し，前浜の下部では波浪の振動流によって**ウェーブリップル**が発達する（図 2.35a）．ウェーブリップルとは，図 2.33 の一方向流リップル（別名，**カレントリップル**）と異なり，両方向に傾斜した葉理を有する堆積微小地形である（図 2.35a）．したがって，前浜では，波浪営力が強いので淘汰の良い砂や礫質砂が堆積し，緩やかに傾斜した平行葉理とウェーブリップルが発達する（図 2.34a）．

　上部外浜は，低潮位と静穏時波浪限界水深の間の区間を指す（図 2.34）．静穏時波浪限界水深とは，定常的な波浪の振動が海底面に影響を与える限界の水深のことである．この区間では，海岸線と平行な流れである沿岸流が卓越する．そのために上部外浜では，沿岸流の一方向流で形成される海岸線と平行なトラフ型斜交葉理が発達した砂層が堆積する（図 2.34b）．

　下部外浜は，静穏時波浪限界水深と暴風時波浪

図 2.35　a．ウェーブリップルの露頭写真（中国黒竜江省の白亜系 Jixi 層群）．
　　　　b．ハンモック状斜交葉理の露頭写真（千葉県の白亜系銚子層群）．

限界水深の間の区間と定義される（図2.34）．この領域では，静穏時波浪限界水深より深いので，定常的な流れである，前述の砕破，波浪，沿岸流が海底面に到達することはなく通常時は何も起こらない水域である．しかし，暴風雨時波浪限界水深より浅いので，ハリケーン・台風などの暴風雨時の波浪が起きたときのみに，右往左往ゆさぶる様な"うねり"の影響を受ける．このゆさぶる流れによって小さい丘状の地形が形成され，この堆積構造のことを**ハンモック状斜交葉理**という（図2.35b）．したがって，下部外浜では，波浪によって形成されたハンモック状斜交葉理を示す砂層が積み重なった（癒着）堆積相が発達する（図2.34c）．

沖浜は，暴風時波浪限界水深よりさらに深い領域にあたる（図2.34）．そのために，静穏時であれ暴風時であれ，波浪の営力を受けないので静々と泥が堆積することになる．沖浜の領域では暴風時でも波浪の影響が海底に到達することはないが，暴風時に，浅海域で舞いあがった砂がこの水域に再堆積することが稀にある．したがって，沖浜では定常的な泥の堆積と，暴風時の砂の再移動による，砂泥互層が発達する（図2.34d）．

以上のように，水深に応じた堆積相が発達するので，逆に堆積相の解析から，地層堆積時の古水深を復元することができる．

d．**続成作用**

上記のように砕屑物は(a)風化作用により生成し，(b)運搬作用と(c)堆積作用により集積する．堆積した砕屑物の上位には逐次堆積物が累重を繰り返すことになるので，その荷重と埋没によって圧力と温度の上昇を受け，**続成作用**が進行する．続成作用による砕屑物の岩石化の過程として，まず，**圧密作用**によって砕屑物粒子同士のかみ合わせが密になり，砕屑物粒子が癒着結合する．加えて**膠結作用**によって空隙は間隙水を介在して沈殿した石英や方解石などによって充填されることにより，堆積物は堆積岩へと変化する．粒子間における間隙水を介在した溶解-再沈殿の過程を**圧力溶解**という．続成作用の程度を定量化できれば，その堆積岩の埋没深度などを推定することができる．

(3) **集合流運搬**

堆積物の特殊な運搬・堆積過程として集合流運搬が存在する．集合流運搬は，堆積物の集合物自体が流体となって流れる現象なので，**堆積物重力流**ともよばれる（図2.31）．堆積物重力流は，陸域から深海域までの広い堆積環境で発生するが，その発生頻度は低い．恒常的な流れが存在する陸域や浅海域では，堆積物重力流による堆積記録は破壊されて残りにくが，深海域では堆積物重力流の記録を破壊する恒常的な流れがないため，深海域では堆積物重力流が保存される．堆積物重力流の種類には，**乱泥流**，**土石流**，**粒子流**，**液状化流**がある．次項では，それぞれの流体特性と堆積構造の特徴について言及する．

a．**乱泥流**

乱泥流（別名，混濁流）は，堆積物重力流の中でも粘性が低い流体であり，そのために2つの性質を有する．(1)粘性が低いので，流れが乱れやすく**乱流**状態になる．乱流とは流体内の流線が下流方向以外にもあらゆる方向に流線の成分が発生する流れである．乱泥流中の粒子は，乱流によって発生する上向き成分の力によって浮遊状態を保っている（図2.36）が，最終的には重力に従って沈積する．従って，粗粒な砕屑物が最初に，細粒な砕屑物が最後に堆積するため，乱泥流の堆積物は，**級化構造**を示す（図2.36）．(2)乱泥流は粘性が低いため，力が加わるとすぐに流れ始めるニュートン流体に相当する．この事実は，逆の減速過程（応力低下過程）を考えると，乱泥流は急停止することなく徐々に減速することを示している．従って，乱泥流の底部では，連続的な流体の減速によって図2.33に示したベッドフォームが下位から上位に向かって連続的に形成される（図2.36のTa～Te）．最下部はTa部とよばれ，塊状無構造の場合が多く，アンチデューンの領域にあたる．順次，Tb部は高領域平滑床の領域，Tcはリップル葉理の領域，Td部は低領域平滑床の領域に相当し，最後にTe部では泥が静々と堆積する．乱泥流による堆積物は，全体的に級化構造を示し，下位からTa，Tb，Tc，Td，Teを示す構造を保持する．この堆積構造を**ブーマ・シーケンス**とよび，ブーマ・シーケンスを有するような乱泥流堆積物を**タービダイト**という．

乱泥流堆積物の基底面には，しばしば，小規模な侵食によって生成された"傷痕"が残されるこ

2.5 堆積岩と地層 51

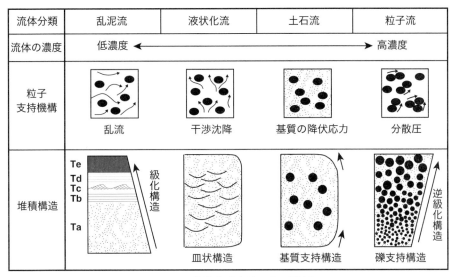

図2.36 堆積物重力流の相互関係
それぞれの堆積物重力流は流体濃度や粒子支持機構が異なるため，それぞれに特徴的な堆積構造が形成される．

とがあり，これを**流痕**という（図2.37）．または，地層の底にできるマークなので，**ソールマーク**ともいう．流痕は，乱流によって発生する渦（フルートキャスト）によって生成される場合と，大きめな粒子が基底面を侵食することによって生成されるものがある（グルーブキャストなど）．流痕は，当時の流れの方向がわかる堆積構造なので，古流向解析に利用される．

b．土石流

土石流は，堆積物重力流の中でも粘性が高い流体であり，先に述べた乱泥流とは流体性質が対照的であり，生成される堆積構造も対照的になる．

土石流は粘性が高いために，流れに乱れが発生しづらく，流体内部の流線は流下方向に揃う層流状態にある．砕屑物は高い粘性によって浮遊・支持されて自然沈降することが阻害される（基質の降伏応力：図2.36）．土石流は，粘性による抵抗力があるために，力が加わってもすぐに流れることがなく，一定値を上回る応力（降伏応力）が加わってから，流体として流下を開始するビンガム流体に相当する．従って，逆の応力の低下過程を考えると，土石流は急停止することになる．

このような流体性質から，土石流中の砕屑物は自然沈降することができず，かつ，土石流が急停止するので，砕屑物の大きさによる分級が全く機能しない．その結果，泥粒子から礫までが混在する層内構造を有するのが土石流堆積物の特徴である（図2.36）．

c．粒子流と液状化流

自然界で発生する堆積物重力流の大多数が，前述の乱泥流と土石流である．堆積物重力流のそのほかの種類として，粒子流と液状化流が存在する．

粒子流とは，粒子同士の衝突エネルギーが流体

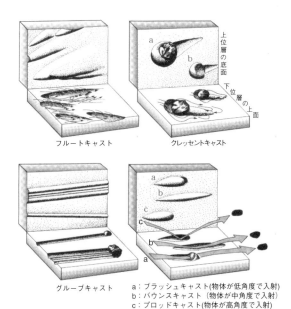

図2.37 流痕の生成機構と地層底面に残る堆積構造
（坂 幸恭 原図）

の流下と粒子を浮遊・支持する駆動力（分散圧：図2.36）となっている堆積物重力流である．粒子流による堆積物は，逆級化構造を示すのが最大の特徴である（図2.36）．逆級化構造が形成される要因には主に2つが存在する．粒子流では，粒子同士の衝突が生じているが，小さな粒子は表面積が小さく，衝突を受ける確率が少なくなり比較的容易に沈降する．逆に，大きな粒子は表面積が大きいので，衝突を受ける頻度が高くなり，大きな粒子ほど，より下流に，より上位に移動することになる．これが，粒子流内部に逆級化構造が形成される第1の要因である．第2の要因は，粒子流の底部では地面との摩擦による剪断応力が働き圧縮場となる．この粒子流底部の圧縮場では大きな粒子が絞り出されて上位に移動する．主に上記2つの要因の相乗効果によって，粒子流堆積物では逆級化構造が発達することになる．

液状化流は，地震の際に起こる液状化現象と同一で，間隙水によって粒子同士の接触・噛み合いが絶たれた際に発生する堆積物重力流である．液状化流内部の粒子は，間隙水が上方移動する働きによって浮遊状態を保持する（干渉沈降：図2.36）．液状化流は，応力がかかっていない，あるいは弱いと粘性が高く流れにくく（固体として振る舞い），大きな応力を受けると（地震など）粘性が低下して流体として振る舞うチキソトロピー流体に相当する．液状化流は間隙水に富むので，流体内の間隙水の移動に起因した堆積構造が発達する．間隙水は上方に移動して脱水が進行するが，周囲の砕屑物が垂直な上方移動を阻害して，間隙水は幅広いU字型の経路をたどる．この際に形成される堆積構造が皿に似ているので，**皿状構造**とよばれている（図2.36）．

2.5.3 層序
(1) 地層と層理面

河川や海浜環境などの掃流は，短期的な時間スケールでは一定の運搬と堆積作用を行なっているように見えるが，長期的な時間スケールでは流速や堆積環境の変化が起こっている．他方，堆積物重力流の発生は間欠的である．このような堆積作用の強弱ないし短い中断によって形成される1枚の地層を**単層**とよび，単層の上下境界面を**層理面**という．

より長期的，かつ，ダイナミックな営力・堆積環境の変化が起これば，複数の単層から成る地層の性質（岩相）に類似性が見られることがある．そこで，岩相の類似性から複数の単層を**部層**という単元にまとめることがある．さらに，岩相が類似する部層の集合を**層**という単元にまとめられる．このように，1枚1枚の単層を規模の異なる階層に区分・整理する学問のことを層序学という．層序単元の階層は低いものから，単層→部層→層→層群→超層群（累層群）がある．ただし，層序学の基本単元は"層"の階層であることが国際的なルールで決まっており，"層"がまず定義される．その上で，必要があれば"層"が部層に細分されたり，"層"の集まりが層群にまとめられたりする．

(2) 層序学

地層の累重様式が明らかになれば，その岩相や化石記録によって，異なる地域の層序との**対比**が可能となる．層序対比が確立されれば，ある特定時代に地球の各地域で起きたイベントを比較することができるようになる．

1地点に保存されている層序記録は不完全である．たとえばA地域には3億年前から1億年前までの層序記録しか残されていないが，B地域には4億年前から2億年前までの層序記録が保存されているとする．この両地域が層序学によって対比できれば，4億年前から1億年前までの地球の歴史を整理することができる．このような層序対比によって，各地に残された断片的な地球の歴史をつなぎ合わせて，全地球史の解読が可能となる．

a．整合・不整合

整合とは，地質学的時間スケールで連続的に堆積した地層と地層の関係をいう．一方，ある環境で堆積した一連の地層が，地殻変動や海退によって陸上に現れると，風化・侵食によって多かれ少なかれ削剥される．この侵食平坦面が再び海水面下に没すると，古い地層の上に新たな地層が重なる．この場合，上下の地層の間では，「削剥された地層が堆積に要した時間」＋「陸上にあって堆積が中断した時間」にあたる期間が経過していることになる．このような地層間に見られる大きい堆積の中断は**不整合**とよばれ，上下の地層堆積期

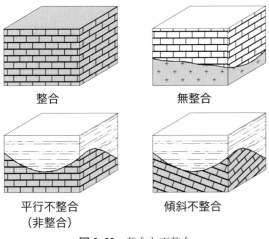

図 2.38 整合と不整合
不整合には無整合・平行不整合・傾斜不整合がある.

の間に陸化があったことを物語る．上にあげた地層区分のうち，**層群**は，上下を不整合で境されている堆積体で定義されることが多い．不整合の下の地層は，地殻変動の程度を反映して，褶曲や断層によって変形していることもあれば（傾斜不整合：図 2.38），緩やかな隆起・沈降を経験したのみで堆積時の水平の姿勢を保っていることも（平行不整合または非整合）ある．また火成岩や変成岩が不整合で堆積岩に覆われていることもある（無整合：図 2.38）．

(3) 層序単元の種類

層序の単元には，異なった手法で定義された，いくつかの種類がある．それぞれの層序単元は，異なる目的のために，堆積岩の異なった特性や属性を利用しているので，層序境界が単元同士で一致しないことがしばしば発生する．代表的な層序単元には，**岩相層序単元**，**生層序単元**，**シーケンス層序単元**が存在するとともに，ややこれらとは性質が異なる**年代層序単元**が存在する．それぞれ，層序単元を設定する目的が異なるが，全ての層序単元の最終目標は，年代層序単元という地質年代の確立に帰納する．

a．岩相層序単元

岩相層序は，岩相変化，すなわち，堆積岩の種類・累重様式によって層序を区分する．たとえば，砂岩優勢ユニットから礫岩優勢ユニットに変化した**層準**に単元の境界を設ける，あるいは，上方に細粒化するユニットを 1 つの単元として設定するなどである．岩相は堆積岩の記載という単純な作業から直接得られる基本情報なので，岩相層序単元は他の層序単元が設定できない場所でも定義される最も基礎的な層序単元である．逆に，生層序単元，シーケンス層序単元などを設定するには，岩相層序単元が必要不可欠となる．岩相層序単元の最大の短所は，境界面が同一時間面と一致しない点である．この問題について，図 2.34 を参照しながら考えてみよう．下部外浜では砂岩（ハンモック状斜交葉理）が堆積するが，沖浜では砂岩泥岩互層が堆積する．同一時間面で，異なる岩相が堆積することは，この例のようにごく自然なことであり，岩相層序単元は同一時間面と斜交するのが一般的である．従って，岩相層序単元は，最も優先して設定されるべき単元であるが，地球の歴史を刻印する時間尺度としての応用は難しい．ただし，岩相のうち，火山降下物（火山灰）由来の凝灰岩は，同時時間面として利用できる岩相である．このように広範囲において対比可能な同時時間面を示す岩相のことを**鍵層**という．

b．生層序単元

生層序単元は，含有化石に基づいて設定されるものであり，岩相層序単元と同様に，層序学の基礎的な単元である．生層序単元では，ある化石分類群ないしは化石群集の産出最下限と産出最上限から"バイオゾーン"を設定する．同じ地域でも，利用する化石分類群によって境界面の異なる複数の生層序が存在し得る．たとえば，同一地域にアンモナイト化石生層序と有孔虫生層序が別々に設定されることがある．また，生物によっては生息地域も異なるので，岩相層序で例にあげたのと同様に，水深に応じて設定が変わることもある．このように，岩相層序も生層序も堆積環境に影響されるが，古生物は進化するので，生層序のほうがより地質年代に沿った単元になる．特に，生存期間が短く，広範囲に生息していた生物は地質年代の特定の上で重要であり，このような化石種を**示準化石**という．

c．シーケンス層序単元

シーケンス層序単元は，海進・海退現象を基調として層序を定義する手法である（図 2.39）．シーケンスの日本語直訳は"順序"であるように，海進・海退による岩相の累重様式によって層序を

構築するのが基本である．図 2.34 の沿岸環境の堆積相を例として，海進・海退時の累重様式を説明する．海進が起きれば，下部外浜堆積物の上に沖浜堆積物が累重するであろう．海退が起きれば，その逆の累重様式が記録される．このような海進・海退期間に形成される特徴的な累重様式を認定して層序を設定するのが，シーケンス層序単元の基礎である．

さらに，海進・海退現象によって特徴的な境界面が形成されるので，この境界面もシーケンス層序単元設置の基準として利用される（図 2.39）．このようなシーケンス境界の主要なものとしては，**シーケンス境界面**（不整合面），**海進面**，**最大海氾濫面**があげられる．シーケンス境界面とは，不整合面そのものであり，海退時に堆積物が陸上に露出することによって侵食されて生成される不連続面である．海進面も侵食作用による不連続面であるが，これは海底下で起こる波浪侵食が原因となる．海底下で波浪侵食を受ける範囲は狭いが，海進時には波浪侵食の範囲が陸域側に移動・伝播するので，結果的に，海進時にも広範囲に広がる侵食境界面が発達し，これを海進面という．最大海氾濫面は，相対的海水準の上昇が最大に到達した際に形成される面であり，このときには堆積場から汀線（海岸線）の距離が最も遠くなる．したがって，堆積物供給量が最小になり堆積速度が減少する．このような状況では，化石や生痕化石の含有率が多くなり，また，凝灰岩層の挟みが多くなる．このような化石などが凝集する岩相を**コンデンスト・セクション**といい，コンデンスト・セクションが最大氾濫面に相当することが多い．

このような海進期・海退期・高海水準期の堆積物累重様式と，それぞれの間に発達する特徴的な境界面によって層序を構築するのがシーケンス層序学である（図 2.39）．基本的には世界中の海は繋がっているので，地質学的時間スケールでは海進・海退現象は世界同時に起こる．従って，シーケンス層序単元の設定によって，世界中の地層の対比が可能となる．ただし，シーケンス層序単元も同一時間面と斜交するので，年代の特定には繋がらない．たとえば，海進面は波浪侵食が陸側に伝播することによってできる侵食面であると述べ

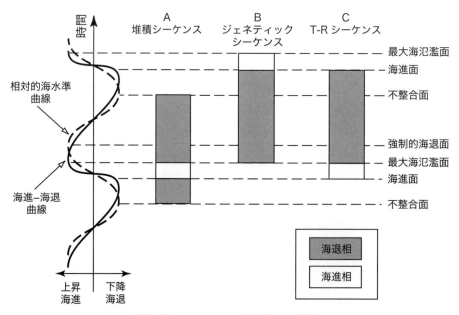

図 2.39 シーケンス層序単元の種類

浅海域では海退時の地上露出によって不整合面が明瞭に形成されるので，不整合面を基調とする堆積シーケンス（A）は，浅海環境において重要となる．しかし，深海域では海退時にも地上露出されることなく不整合面は形成されないので堆積シーケンス（A）は深海域では利用できない．そこで，深海域でも比較的認定しやすい最大階氾濫面を利用したジェネティック・シーケンス（B）や海進面を利用した T-R シーケンス（C）が提唱されている．【T-R は Transgressive（海進）– Regressive（海退）の省略】

た．したがって，海進面を陸方向に側方追跡すると，その形成年代は徐々に若くなることになり，海進面＝同一時間面とはならない．

d．年代層序単元

年代層序学的単元は，時間尺度そのものである．前述した岩相層序単元，生層序単元，シーケンス層序単元が物質の分類であるのに対して，年代層序単元は時代の設定という概念的な分類である点が大きく異なる．年代層序単元の設定には生層序単元が主たる基盤となるが，全ての層序単元の情報を集約することで識別される．

この年代層序単元には2つの対をなす用語が存在する．すなわち，年代層序単元内部における位置を示す用語と，時代を示す用語である．前者は位置なので，上部・中部・下部などの形容詞が使用され，後者は時間なので，前期・中期・後期などの形容詞が使用される．たとえば恐竜で有名な時代は，層序の位置関係から命名する場合，中生界とよばれ，下位を三畳系，中部をジュラ系，上部を白亜系とする．後者の年代を記述する場合，恐竜時代は，中生代とよばれ，前期を三畳紀，中期をジュラ紀，後期を白亜紀という用語で言い分けられる．

年代層序の区分単位は，大きい区分単元から順に（位置／年代），累界／累代→界／代→系／紀→統／世→階／期の階層に別けられる（表紙見開き参照）．この年代層序単元の対比によって絶対的年代が明らかになる．地質学的な研究によってどんなに重要なイベントを発見できたとしても（たとえば，風化作用から温暖化イベント，ないしは蒸発岩の研究から砂漠化イベント），そのイベント発生の時間軸を決定できなければ，地球史の解読上無意味である．よって，年代層序学とこれを支える各種層序単元が重要となる．

2.6 地層の変形：褶曲と断層

地層は水底では本来ほぼ水平に堆積するが，私たちが目にする地層は傾斜したり，断層で切断されていることが多い．そのため，堆積後の地層の変形を正しく把握しておかなければ，地層を堆積時の状態にもどして堆積盆地を復元することはできない．また，第3章で述べられる造山帯の地質構造を解析するうえで，褶曲と断層の知識は欠か

せない．そこで，本項では，地層や岩石の変形の代表例である褶曲と断層の基礎事項を述べる．

2.6.1 褶曲

褶曲とは，地層や片岩などの層状の岩石が力を受け，波曲状に変形した連続的な構造である．厚い板を曲げようとしても簡単には曲らないが，薄い紙束を曲げるのはたやすい．それは厚い板では，褶曲の凸側で起こる引っ張り，凹側で起こる圧縮が大きくなりすぎるからである．また，紙の束を曲げやすいのは，1枚1枚の紙が互いにずれるからである．紙の束の両端を固定して曲げようとしても簡単には曲がらないので試してみるとよい．褶曲の規模は数mmから数10kmまで幅広く，その形態もさまざまである．

褶曲の幾何学的要素を図2.40aに示す．上に凸の部分を**アンチフォーム**，下に凸の部分を**シンフォーム**という．地層の上下関係（新旧）がわかる場合には，それぞれ，上位の方向に閉じている褶曲を**背斜**，開いている褶曲を**向斜**とよぶ．

褶曲は，**褶曲軸**（ヒンジ線）の沈下角，**褶曲軸面**の傾斜，および褶曲の閉じ具合（閉塞性）によって，それぞれ図2.40b, c, dのように幾何学的に分類される．なお，図2.40cに示されていないいまれな例として褶曲全体が逆転したシンフォーム状背斜（図2.41）やアンチフォーム状向斜も存在する．また，褶曲層の形態に着目して，地層の層厚（直交層厚）が軸部でも翼部でも一定のものを**平行褶曲**，軸面に平行な方向の層厚（軸面層厚）が一定のものを**相似褶曲**とよぶ．地層の厚さに関して平行褶曲と相似褶曲の両方の性質をもち，軸部の曲率がきわめて大きく，翼部が平面をなすジグザグの形をした褶曲を**シェブロン褶曲**という（図2.40e）．また，1つの凸部と1つの凹部の組合せだけから構成されている折れ曲った部分を**キンクバンド**とよぶ．この構造は片理が発達する岩石に特徴的に見られる．

褶曲をもたらす外力はいずれも圧縮で，これが層面に平行な場合と，層面に垂直な場合とがある．前者によって地層が屈曲するメカニズムは**座屈**，後者の場合は**横曲げ**とよばれる．プレートの沈み込みに伴う水平方向の圧縮力で形成された褶曲山脈には，一般に座屈による褶曲が生じている．一

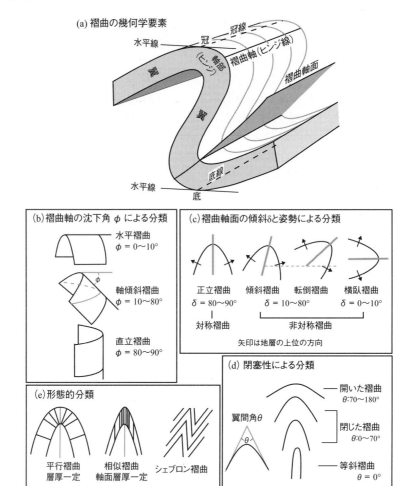

図2.40 褶曲の幾何学的要素と分類（西村ほか，2002の図4.34に一部加筆）

方，深部に伏在する断層の運動によってその上を覆う地層が褶曲する場合（**撓曲**または**単斜構造**）

図2.41 シンフォーム状背斜
群馬県下仁田町のナップを構成する白亜系跡倉層の褶曲

や，花崗岩の貫入や岩塩ドームの形成（**ダイアピル**）に伴って，それを覆う地層が押し上げられて褶曲する場合などは，横曲げによるものである．

2.6.2 断層と剪断帯

岩石の破壊によって生じる破断面を，**断裂**または割れ目（フラクチャー）と総称する．おもな断裂には節理，劈開，クラック（裂罅：れっか），断層がある．

節理は面に沿った変位が認められない断裂である．岩石中に密に発達した（間隔がmm以下のオーダー）平行な割れ目を（岩石の）**劈開**とよぶ．クラックは面に直交する方向に変位して開口した断裂である．クラックを鉱物が充填すると，鉱物脈または鉱脈となる．**断層**は面に沿って明らかな変位が認められる断裂である．通常，ある幅をも

2.6 地層の変形：褶曲と断層

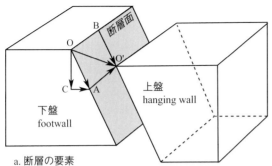

a. 断層の要素
OO': 実移動
OC: 垂直移動 OB=AO': 走向移動
CA: 水平傾斜移動 OA=BO': 傾斜移動

図 2.42 断層の幾何学的要素

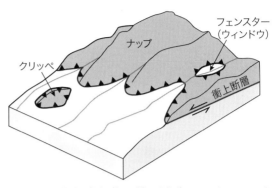

図 2.44 衝上断層（押し被せ断層）がつくるナップと，関連する地質構造図
（産業技術総合研究所地質調査総合センターwebサイト：絵で見る地球科学「ナップ」をもとに作図）

つ破砕帯または剪断帯を伴う．断層岩（§2.4.2 参照）は**剪断帯**を構成する岩石である．

断層の幾何学的要素を図2.42に示す．断層面が垂直である場合を除き，断層面に対して上側の岩盤を上盤，下側の岩盤を下盤とよぶ．一般には，断層は両盤の相対的な変位のセンスを基準にして，**正断層，逆断層（衝上断層），横ずれ断層（走向移動断層）**の3つに区分される．横ずれ断層は断層を挟んで向こう側が手前側に対して左に動く左横ずれ断層と，その逆の場合の右横ずれ断層とに区分される．これらの断層と主応力軸との関係を図2.43に示す．そのほか，地層に平行で断層面の姿勢が水平に近い断層を**デコルマ**または**デタッチメント断層**とよぶ．

衝上断層（スラスト）は逆断層のうち断層面の傾斜角が特に小さいものとする定義があったが，近年では逆断層の同義語として衝上断層とよぶことも多い．衝上断層によって，上盤がかなりの距離（kmオーダー）を移動してきた場合，上盤側の地質体を**ナップ**とよぶ．ナップの基底断層は，しばしば水平に近いものがあり，そのような断層を**押しかぶせ断層**とよぶ（口絵3.2）．ナップが侵食されて，水平に近い断層の上盤の部分が，山の上部のみに孤立して分布するものを**クリッペ**，逆に谷底などの低い部分にナップの下盤が顔を出しているものを**フェンスター**（またはウインドウ）という（図2.44）．クリッペやフェンスターを境する断層は，地質図上で閉じた曲線となる．

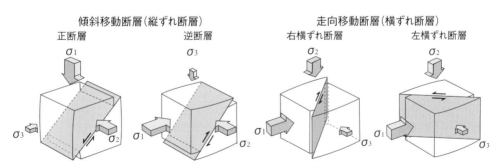

図 2.43 断層運動の種類と応力場との関係

3 地球の変動

大陸衝突によるヒマラヤ山脈の形成は，アジアモンスーンを生み出し，地球表層の環境にも大きな影響を及ぼしている．他方，日本列島のようなプレートの沈み込み帯は活発な火山活動や地震活動およびそれらに伴う自然災害が生じており，これらのメカニズムを理解し，その知識を防災に役立てることが重要である．本章ではプレートテクトニクスやプルームテクトニクスを解説するとともに，プレートの発散域・横ずれ域・収束域，およびホットスポットにおける特徴的な変動について解説する．特に収束域については，ヒマラヤやアルプスなどの大陸衝突域と，沈み込み帯である日本列島の発達史を解説する．

3.1 海洋底の拡大とプレートテクトニクス
3.1.1 大陸移動説

ドイツの気象学者ウェゲナー（A. L. Wegener）は，大西洋を挟む両大陸の海岸線の形の類似，氷河の痕跡の分布，古生物の分布などを証拠として，**大陸移動説**を1915年に刊行された『大陸と海洋の起源』に示した（図3.1）．それは，**パンゲア**（ギリシャ語で「すべての陸地」という意味）という1つの巨大な陸塊（超大陸）が約2億年前に分裂して別々に漂流し，現在の位置・形状に至ったとする，壮大な仮説であった．パンゲアを取り囲む巨大な1つの海は**パンサラッサ**とよばれた．しかし，大陸を動かした原動力についてうまく説明できなかったことなどから，多くの地球物理学者は科学的根拠が乏しいとしてこれを認めなかった．グリーンランド探査の途中で亡くなったウェゲナー以後，大陸移動説を熱心に支持した南アフリカのデュトワ（A. Du Toit）は，パンゲアのような1つの超大陸ではなく，南北両半球にそれぞれ1つずつ大陸があったと考え，それらをローラシア大陸およびゴンドワナ大陸とよんだ．これら2つの大陸の間にはテチス海という現在の地中海のような細長い海があったという．また，アルガン（E. Argand）もこの考え方に賛成し，後にテチス海が閉じたことによって，間に挟まれた地殻が圧縮されて盛り上がり，ヒマラヤやアルプスなどの大山脈が生じたと主張している．ホームズ（A. Holmes）は，1931年に大陸を動かす原動力としてマントル対流説を提唱した．しかし，第二次世界大戦の情勢の中で，大陸移動説はしだいに忘れ去られていった．

1950年代になると，古地磁気学の研究によって大陸移動説が復活する．プレートテクトニクスの基盤となった海洋底拡大説の幕開けである．

3.1.2 古地磁気
(1) 残留磁気と極移動経路

鉄やニッケルなどの強磁性物質に磁場をかけると，その磁場を取り除いても磁石の性質を保つ．これを**残留磁気**という．強磁性物質は磁場中で**キュリー温度**より高い温度から冷却すると加えた磁場の向きと平行で安定な残留磁気を獲得する．そ

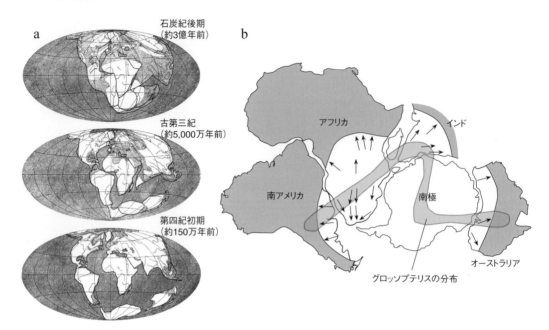

図 3.1 ウェゲナーのパンゲアの復元(a)と古生代後期の氷河分布 (Condie and Sloan, 1997 から編図), およびペルム紀〜三畳紀の裸子植物グロッソプテリスの分布(b), 矢印は氷床の移動方向を示す.

して冷却後は外部の磁場にはあまり影響されなくなる．これを熱残留磁気という．火成岩中に含まれる磁鉄鉱などの磁性鉱物は，マグマの冷却時にキュリー温度を通過することから，冷却時点での地球磁場を記録する．火山岩の年代と熱残留磁気を調べると，同一時代の複数の異なる地点から得られた伏角からその時代の磁極位置を推定できる．

一方，堆積岩には，熱残留磁気を獲得する機会がない．しかし，海底に運搬されてきた磁性鉱物が静かに沈殿する場合，その時の地球の磁場の向きに並ぶ確率が高い．このような堆積岩の中に記録された残留磁気を堆積残留磁気とよぶ．

1950 年代の半ばにイギリスの研究者たちは，ヨーロッパに産する先カンブリア時代から現在ま

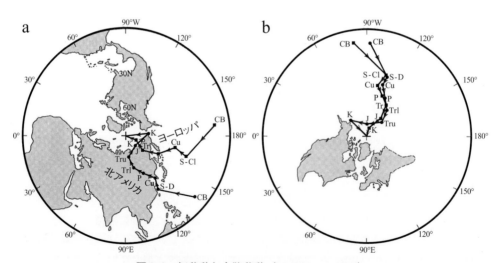

図 3.2 極移動と大陸移動 (McElhinny, 1973)

(a)北アメリカとヨーロッパから求めた極移動曲線, (b)大陸移動説に基づいて北大西洋を閉じた場合, 両曲線が一致する. CB：カンブリア紀, S：シルル紀, D：デボン紀, C：石炭紀, P：ペルム紀, Tr：三畳紀, J：ジュラ紀, K：白亜紀, (l：下部, u：上部).

での岩石の残留磁気を測定して，各時代の磁極の位置が地図上であるコースに沿って系統的に移動していることを明らかにした（図3.2a）．もし，各時代における磁極の位置が現在と同じであるならば，測定された磁極の位置はすべて地図上の1点に集中するはずである．したがって，磁極がそのようなコースを描くということは，磁極の位置かあるいは大陸のいずれかが移動したことを示すものである．これを見かけの極移動経路という．さらに，北アメリカ大陸について描かれた極移動経路は，ヨーロッパのものとは系統的にずれ，北極を中心に大西洋を閉じるように北アメリカ大陸を反時計まわりに約30°回転させると，ヨーロッパのものにほぼ重なる（図3.2b）．三畳紀以降の両経路のずれは，三畳紀から北大西洋が開き始めたことを示すと考えられた．こうして1950年代末には，ウェゲナーの提唱した大陸移動説が証拠づけられることになった．

(2) 地球磁場の逆転と地磁気年代尺度

地球磁場の逆転に関する考えは20世紀初頭からすでに現れているが，1929年の松山基範の研究は，岩石の残留磁気をその生成年代に結びつけたという点で画期的なものであった．彼は日本およびその周辺の玄武岩の残留磁気を多数測定して，現在の磁場にほぼ平行に磁化したもの（正）と，逆方向に磁化したもの（逆）との2つのグループが存在することを明らかにした．そして，逆方向に磁化した玄武岩の年代から，更新世のある時期（70〜80万年前）に地球磁場が逆転したと結論した．逆転は地球上で同時に起こるので，その時代の岩石はすべて同じように逆方向に磁化しているはずである．1950年代からアメリカ地質調査所などが中心になって，鮮新世以降の地上の岩石に対する放射年代と残留磁気を結びつける研究が精力的に行われた．1963年にアメリカのコックス（A. V. Cox）ほかが地磁気逆転の年代尺度を初めて発表して以来，深海堆積物のボーリングコアのデータも加えられて改良が重ねられ，約5 Ma以降の周期的な**地磁気逆転**の歴史を示す地磁気年代尺度がつくられた（図3.3）．

3.1.3　海洋底拡大説からプレートテクトニクスへ

(1) 海洋底拡大説の提唱

第二次世界大戦以前には，海底の研究がほとんどなされておらず，海底は大陸の延長とみなされていた．しかし，戦後すぐにアメリカは戦略的な観点から海底のデータを集めるために，惜しみなく研究費を注ぎ込んだ．その結果，海底は大陸とは異なる地形や地質をなしていることが判明した．最初の特筆すべき成果は，1950年代半ば頃にアメリカのユーイング（M. Ewing）たちによって発見された**大西洋中央海嶺**である．さらに，海嶺（以下中央海嶺と同義）に沿って浅発地震が起こっていること，海嶺で放出される熱量（地殻熱流量）がほかの海底に比べて2〜8倍も大きいことが明らかにされた．

その後，アメリカのヘス（H. H. Hess）は，西太平洋の海底で頂上の平坦な海山が連なっていることを発見した．彼はその奇妙な形をした海山を**ギヨー**（19世紀の地理学者の名前に由来）とよんだ．その成因として，海嶺に火山が誕生し，水面上に顔を出したため波の侵食で頂上部が削りとられて平坦になったが，その後海嶺から遠ざかる

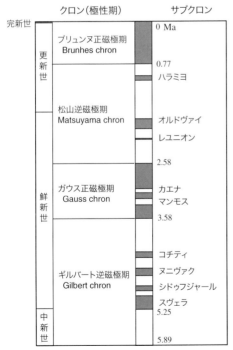

図3.3　地磁気の逆転史（Cande and Kent, 1992, 1995）
　　　　黒は現在と同じ正磁極，白は逆磁極を示す．

とともにその形をとどめたまま海中に沈んだと考えた．つまり，海嶺という海洋地殻にできた割れ目から地球内部の熱い物質がわき出し，固まっては外へ外へと広がっていったと考えたのである．海洋底拡大説の誕生である．

そのころ，アメリカのディーツ（R. S. Dietz）も**海洋底拡大**という新語を導入し，プレートテクトニクスの先駆けとなる考えを1961年に発表した．しかしながら，海底が拡大するだけでは，地球は膨張してしまうことになる．そこで，ヘスは新しく海底ができた分だけ，古い海洋地殻が海溝から大陸地殻の下へ潜り込んで，消滅しているはずだと考えた．このような動きを生み出す力として，彼は1929年にホームズによって提唱されていたマントルの熱対流をあげた．したがって，海底は永久的なものではなく，つねに更新されているという考えである．こうしてヘスは，海底が予想外に若い（約2億年以下）ことや，海嶺と海溝の成因，および大陸の成長の問題を海底の"ベルトコンベア・モデル"によって統一的に説明した．

海洋底拡大説が正しければ，火山島や海山あるいは海底堆積物の年代が海嶺軸から離れるにつれて古くなるはずであり，それが次々と証明されたのである．たとえば，大西洋中央海嶺を挟む玄武岩直上の堆積物の年代が，海嶺軸からの距離に応じて古くなることがわかった．海洋底拡大説の決定的な証拠は，海底の地磁気異常の研究からもたらされた．

(2) 海洋底拡大説の証拠と拡大速度

海底の磁力は船にのせた磁力計を用いて測定される．測定値から標準値を差し引いて，**地磁気異常**を求めることができる．カリフォルニア大学スクリプス研究所のグループはいち早く東太平洋海域で大規模な海上地磁気測定を開始し，1960年初めに正・負の地磁気異常帯が規則的に交互して縞模様をなし，幅数10 kmの縞が海嶺の両側でほぼ対称的になっていることを明らかにした（図3.4）．このような地磁気の縞模様の成因は，発見後数年間は謎であったが，イギリスのヴァイン（F. J. Vine）とマシューズ（D. H. Matthews）が，その成因に対する優れた解答を1963年に与えた．すなわち，海嶺軸に最も近い正の異常帯は，海底にある玄武岩の熱残留磁気が現在の地球磁場で生じたものであり，一方，負の異常帯は逆転時期に海嶺でつくられたものである，と彼らは考えた．したがって，地球磁場の逆転が時代とともに繰り返され，かつ海底が拡大すれば，必然的に正・負の地磁気異常が海嶺軸に対して対称的な縞模様をつくるのである．

また，図3.4にみられるように，地磁気の縞模様や海嶺軸がずれて見えるのは，海底の地殻が相対的に数10 km～1,000 kmもずれたことを意味している．この断裂帯は陸上でみられる横ずれ断層とは異なり，全く新しいタイプの断層であることが，1965年にカナダのウィルソン（J. T. Wilson）によって明らかにされ，**トランスフォーム断層**と命名された（§3.2.2参照）．

ヴァインは1966年に，東太平洋海嶺を横切る地磁気異常の観測から，正磁極期と逆磁極期の順序と長さが，コックスが1963年に示していた地磁気年代尺度（図3.3）とよく合うことに基づいて，海底の拡大速度を4.4 cm/年と計算した．その後，そのほかの海嶺でも海底の拡大速度が求められ，地域によって異なるものの，1～10 cm/yのなかに集中することが明らかにされた．

海底の地磁気異常の縞模様と放射年代との検討によって，海底の拡大速度が明らかにされただけでなく，それを利用してさらに精密でより古い時

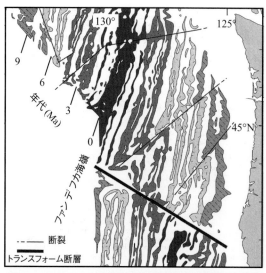

図3.4 北アメリカ西岸沖の地磁気の縞模様（Hey, 1977を一部改変）

着色の縞は正磁極の時期を，白色の縞は逆磁極の時期を示す．

3.1 海洋底の拡大とプレートテクトニクス

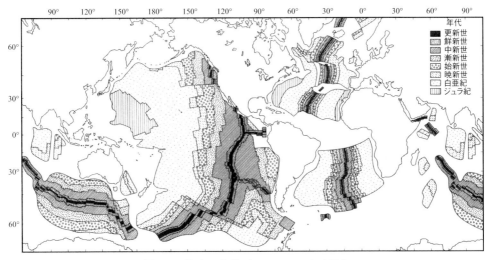

図 3.5 海底の年齢（Pitman *et al.*, 1974）

代の地磁気年代尺度がラモント・ドハティ地質研究所のグループによってつくられた．このようにして，地磁気異常の縞模様から海底に等年代線を描くことができ，約 8,000 万年の間に約 170 回の地磁気逆転が起こったことが明らかにされた．さらにその後の研究で，地磁気の逆転史も 160 Ma（ジュラ紀後期）までさかのぼり，世界の海底の年代はほとんどすべて決定された（図 3.5）．

(3) ホットスポット

海洋底拡大説の証拠となった地磁気異常の縞模様やトランスフォーム断層とともに大きなインパクトを与えたのは，**ホットスポット**説であろう．

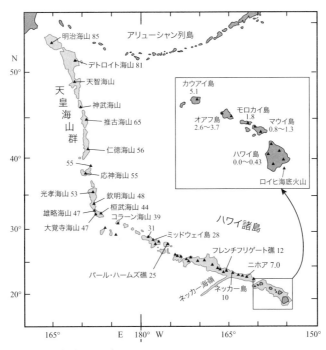

図 3.6 ハワイ諸島–天皇海山群の年代配列（Jackson *et al.*, 1972, 1975; Sharp and Clague, 2006; O'Connor et al., 2013）

約 47 Ma に形成した雄略海山の付近で島の配列が折れ曲がるのは，太平洋プレートの運動方向が変化したことを示すと考えられてきた．しかし，近年ホットスポット自身が南下したことが明らかにされている．

ハワイ諸島（ハワイ島〜ミッドウェー島）から**天皇海山群**（雄略海山〜明治海山）にかけては，火山島や海山が点々と一列に並んでいる（図3.6）．しかも，ハワイ島が一番大きく，マウイ，オアフ，カウアイと西側に向かって島は小さくなるとともに侵食が進んでいる．このことに着目したウィルソンは1965年に，海底の下の定まった位置からマグマが上がってくる場所，ホットスポットがあると仮定すれば，海底の移動によって，火山島が次々とできると考えた．

もしこの仮説が正しいとすれば，ホットスポットから離れるにしたがって，火山島を構成する火山岩の年代が古くなることが予想される．実際に放射年代測定のデータはこの予想をみごとに支持し，ホットスポットの活動が約7,000万年間続いていることが示された（図3.6）．ハワイの火山活動が現在最も活発であるのは，ハワイ島南東のキラウエア火山（口絵3.1）よりもさらに東側のロイヒ海底火山（図3.6）である．また，ハワイ諸島と天皇海山群の方向の違いは，43 Ma頃に太平洋の海底の運動方向が北北西から西北西に変わったために生じたと説明された．アメリカのモーガン（W. J. Morgan）は1971年に，このようなホットスポットをつくる活動はマントルの上昇流，**マントルプルーム**によるとの考えを出した．

ホットスポットはハワイのほかにイースター，ガラパゴス，サモアなどの海洋島のほか，イエローストーンやアファーなどの大陸内部にも存在する．また，アイスランドでは大西洋中央海嶺とホットスポットが重なっているため，火山活動が特に活発であると考えられている．1980年代に入り，大部分のホットスポット列の開始点に洪水玄武岩や海台玄武岩などの巨大火成活動域があることが明らかになっている．ところが，2001年以降，アメリカのタルドゥノ（J. A. Tarduno）らの海底の玄武岩の古地磁気と年代の研究から，ホットスポットは不動点ではなく移動していると考えられるようになった（Tarduno et al., 2003）．たとえば天皇海山列をつくったホットスポットは70 Ma頃には北緯30°付近にあり，年間4 cm余りの速度で南に移動したことから，実際のハワイ諸島と天皇海山群の折れ曲がりの原因については再検討の必要が出てきた．

(4) プレートテクトニクス理論の確立

古地磁気学や地球年代学によって海洋底拡大説の検証が進んでいたころ，地震学の研究でも大きな進展があった．まず，海嶺や海溝に沿って，地震が集中していることがわかった．一方，地球内部の地震波の伝わり方の特性を研究していたグループは，海底の下70〜250 kmぐらいの深さの上部マントルで地震波の伝播速度が低下することを明らかにし，これを低速度層とよんだ．地震波の速度は通過する物質の剛性率に依存するので，低速度層は剛性率の低下，すなわちマントルの部分的な溶融を示していると解釈された．もしそれが正しいなら，その部分は流動しやすく，その上にのっている剛体の部分は一体となって運動できるはずである．この流動性のある層のことを**アセノスフェア**，その上の固い層を**リソスフェア**とよぶようになった．このアセノスフェア上をリソスフェアが運動しているという考えこそ，プレートテクトニクスの原点となったのである．

プレートという剛体の板を仮定すると，その運動について幾何学的な議論が可能になる．それは球体上の板の運動は回転運動となるので，1つの回転軸（オイラー軸）と回転速度とによって記述できる（図3.7）．オイラー軸と球面との交点をオイラー極とよぶ．この回転運動については1964年からブラード（E. C. Bullard）やウィルソンらによって考えられ始め，1967年以降，モーガン，マッケンジー（D. P. McKenzie），ル・ピション（X. Le Pichon）らがプレートの形を見定

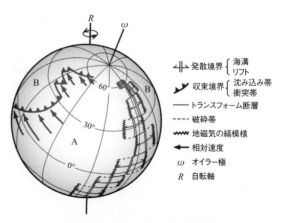

図3.7 プレートの回転運動
AとBは仮想的な2つのプレート．

め，プレートの運動と位置を単純な球面幾何学で表現できることを示した．このようにして，現在地表でみられる大部分の大規模な地球科学的現象は，それらが個々の要因で発生しているのではなく，プレート間の相対的な運動によって引き起こされていることが，統一的に説明されるようになった．なお，**プレートテクトニクス**という言葉を最初に使用したのはヴァインとヘスで，1968年のことであった．

(5) プレートを動かす原動力

すでに述べたように，ウェゲナーの大陸移動説が受け入れられなかった最大の理由は，原動力を説明できなかったことにある．これを救うようにホームズのマントル対流説が登場したが，まだ時を得ていなかった．大陸移動説が復活し，海洋底拡大説が脚光を浴びてきた時期には，大陸はマントル対流によって受動的に移動するという考えが支配的であった．しかし，この考えにはいくつかの難点がある．たとえば，アフリカプレートや南極プレートの場合は，海嶺にとり囲まれており，プレートを消費する海溝がないので，大陸を囲む海嶺は相対的に離れていかざるをえない．つまり，海嶺はプレートの成長に伴って自由に移動できるものと考えざるをえない．実際に，マントル対流の上昇部である海嶺が対流の下降部である海溝にぶつかって沈む場所も，チリで知られている（図3.9★印）．また，海嶺はトランスフォーム断層によって細かく切断され，横にずれている．このような海嶺の移動や細かい不連続性に応じて，マントル対流のわき上がり口が正確に移動していくであろうかという疑問が生じた．このように，プレートの運動の詳細がわかるにつれて，マントル対流に原動力を求める考えは影をひそめてきた．

原動力を説明するもう1つの考えは，重力によるプレートの沈み込みを重視している．プレートは誕生の場である海嶺付近では温度が高いが，海嶺から離れて海溝に達したときには冷却し，なおかつ厚さも増加する．冷たいプレートは下にある熱いアセノスフェアよりわずかながら密度も大きくなっているので，海溝からマントルに沈み込み，あとに続くプレートを横に引っ張る．この結果，プレートの反対の端である海嶺は引っ張りによって裂け目が生じて，下のアセノスフェアからの熱い物質を上昇させ，そこに新しい海洋地殻をつくるというものである．したがって，海嶺におけるマグマの噴出は，あくまでも海溝において引っ張られた結果ということになる．この考えは長大な海溝をもつプレート（太平洋プレートやインドプレートなど）の移動速度がそうでないプレートに比べて大きいことをうまく説明している．また，地形的に海嶺部が高く海溝部が低いので，位置エネルギーの差も原動力の1つになりえる．これはマントルのアセノスフェアがプレートに引きずられているという考えであり，近年プルームテクトニクスにより，このことが三次元的に議論できるようになってきた（§3.3参照）．このよ

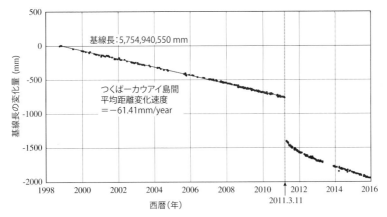

図3.8 VLBIによる茨城県つくば市とカウアイ島Kokee間の距離の変化速度

1999年より2016年までの変化．2011年東北地方太平洋沖地震によりつくば市が東に移動した結果，ハワイからの距離はおよそ70 cm縮まった．国土地理院（http://www.gsi.go.jp/uchusokuchi/vlbi-data.html）より作成，一部簡略化．

なプレートの動きは，近年超長基線電波干渉計（VLBI）という技術によって観測されている．たとえばホットスポットで誕生して以来，太平洋プレートに乗って移動しているハワイ諸島のカウアイ島と，茨城県つくば市との間の距離が，精密に測定されている．その結果，約5,700 km離れた日本とハワイの距離は，年間6.1 cmの速さで接近していることが明らかにされている（図3.8）．

(6) ウィルソンサイクル

ウェゲナーにより復元された約3億年前のパンゲアが，地球の原始大陸というわけではない．カレドニア-アパラチア造山帯などの古生代前期の古い大陸衝突域の存在に示されているように，さらにその前にも大陸の集合・離散が繰り返されたと考えられている．そのような大陸の離散から集合・合体までの周期を，イギリスのデューイ（J.F.Dewey）らはアイデアの提案者にちなんで，**ウィルソンサイクル**とよんだ．その後1990年代に入り，パンゲアより前の超大陸として，約6億年前のゴンドワナとローラシア，約10〜7億年前のロディニア，さらに約19億年前のヌーナの復元が試みられている（§4.4.5参照）．

3.2 プレートとプレート境界

世界の地震は弧-海溝系，造山帯，海嶺そしてトランスフォーム断層に集中して起こっており，大洋底や大陸中央部ではほとんど起こっていない（図3.19）．このことから，リソスフェアはいくつかのプレートからなり，各プレートは内部で変形や破壊を受けずに相対運動をしており，地震によって代表される変形・破壊は主としてプレートの境界で起こっていると考えられた．モーガンは1968年に，地震帯を境にして地震のない7つの大プレートと，12の小プレートに地球表面を分割した（図3.9）．その境界は3種類あり，プレートが誕生する場所（発散境界），消滅する場所（収束境界），そしてすれ違う場所（横ずれ境界）である（図3.10）．それらはそれぞれ海嶺と大地溝帯，海溝と大山脈，そしてトランスフォーム断層に相当する．

3.2.1 発散境界：海嶺と大地溝帯

プレートが離れていく発散境界はマントル対流により，マントルが上昇しているところである．マントルがどこに上昇してくるかによって，地形学的には同じでありながら，反対の名称でよばれ

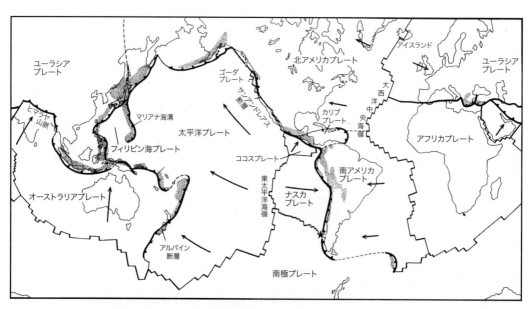

図3.9 世界のプレートとプレート境界（上田，1989）

3.2 プレートとプレート境界 67

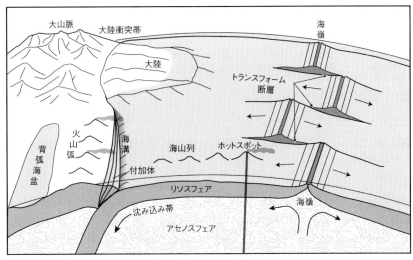

図 3.10 プレート境界の概念図

ている（図3.11）．対流によりマントルが大陸プレートの下から上昇してくると，堅固で変形しにくい大陸プレートは盛り上がり，引き裂かれる．この場合には大陸の裂け目のほうが強調されて**地溝帯**とよばれる．この部分で大陸が分裂した後では，海底が盛り上がり，そこで海洋プレートが生産され，拡大し，分裂した大陸塊をさらに引き離していく．盛り上がりの中軸部にも**リフト**（地溝）が形成されるが，盛り上がりのほうが強調されて海嶺とよばれている．

(1) 海嶺-海洋プレートが生産されるところ

　海嶺（**中央海嶺**）は深海平原よりおよそ3,000 m 盛り上がった大山脈で，その幅は大西洋中央海嶺で 2,000 km にも及ぶ．そこではマントル深部からわき上がってきた高温の物質が上昇に伴う圧力低下のため，部分溶融して流動性に富む玄武岩質マグマ（**中央海嶺玄武岩**：MORB）が生成している．上昇部の先端を占めるマグマ溜りの中では，その時々のマグマの成分，温度・圧力に応じて苦鉄質鉱物が晶出し，重力にしたがってマグマ溜りの底に沈積して層をなす（**集積岩**）．マグマ溜まりの上部からはマグマが上昇し，溶岩流をなして海底に広がる．溶岩層の厚さが一定限度を超えると，海底に行き着くことなく，細長い通路の中で垂直の板状の岩体（岩脈）として固化してしまうものが出てくる．プレートは発散し続けているので，岩脈と側岩は引きはがされて，そのすき間に新たにマグマが入り込んで，海底に溶岩を送り出し，一部が岩脈として固化する．このように最上位の溶岩層の下では，あたかも書架の

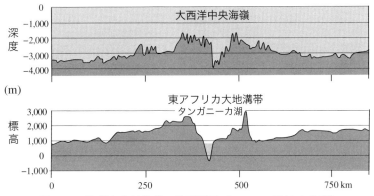

図 3.11 海嶺と大地溝帯の地形断面（Heezen, 1960 を改変）
縦横スケール比は 40：1

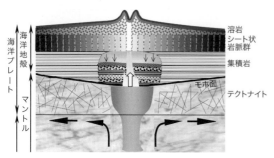

図3.12 海嶺の模式的断面図

雑誌のように岩脈が並ぶことになる（**シート状岩脈群**）．この海底の書架では，新着雑誌が中央部に納められる．このようにして海洋地殻がつくられる．マグマになり損ねたその下のアセノスフェア物質も冷却して固化し，対流の動きによって変形したリソスフェア物質（**テクトナイト**）となり，海洋地殻とともに海洋プレートを構成する（図3.12）．これが海洋底拡大の過程である．海嶺の中軸部には正断層や裂罅が発達して深い谷（リフト）が生じている．海嶺はこのようにリフトの形成と活発な火山活動で特徴づけられる．

(2) リフト—東アフリカの大地溝帯

西インド洋を北西方に走るカールスベルク海嶺は，先端がアデン湾と紅海に入り込んでいる．この部分におけるマントルの上昇は約40 Maに始まり，当時はアフリカ大陸北東部の一部をなしていた地塊を引き裂き，アデン湾と紅海を形成しながらアラビア半島を生み出した．アラビア半島は紅海北西端を中心として約9°反時計まわりに回転している．この事件の約20 m.y. 後，アファー三角地帯から南方に，現在のザンベジ川河口にかけて6,000 km延びる線に沿ってマントル対流の上昇が生じた．これが，アフリカの大陸地殻を引き裂きつつあり，地表に**大地溝帯**（Great Rift

---

コラム3.1 アイスランド

アイスランドでは海嶺とホットスポットが重複していることから，海面下の海嶺に比べて火成活動が非常に活発である．海面上で観察することができる海嶺は地球上ではアイスランドのみである．ただし，海嶺の最上部に相当するため，オフィオライトとは異なり，表層の溶岩流のみが現れている．アイスランド島の中央部を北北東から南南西に走っている新期火山帯が海嶺のリフトにあたる（図a）．火山活動が活発であるため，リフトは溶岩によって充填されている．その西側の古期溶岩帯は大西洋が開口して現れた北アメリカプレートの東縁部であり，東側の古期溶岩帯はユーラシアプレートの西縁部である．新期火山帯内部には，幅数10 m〜数 km の小規模なリフト，火山帯中軸側の上盤が数 m〜数10 m 垂直移動している正断層，幅数 m 程度の開口裂罅が無数に発達している．いずれも現地語でギャオ（gjá）とよばれている（図b）．火山活動はハワイ島ほど連続的ではなく，10数年〜数10年間隔で起こっている．2010年のアイスランド最高峰のエイヤフィヤトラヨークトルでの噴火活動では，その火山灰が北ヨーロッパの航空機の運行を数週間麻痺させた．

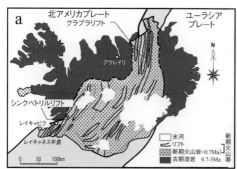

図：海面上に現れた海嶺，アイスランド
a. アイスランドの地質概略図（坂，2005）を簡略化．b. 北部のクロヨッタ・ギャオ（絵：坂 幸恭）

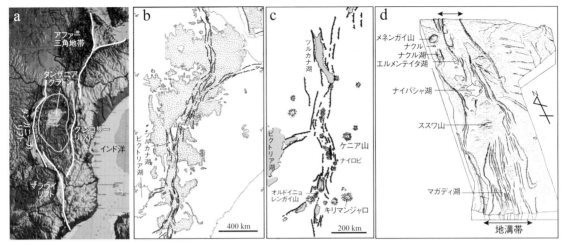

図 3.13 大地溝帯 (Matsuzawa, 1969)
a. 大地溝帯の位置 (白線); b. 大地溝帯から流出した溶岩の分布; c. 大地溝帯に沿う独立火山; d. ケニア, ナイロビ西方のグレゴリー・リフト鳥瞰図.

Valley) を出現させた (図 3.13). 現在の対流が続けば, 数百万~数千万年後に大地溝帯のところでアフリカ大陸は分裂すると予想されている.

大地溝帯はマントル対流によって押し上げられ, また地下にマグマ溜りを抱えているので, その断面は中央海嶺と酷似している (図 3.11).

大地溝帯はビクトリア湖を挟んで東側のグレゴリー・リフトと西側のタンガニーカ・リフトに分かれている. ケニア中部のグレゴリー・リフトでは, 落差数 10~数 100 m でほぼ平行な断層崖がいくつも存在し, 階段状に中軸部に向かって低くなる (図 3.13d). マントルに達する断層や裂鑕に沿って大陸地殻物質を取り込むことなく地表に流出したマグマが, 北方ほど広大な地域を覆っている (図 3.13b). 南縁部に近い細長い溶岩分布域は溶岩によって充塡された河道であり, マグマがいかに流動的であったかを示している. 割れ目噴火ではなく, 中心噴火によって生まれた独立火山も大地溝帯内および外側に多数存在する. アフリカの最高峰キリマンジャロ, ケニア山, カーボナタイト溶岩を噴出するオルドイニョレンガイ火山もその 1 つである (図 3.13c).

3.2.2 横ずれ境界: トランスフォーム断層

地磁気異常の縞模様のずれがウィルソンの提唱によるトランスフォーム断層であることは, すでに前節で述べた. トランスフォーム断層では, 2 つのプレートが相互に横ずれを起こし, 2 つのプレートの運動方向はこの断層と平行であり, トランスフォーム断層の方向はプレートの相対運動の方向を示す. トランスフォーム断層は海嶺と海嶺をつなぐ場合が多いが, 海溝と海溝, 海嶺と海溝をつなぐ場合もある. 陸上に現れたトランスフォーム断層として有名な**サンアンドレアス断層**は, 海嶺どうしをつなぐ断層であるのに対し, ニュージーランドのアルパイン断層は, 海溝どうしをつなぐトランスフォーム断層である (図 3.9). トランスフォーム断層とそれ以外の横ずれ断層との相違点は以下のとおりである.

①通常の横ずれ断層によってずらされた山や谷は実際の運動のセンスを示すが, 海嶺をつなぐトランスフォーム断層の場合は海嶺のずれと断層の運動のセンスは逆である.

②トランスフォーム断層の場合, プレートの相対運動 (変位) は, 2 つの海嶺に挟まれた部分だけで起こり, その外側では起こらない.

③上記の海嶺に挟まれた部分では, 変位速度や変位量が一定である点で, 末端部で変位量が減少または消滅する通常の横ずれ断層とは異なる.

④トランスフォーム断層では, 1,000 km を超えるような大きな変位量が生じうる. また, プレートの相対移動速度が断層の変位速度であるため, 通常の断層の変位速度よりも 1 桁以上大きい.

3.2.3 収束境界：海溝

海溝は6,000 m以深の海底に続く細長い凹みであり，海洋プレートがもう1つのプレートの下に沈み込む境界である．6,000 m以浅の海底の溝は**トラフ**とよばれる．深さ10,000 mを超える海溝はマリアナ海溝をはじめ太平洋西岸に分布する．沈み込んだプレートはスラブとよばれ，地震を起こしたり，マグマを発生させたりする．このようなプレート境界には，陸弧や島弧が形成され，弧－海溝系とよばれる．日本列島も後述のように5つの弧－海溝系から構成される（図3.26）．プレートの沈み込み帯に関する事項は，後に詳述する．

3.3 プルームテクトニクス

地球深部の状態が，地震波トモグラフィー（第1章参照）という技術によって，詳しくわかるようになってきた．プレートテクトニクスの主役であるプレートの厚さは，おおむね100 km程度であり，地球の半径の1/60程度にすぎない．プレートテクトニクスでは，プレート境界の相互作用から，地球表面で発生している造山運動・地震・火山などの現象が説明された．一方，この新しい技術によって，マントル－核境界部の様子までもがわかるようになり，厚さ2,900 kmのマントル全体の変動が議論できるようになってきた．そして，プレートテクトニクスでは十分に説明できなかったプレートが移動する方向や超大陸の形成・分裂を，**プルームテクトニクス**は説明することができるようになった．また生物の大量絶滅の原因についても，地球内部の動きに起因する大陸の離合集散や大規模な火山活動と関連付けて，学際的な検討が行われるようになった（第5章参照）．

プルームテクトニクスはマントル内での大規模な対流運動（プルーム）を研究対象としており，深尾・丸山（1990）が提唱した．マントルの中を下降するコールドプルームと上昇するホットプルームが存在する（図3.14，口絵1.1）．プルームの下降は，通常は深さ660 kmの深度で一旦停滞する．この部分は上部マントルと下部マントルの境界にあたり，上部マントルを構成するかんらん石（正確にはγ相：リングウッダイト）が，この位置を境に分解するため，この上下でマントルの密度や固さが大きく変化している（第1章参照）．

3.3.1 コールドプルーム

コールドプルームとは，周辺のマントルより温度が低く，マントル表層から中心部へ向かって下降するプルームをいう．コールドプルームの成り立ちはプレートテクトニクスと深く関係する．沈み込んだプレートは徐々に周囲のマントルと一体化していくが，大部分が比較的低温のまま，上部マントルと下部マントルの境界の深さ660 kmの部分で一旦滞留した後，さらにマントルの底を目指して沈んでいく．この下降流が複数寄り集まっ

コラム3.2　サンアンドレアス断層のクリープ

地震は断層運動により岩盤がずれた時に弾性波として地中を伝わって地表に達した揺れであり，その継続時間は長くて数分以内である．ところが，地震を起こさずに，何年もかけて少しずつずるずると動く断層がある．このような動きをクリープとよび，特にサンアンドレアス断層系の中のカラベラス断層が有名である．この断層が存在する町ホリスターでは，時間とともに少しずつ右にずれている場所が観察できる（写真）．住民はそのずれを修復しながら，活断層のすぐそばで生活している．

写真：ホリスターに認められる断層クリープ．本来真っすぐであった歩道や塀が右にずれているが，街路樹は最近植林されているため，ずれていない．

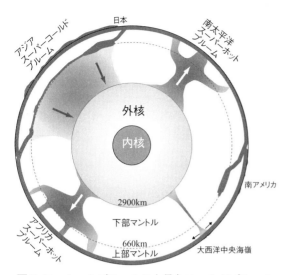

図 3.14 ホットプルームの上昇とコールドプルームの下降（丸山, 1997 より）

た場合には，強く大きな下降流が発生する．これは**スーパーコールドプルーム**とよばれ，現在はアジア大陸の下に存在している（図 3.14）．スーパーコールドプルームは周辺のプレートを吸い寄せるため，比重の軽い大陸地殻を 1 カ所に集めて超大陸を形成する原動力になると考えられている．現在ではインド大陸がアジアと衝突し，アフリカ大陸やオーストラリア大陸もアジアに接近しつつある．アメリカ大陸もアジアに向かって移動しており，約 2 億年後にはほとんどの大陸が合体した超大陸（アメイジア）が生まれると想定されている．

3.3.2 ホットプルーム

コールドプルームと逆に，深さ 2,900 km の核との境界で核の熱を受けて高温になったマントル成分が上昇するものを**ホットプルーム**とよぶ．現在はアフリカ大陸の下と南太平洋に**スーパーホットプルーム**が存在し（図 3.14），前者は大地溝帯が形成された原因であり，後者は南太平洋に点在する火山の源であると考えられている．大規模なホットプルームが地表に達すると，非常に激しい火山活動が発生する．地球生命史上最も大きな大量絶滅が発生した 2.5 億年前のペルム紀／三畳紀境界（P-T 境界）では史上最大級の溶岩噴出事件によりシベリア台地玄武岩が形成され，これはスーパーホットプルームによるものと考え

られている（第 5 章参照）．この時期は超大陸パンゲアが分裂を開始した時期に相当し，プルームの地表への到達と大陸分裂についての相関性が指摘されている．このようなスーパーホットプルームに伴う大噴火によって形成された火山岩は**洪水玄武岩**とよばれ，カンブリア紀以降，何度か発生している．陸上では，ペルム紀のシベリア台地玄武岩（ロシア）のほか，ジュラ紀〜白亜紀のパラナ玄武岩（ブラジル），中新世のコロンビア川台地（アメリカ），更新世のデカン高原（インド），海底では南太平洋のオントンジャワ海台が有名である．最近はマントル内部にとどまらず，深度 2,900 km のマントルと外核の境界，深度 5,100 km の外核と内核境界などの深部での相互作用も研究されている．

3.4 プレートテクトニクスと地球の変動
3.4.1 火山

火山活動は生きている地球の鼓動を直接的に感じることができる地質現象の 1 つである．火山はさまざまな自然災害（第 8 章参照）をもたらすとともに，多種多様な資源・地熱・温泉・豊かな地下水や湧水・美しい景観などの恩恵も与えてくれる．地球が誕生して以来，海中・陸上を問わずさまざまな場所で火山活動が起きてきた．そのうち，歴史的な噴火の記録のある火山を**活火山**とよぶ．気象庁の定義では，過去 1 万年以内に噴火した火山および現在活発な噴気活動のある火山のことであり，国内では 111 の活火山が知られている．この項では，特にプレートテクトニクスと火山活動との関連性についてふれる．マグマの成因論については，第 2 章を参照されたい．

(1) マグマ溜りと噴火

火山とは，地下のマグマが溶岩となり，固体地球表面上に噴出して種々の山体をなすものである．噴出してくるところは陸上に限らず，海底でもよくみられる（海底火山）．また，山体を構成する岩石が集積する規模も，高さ・直径ともに数 10 m のものから，高さ数 km，直径 50 km 以上に達するものまでさまざまである．

火山の地下には**マグマ溜り**があり，そこからマグマが上昇して地表に出る現象が**噴火**である．地下 100 km 以上の深部で生成されたマグマ（後

述）は高温の液体であるため，周囲の固体岩石より比重が軽く，浮力によって徐々に上昇する．地下5〜10 km程度の深度まで来ると，周囲の固体岩石とマグマは同程度の比重となり，マグマは浮力を失って滞留すると考えられている．これがマグマ溜りである．マグマ溜りが考えられている根拠としては，短期間で大量のマグマが噴出すること，活火山の直下に液相の存在を示唆する地震が発生しない領域があること，さらに，火山地域には大型の深成岩体が存在していること，などがあげられる．マグマ溜りの大きさは径数 km 程度と考えられている．

マグマ溜りからマグマが上昇して噴火を起こす機構は，次のように説明されている．マグマ溜りの中のマグマは周辺の岩石に熱を奪われて徐々に冷えていくが，その過程で鉱物が次々と晶出するため，残ったマグマ中の揮発性成分がしだいに濃集する．マグマが揮発性成分に飽和すると，気泡が発生（発泡）し始める．気泡と残液を合わせたマグマの密度が減少するために浮力が生じ，マグマが火道を通って上昇しようとする．このようにして，マグマに溶け込んでいたガス成分が急激に発泡して爆発的に上昇し，噴火を起こす．

これは炭酸飲料の栓を抜いた時に減圧され，中に溶け込んでいた炭酸ガスが発泡して中身が勢いよく出てくる現象にたとえられる．マグマ溜りの中のマグマが冷却する過程で，揮発性成分が分離するほか，結晶分化作用に伴って鉱物の晶出・沈積が起こる．その結果，マグマ溜りの上部と下部では組成がかなり違ったものになる場合がある．1回の噴火のうち，最初に噴出した（マグマ溜りの上部にあった）物質と最後に出てきた（下部にあった）物質で成分が著しく異なる場合があるが，それはこのことを示唆している．

(2) 噴火の様式

噴火の様式によってさまざまな形状や大きさの火山ができるが，それは主としてマグマの化学組成や物性によっている．たとえば，大部分のマグマは珪酸塩溶融体であり，SiO_2の含有率によってその物性は大きく変化する．また，流出する溶岩は650〜1,300 ℃の流体であり，その温度はSiO_2の含有率が低いほど高い傾向がある（実測例；キラウエア火山，玄武岩，1,100 ℃；三原山，玄武岩，1,125〜1,038 ℃；桜島，安山岩，850〜1,000 ℃）．

SiO_2含有量が多い流紋岩質〜デイサイト質のマグマの粘性は高く，激しく爆発して噴煙柱が成層圏にまで立ちのぼるプリニー式噴火や，岩石や火山灰を吹き飛ばすブルカノ式噴火をしたり，雲仙普賢岳や有珠山のように溶岩円頂丘を形成したりする．SiO_2含有率がやや少ない安山岩および玄武岩質マグマの場合は，火口から溶岩のしぶきを噴き上げながら火山弾やスコリアを上空数100 mの高さに間欠的に噴き上げる．このような噴火をストロンボリ式噴火といい，伊豆大島の三原山がその典型例である．

一方，SiO_2の含有量が少ない玄武岩質マグマの粘性は低く，キラウエア火山のように溶岩が噴き上がって斜面を遠方まで流下する（ハワイ式噴火）．ハワイ式噴火では流出した溶岩が何層も積み重なり，緩やかな楯状火山をつくる．その典型例であるハワイ島の活火山マウナロアは地球上で最大容積をもつ火山で（図3.15），その体積（42,000 km³）は富士山（1,400 km³）の約30倍である．

また，アイスランド式噴火のように，海嶺に平行な広域の割れ目からマグマが噴出する特殊な場合もある（コラム3.1参照）．

図3.15 ハワイ島の楯状火山マウナロア（標高4,169 m）

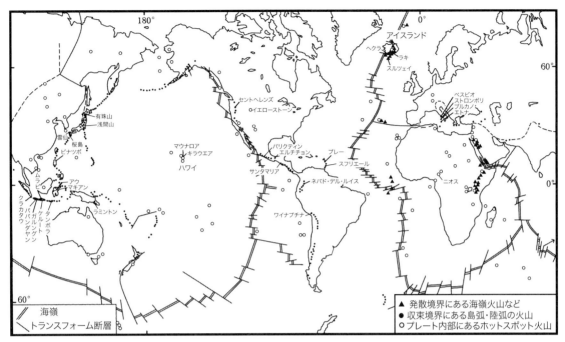

図3.16 世界の活火山の分布（宇井, 1997, を一部改変, 陸上部のみを表示）
名称を付した火山は過去1,000年の間に噴火し, 災害をもたらしたおもな活火山.

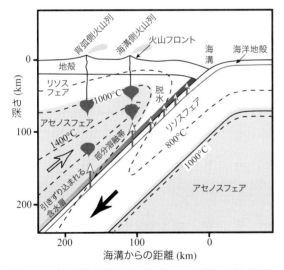

図3.17 沈み込み帯の火山生成モデル（巽, 1995原図）

(3) 沈み込み帯と火山

地球上で火山のできる場所は, プレート発散境界である海嶺やリフト帯, 収束境界である沈み込み帯, ホットスポットを含むホットプルームやスーパーホットプルームの上昇場所である（図3.16）. 発散境界とホットスポットについては§3.1で述べたので, ここでは沈み込み帯と火山について述べる.

収束型境界である海溝においてプレートがマントルまで沈み込む場所では, 地震とともに火山が発生する. 海溝で沈み込んでいる海洋プレート表面の岩石には多量の水が含まれている. その岩石が沈み込みにより地下深部（深度100〜200 km）に達すると岩石から放出された水がウェッジマントルに供給されることにより融点が降下し, マグマが発生する. マグマの発生条件は水分のほかに温度と圧力に関与し, 温度と圧力は深さによってほぼ決まる. したがって, マグマが発生するのは海溝から沈み込んだプレートがある一定の深さに到達した場所であり, それより海溝に近い（沈み込んだプレートが浅い）場所ではマグマは発生しない（図3.17）.

マグマは発生した場所から上昇して火山を形成するので, 火山は海溝から一定の距離離れた位置に, 海溝に平行に分布することになる. 火山の分布はある広がりをもつが, この火山列より海溝側には火山がないことから, その境界線を**火山前線（火山フロント）**という（図3.17）. 沈み込み帯では, マグマが上昇する途中で大陸地殻の岩石が混入したり, 過剰のH_2O存在下における上部マ

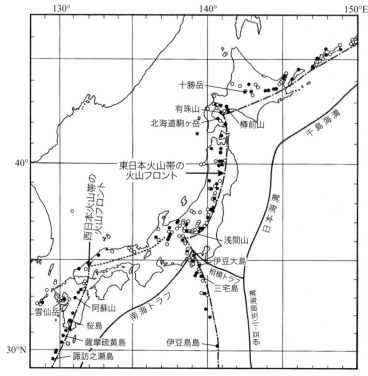

図 3.18 日本列島の火山の分布と火山フロント（火山前線）
●：活火山，○：活火山以外の第四紀の火山（杉村，1978 に加筆）．名前を記した火山は活動的なランク A の火山（13 個）．

ントル物質の部分融解により安山岩質のマグマが生成される．**安山岩**（andesite）の語源となったアンデス山脈や日本列島などの環太平洋火山帯や地中海の火山はこのタイプである．

日本列島の火山の分布を図 3.18 に示す．日本列島の火山前線は，海溝やトラフにほぼ平行に走

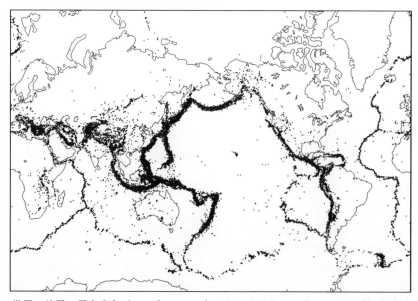

図 3.19 世界の地震の震央分布（1990 年〜2000 年の M4.0 以上，深度 50 km 以浅）気象庁 HP より

っている．深度的にみると，東日本火山帯では130〜150 km の，西日本火山帯では 100 km の深発地震面の等深度線とよく一致している．すなわち日本の陸上火山は，太平洋側から斜めに沈み込むプレートが深さ 100〜150 km に達してマグマを発生させ，それが地表に達して生成される．

3.4.2 地震
(1) 地震の発生場所

世界中で発生した地震の震央分布を見てみると，細長い帯状のゾーンに沿っていることがわかる（図 3.19）．そのゾーンのほとんどは，プレート境界である．そのなかでも，収束境界である海溝に沿って，地震が集中している．たとえば，日本列島および周辺には千島弧，東北日本弧，伊豆-小笠原弧，西南日本弧，琉球弧とそれに平行な海溝（おのおの千島海溝，日本海溝，伊豆-小笠原海溝，南海トラフ，琉球海溝）が存在しており（§3.5 参照），これらの海溝において海洋プレートが沈み込んでいるため，世界の地震の約1割に達する地震が集中して発生している．一方，ヒマラヤやチベット高原などの大陸衝突域では，幅広い地震帯が形成されている．

(2) 沈み込み帯の地震

日本列島のようなプレートの沈み込み帯での地震発生場を見てみよう．プレート沈み込み帯での地震発生場としては，沈み込むプレートと上盤プレートとの境界，沈み込むプレート内部，上盤プレート内部，の3つがある（図 3.20）．

a．プレート境界地震

沈み込む海洋プレートとその上盤プレートの境界では逆断層運動が起こっていることから，活発に，しかも最大級の地震を発生している．東北日本弧では太平洋プレートが約 28°で，西南日本弧ではフィリピン海プレートが約 10〜30°で沈み込んでいるため，地震発生帯もそれと同様の角度で，海溝から離れるにしたがって深くなる（図 3.21）．ただし，海溝から 5〜10 km 程度の深さまでは，プレート境界が軟らかいため，地震はほとんど発生していない．

b．沈み込むプレート内部の地震

プレートが海溝で沈み込む時は，プレートが折れ曲がることから，プレートの上面には引っ張りの力がかかり，正断層が形成される．沈み込んだプレート（スラブ）は上盤のプレートとの境界で

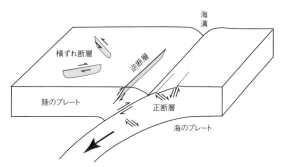

図 3.20 プレート収束域における地震発生場と断層の動き

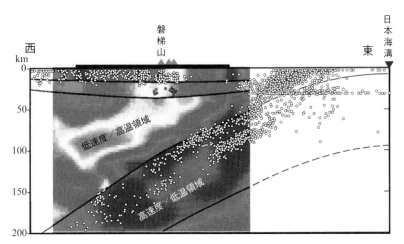

図 3.21 東北地方南部の東西断面図と微小地震の震源および地震波（P 波）トモグラフィーに基づく温度構造（長谷川，1991 に加筆）

逆断層として活動し，その時に地震を発生する．プレートが海溝軸に対して斜め方向に沈み込んでいても，プレート境界では逆断層運動が起こっている．一方，スラブ内部では，一般に正断層型の地震が発生する．それは，スラブが自重で引っ張られているからと考えられている．ただし，スラブの傾斜がマントル深部（500〜660 km）で緩やかになる部分では，逆断層型の地震も発生している．

c．上盤プレート内部の地震

沈み込むプレートの上側に位置する上盤プレート内部では，沈み込むプレートの圧縮力により，地下約15〜20 km付近までの内陸で地震が発生している．この内陸地震は，活断層の活動に伴って生じている（§3.5.4参照）．図3.22に，兵庫県南部地震の**本震**（最初に発生する最も規模の大きな地震）と**余震**（本震の後に発生する規模の小さな地震）の分布を示す．20 kmよりも深い地殻深部で地震が発生しないのは，温度が高いので地殻深部の岩石が軟らかく塑性的に変形し，弾性歪が蓄積されないためである．また，大地震の震源は，余震も含めた震源分布の中で最も深い部分に存在する（図3.22）．これは，地下15 km前後の地殻が最も硬く，その部分を破壊するためには最も大きなエネルギーを必要とするからである．

3.4.3 造山帯

ウェゲナーがすでに大陸移動とその衝突という言葉で指摘していたように，造山運動はプレートの収束境界で生じている．イギリスのデューイとアメリカのバード（J. M. Bird）は1970年に，世界の造山帯を詳しく整理し，造山運動のタイプとして，海洋プレートの沈み込みに伴うコルディレラ型（沈み込み型）と，大陸どうしの衝突に伴う大陸衝突型とに区分している．前者がアンデス山脈などの陸弧や日本列島のような島弧をつくり，後者がヒマラヤ山脈やアルプス山脈のような大山脈を形成したのである．造山運動によって形成された帯状の地域を**造山帯**という．

(1) 沈み込み型造山帯

大陸プレートと海洋プレートが収束すると，図3.10のように，相対的に軽い大陸プレートの下に重い海洋プレートが沈み込む．海溝周辺の海洋プレート上では，海洋性岩石（玄武岩質岩）と地層（チャート，石灰岩など）の上に陸源堆積物（泥岩や砂岩など）が累重する．海洋プレートの沈み込みによって，それらの岩石と地層は断層で薄くスライス状に切断されて，海溝陸側斜面の底に次々に押しつけられて，**付加体**を形成する（図

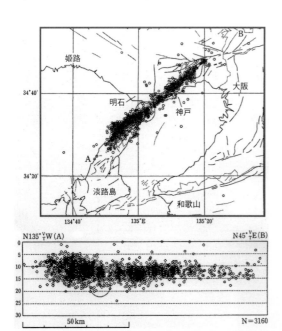

図3.22 1995年兵庫県南部地震の余震分布（1995.1.17-2.16）
下図はA-B方向の震源断面図で，大きい丸は本震の震源を示す（池田ほか，1996）．

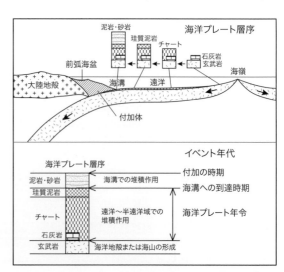

図3.23 海洋プレートの沈み込みと付加過程の模式図（中江，2000に加筆）

3.23).さらに，付加体は沈み込むプレートによってより深部にもたらされると，温度と圧力の上昇により広域変成作用を受け，らん閃石片岩などの高圧型変成岩に変化する．

その後，これらは隆起して大陸の一部となる．さらに沈み込み帯の深部では，アセノスフェアやリソスフェアが部分的に溶融して安山岩質や花崗岩質マグマを発生し，地表では火山が噴火して火山弧をつくり，地下では花崗岩体を形成する．また，大陸地殻の深部に貫入した花崗岩体の周辺には，低圧型変成岩が形成される（§2.4.2参照）．

このような付加作用，広域変成作用そして火成作用をとおして，大陸地殻が成長・肥大化しつつ隆起し，アンデス山脈やロッキー山脈のような陸弧，さらに日本列島のような島弧が形成されたと考えられる．これらの一連の作用を**沈み込み型造山運動**とよんでいる．

(2) 大陸衝突型造山帯

上で述べた海洋プレートの沈み込みが続くと，大陸間の大洋底は地球内部へ潜り込み，失われてしまう．それは海洋プレートの沈み込みが海嶺での拡大を上まわる場合に起こり，その結果として，大陸どうしの衝突が起こる．大陸地殻はマントルに対して浮力があるので深部まで沈み込むことができず，強い圧縮を受ける．地殻の水平方向の圧縮によりつくられる典型的な地質構造は，褶曲と逆断層（衝上断層）である．特に**大陸衝突帯**では，水平に近い**押しかぶせ断層**や**横臥褶曲**が形成され，それらにより岩体が水平方向に移動した**ナップ**が発達する．また，大陸間にあった海洋地殻の一部を絞り出したり，広域変成岩や花崗岩を形成しつつ，隆起が進行して大山脈を形成する．大陸衝突型造山運動では大規模なマグマの発生を伴わず，大陸地殻を新しく生産することはほとんどないのが特徴である．世界の屋根といわれるヒマラヤ山脈やアルプス山脈は，新生代の**大陸衝突型造山運動**によって形成されたものである．

a．ヒマラヤ

プレート運動の復元によれば，パンゲアの分裂開始時にアフリカ大陸東岸と南極大陸に挟まれていたインド亜大陸は，白亜紀末には当時のインド洋の中央部にあって，年間約10 cmのスピードで北上し，50 Ma頃にユーラシア大陸に衝突し始めたと考えられている．衝突以降，速度は半減したが，現在も北上を続けている．ヒマラヤ山脈を構成する岩石は，もともとはインドプレート上の**テチス海**に堆積した地層が衝突による短縮を受け，一部は広域変成岩となって上昇してきたものである．エベレスト山頂直下などでよく知られている黄色い地層（イエローバンド）は，もともとは海底に堆積した石灰岩が変成したものである．25 Maから山脈が隆起し始め，チベット高原は約8 Maから高くなってきたといわれている．その間に3,000 km程度のプレートの収束があったと推定され，チベット高原は約70 kmの地殻の厚さと，5,000 mを超える平均高度をもつに至っている．ヒマラヤ山脈では特に**衝上断層**の発達が顕著であり，衝突初期のインダス-ツァンポ縫合帯の形成以降，衝上断層の活動の場はヒマラヤ主衝上断層（MCT），ヒマラヤ主境界断層（MBT），ヒマラヤ前縁断層（HFF）の順に，前面（南方向）に向かって若くなっている（図3.24）．

b．アルプス

アルプス一帯は，パンゲアが分裂し始めた三畳紀～ジュラ紀に存在していた北のローラシア大陸と南のゴンドワナ大陸に挟まれたテチス海の海底

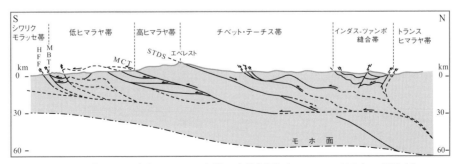

図3.24 ネパール東部ヒマラヤ山脈の南北断面（Brunel, 1986を一部改変）

であり，石灰岩や苦灰岩を主とする炭酸塩岩が厚く堆積した．その後，アフリカ大陸（プレート）とユーラシア大陸（プレート）が衝突して生じた水平方向の短縮によって，これらの堆積層は北へ強く押しだされた．その過程で堆積層は基盤岩石から切りはなされ，押しかぶせ断層（口絵3.3）と横臥褶曲が発達し，ナップ構造が形成した．その移動距離は数10 kmと見積もられている．**アルプス造山運動**により，ヨーロッパアルプスをはじめ，ピレネー山脈，アトラス山脈，カルパチア山脈などが形成した．

(3) **古い時代の造山帯**

上記では，白亜紀から新生代に起こった最も新しい時代の造山運動について，沈み込み型として環太平洋造山帯と，大陸衝突型としてアルプス-ヒマラヤ造山帯の例について解説した．これより前にも，古生代後期（デボン紀後期～ペルム紀）の**ヘルシニア（バリスカン）造山運動**が，さらに古生代前期（原生代最末期～デボン紀前期）の**カレドニア造山運動**が，広い地域で起こっていた（図3.25）．古生代の造山帯は長い間侵食されてきたので，急峻な山脈の形態はとどめておらず，なだらかな高原状を示すところが多い．さらに，先カンブリア時代の原生代と太古代にもたび重なる造山運動が起こり，島弧や小さな大陸を大きく成長させてきたと考えられている．先カンブリア時代に形成された造山帯は，顕生累代以降は安定しているところが多いので，**安定大陸（クラトン）**とよばれている．

3.5 日本列島の発達史

日本列島はかつてユーラシア大陸の東縁に形成された陸弧の一部であったが，中新世の15 Maまでに縁海（日本海）が開いて，現在のような島弧になった．日本列島は，複数の島弧から構成され，東北日本弧，西南日本弧を中心に北海道東部の千島弧，東北日本弧と西南日本弧の境界部から小笠原に向かって伊豆-小笠原弧，九州から琉球列島に至る琉球弧に区分されている（図3.26）．いずれも明瞭な**弧-海溝系**をなしている．

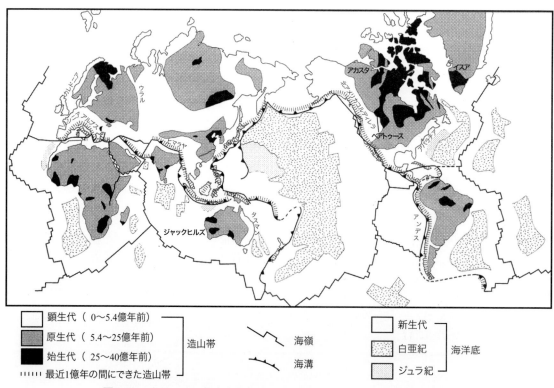

図3.25 世界の造山帯と大陸および海洋底の年代（丸山，1998に加筆）
太字の地名は40億年前後の年代値が報告されている地域．

3.5 日本列島の発達史

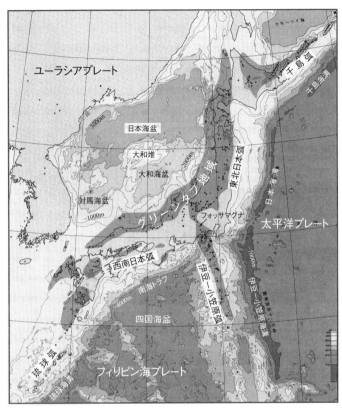

図 3.26 中新世以降の火成活動域と日本海の地形（地質調査所，1982，日本地質アトラス，に加筆）
日本海側およびフォッサマグナ地域の連続した火成活動域をグリーンタフ地域とよぶ．

　図 3.27 に，貫入岩（深成岩）や噴出岩（火山岩，火山砕屑岩）を除いた日本列島の地質区分の骨組みを示す．これを見ると，日本列島の地質体が帯状をなすことが明瞭である．また，一部の例外（飛騨帯，南部北上帯，舞鶴帯など）を除いて，区分された地質体の多くが，古生代から新生代までの付加体およびその付加体深部で形成された変成帯から構成されている．また，日本列島は主要な断層（構造線）によって大きく区分されており，中新世より前の地体構造は**棚倉構造線**によって，西南日本と東北日本に区分されている．さらに，西南日本は，日本で最も長い断層の1つである**中央構造線**によって，その北側の内帯と，南側の外帯に区分されている．一方，中新世以降の地体構造は**糸魚川–静岡構造線**とその東側の**フォッサマグナ**によって，西南日本と東北日本が区分されている．

　日本海の形成に引き続き，丹沢や伊豆などの伊豆弧の構成岩体が本州弧に衝突することにより，中部〜関東地方の地質構造の折れ曲がり（対曲）が形成された．そこで，日本列島の地史を日本海形成前と形成時および形成後に分けて記述する．

3.5.1 東アジアの活動的縁辺部としての日本：付加体成長の時代

　日本列島に存在する最古の岩体は，約5億年前（カンブリア紀）に生成したものである．そのような古い岩石は南部北上帯とそれに対比される黒瀬川帯，飛騨外縁帯などに存在する．日本最古の化石（地層）も，飛騨外縁帯の一重ヶ根温泉で見つかっているオルドビス紀の微化石（コノドント）である．この時期には，ゴンドワナ超大陸が南半球〜赤道付近に存在していた．南部北上帯や黒瀬川帯などで見つかっているシルル紀やデボン紀のさんご化石の存在は，その生息地が暖かく浅い海であったことを物語っている．この当時の東アジアの大きな大陸は，揚子地塊（南中国地塊）と考えられており，沈み込む海洋プレートの名残

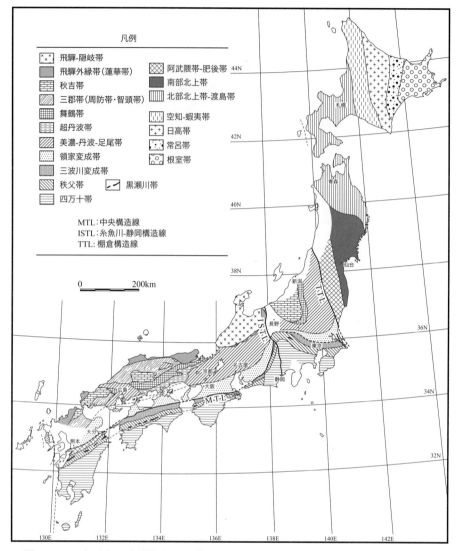

図 3.27 日本列島の地質構造区分（Ichikawa, 1980 を一部改変，図作成：新井宏嘉）

りであるオフィオライトが，大江山や野母半島に存在する．

古生代後期に入ると，プレートの沈み込みに伴い，ひすいの産地として有名な糸魚川周辺を構成する高圧型変成帯（蓮華帯）を形成した．また，大陸縁辺部には秋吉台の石灰岩地帯を中心とした付加体で特徴づけられる秋吉帯や，浅海堆積物を中心とした舞鶴帯が形成された．この時期には超大陸パンゲアが形成されており，ペルム紀末期頃には揚子地塊はその北側の中朝地塊（北中国地塊）と衝突し，その深部では超高圧変成岩が生成した．また，この時期から活動し始めた花崗岩類や高温型変成岩類が，飛騨帯の骨組みをつくっている．

三畳紀に入ると，中国地方〜九州北部に広く分布する高圧型変成帯（三郡変成帯）が形成される．日本列島の骨組みの基本は付加体で特徴づけられるが，最も広く分布しているのは，ジュラ紀の付加体である．西南日本内帯では，西から丹波・美濃・足尾帯，外帯では秩父帯（三宝山帯を含む），東北日本では北部北上帯などがこれにあたり，その北方延長は北海道西部の渡島帯からロシアの沿海州（シホテアリン）に至ると考えられている．

白亜紀に入ると，さらに海洋側へと付加体が成

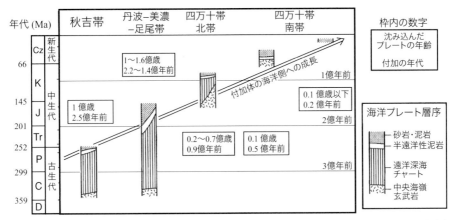

図 3.28 海洋プレート層序による西南日本付加帯の区分（磯崎・丸山, 1991 を一部改変）

長し，九州〜関東に至る最も長い四万十帯（北帯）が形成される．この当時付加体深部に潜り込んでいた堆積岩や玄武岩類は高圧変成作用を受け，その後上昇して三波川帯が形成された．近年報告されているジルコンの U-Pb 年代から，三波川変成岩の原岩はジュラ紀付加体ではなく，白亜紀付加体であることが多くの地域で明らかにされており，従って三波川変成帯の大部分は四万十帯に対比されている．一方，その大陸側ではマグマ活動が活発になり，大量の花崗岩体が内帯に形成されるとともに，その周囲に低圧高温型変成帯である領家帯が形成された．およそ 1 億年前に，このマグマ活動場の南縁部に中央構造線が発生した．北海道では高圧変成岩である神居古潭変成帯が形成され，おもにオフィオライトから構成される空知層群と，その上に前弧海盆堆積物である蝦夷層群が累重した．一方その海洋側には，プレートの沈み込みに伴う付加体（空知-蝦夷帯東側のイドンナップ帯）が形成された．

古第三紀に入ると，四万十帯（南帯）の形成が引き続き，海洋側へと日本列島の前身は成長する（図 3.28）．一方，北海道では日高変成帯が形成された．

以上まとめると，日本列島の前身はおもに付加体から構成され，それが太平洋側に成長するとともに，より古い地質体が断層を隔ててより構造的上位に存在する（ナップ構造をなす）．これが，基本構造である．しかし，その基本構造形成とは異質の出来事が，新第三紀中新世（20〜15 Ma）に発生した．日本海の形成，言い換えれば島国としての日本列島の誕生である．

3.5.2 日本海の形成と日本列島の回転

日本海は大陸の縁辺に位置しているものの，広い大陸棚はなく，2,000〜3,000 m の深海底が広がっている．たとえば，富山湾は急激に深くなり，水深 1,000 m に達している．したがって，富山湾の底から見上げると，立山周辺は 4,000 m 級のアルプス並みの険しい嶺がそびえたっているように見えるであろう．日本海の中央には大和堆とよばれる地塁状の高まりがあり，海底掘削から大陸の断片と考えられる花崗岩類や堆積岩が知られているが，それを取り巻く日本海盆，大和海盆，対馬海盆には海洋性の地殻が存在する（図 3.26）．したがって，**日本海**は大陸が裂けて，海底が拡大して誕生したものである．この地溝帯は徐々に広がり，新第三紀中新世のおよそ 2,000 万年前に玄武岩質の火成活動が活発化するとともに海水が侵入したことが明らかにされている．

日本列島に分布する新第三紀の火山岩類の古地磁気学的研究により，およそ 1,500 万年前頃までには日本海は急速に拡大し，東北日本弧は反時計まわりに，西南日本弧は時計まわりに回転しつつ太平洋側に押し出された結果，現在の逆 "く" の字型の日本列島の原型ができたと考えられている（図 3.29）．ただし，その当時東北日本は海域にあり，西南日本は陸域で，一部が海域にあるという状態であった．この東北日本や西南日本の日本海側およびフォッサマグナ地域では海底下で激しい火山活動が発生し，それらの火山岩や火山砕屑

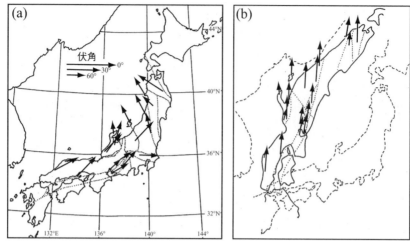

図 3.29 16 Ma より古い漸新世〜前期中新世の岩石の古地磁気方位(a)と，それに基づき復元した日本海拡大前の日本列島の位置(b)（Hirooka, *et al.*, 1990 より抜粋）
15 Ma 頃に西南日本が時計まわり，東北日本が反時計まわりに回転した．

岩は変質を受けて緑色に変わっていることが多いため，**グリーンタフ**と総称されている（図 3.26）．日本列島が今のような陸地になったのは，鮮新世以降である．

3.5.3 島弧の衝突

日本海の形成が終了に向かっていた 16 Ma 頃から，本州弧に対して，それとほぼ直交する**伊豆-小笠原弧**が衝突し始めた．12 Ma 頃に櫛形山塊が，引き続き御坂山塊が，5 Ma 頃には丹沢山塊が次々と多重衝突し，1 Ma に伊豆が衝突して現在の半島を構成したと考えられている（図 3.30）．これらの時期は，衝突する前の火山島と本州弧との間にあったトラフを充塡する堆積物や化石の検討によって，浅海化〜陸化した時期に基づき考察されている．この衝突によって，すでに存在していた中央構造線や西南日本の帯状の地体構造が折れ曲がったのである．衝突の方向は北西であり，これは**フィリピン海プレート**が北西に移動して**南海トラフ**に沈み込んでいることに伴っている．

3.5.4 活動を続ける日本列島
(1) 日本列島の地震と活断層

日本列島が生きていることは，地震や火山活動によって，身近に感じることができる．特に地震は予知（予測）が難しいだけに，災害への対応がしばしばクローズアップされている．ここでは，地震と活断層について取り扱う．

活断層とは，「最近の地質時代に繰り返し活動し，今後も活動する可能性のある断層」と定義されている．最近の地質時代とは，一般には第四紀の数 10 万年前以降とされているが，第四紀更新世後期（13〜12 万年前）以降として定義されることも多くなってきた．したがって，そのような

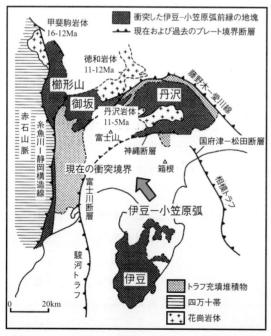

図 3.30 日本列島に衝突した伊豆-小笠原弧前縁部の地質構造区分（酒井，1992）

3.5 日本列島の発達史

図 3.31 淡路島北部平林に表れた地震断層（野島断層）
右横ずれ成分約 2 m，逆断層成分約 1 m をもつ．b の白線は，断層面が相対的に動いた軌跡を示す条線のトレース（1995年 3 月 9 日撮影）．

若い時代の堆積物を切断して変位させた証拠が見つかれば，それは活断層といえる．1995年の兵庫県南部地震に際して淡路島に地震断層として出現した野島断層（図3.31）は，国民に活断層という言葉をひろく浸透させた．しかし，活断層が地震をもたらすという可能性があることから，すべての活断層が危険であると直結して考える必要は必ずしもない．つまり，活断層には活発なものとそれほど活発ではないものがあり，内陸性活断層の場合は地震を起こす周期が 1,000 年〜10,000 年オーダーと大変長いからである．活断層の活動性を評価するためには，活断層の過去の活動履歴を調査する必要がある．活断層の露頭は限られているため，近年ではトレンチを掘削して，地層の年齢を ^{14}C 法をはじめさまざまな方法で決定し，地層の切断関係や変位量を測定して，活断層の過去数万年程度の平均変位速度を決定する試みがなされている．松田（1975）は，活断層の平均変位速度を，AA 級（> 10 m/1,000 年），A 級（1〜10 m/1,000 年），B 級（10 cm〜1 m/1,000 年），C 級（1〜10 cm/1,000 年）と区分した．AA 級はサンアンドレアス断層など，プレート境界断層

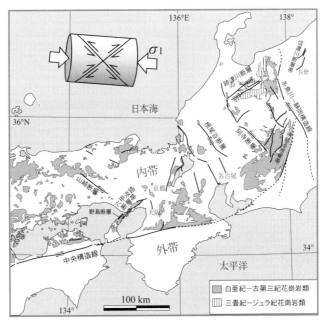

図 3.32 中部〜近畿地方周辺のおもな活断層の分布（名前を付したものは A 級活断層）
この地方の西南日本内帯に活断層が多く，日本列島がほぼ東西に圧縮されていることが，活断層の運動センスを決めている．

にほぼ限られる.

内陸の活断層で最も活発なものがA級活断層であり，日本では四国の中央構造線や跡津川断層，阿寺断層，根尾谷断層（図3.32）などがA級活断層に属し，西南日本の内帯に集中して存在する．この図に示された活断層の走向と運動センスには明瞭な関係があり，北東-東北東走向をもつ跡津川断層，兵庫県南部地震を起こした野島断層を含む六甲-淡路断層帯，中央構造線などは右ずれ，北西走向をもつ糸魚川-静岡構造線，阿寺断層，根尾谷断層，山崎断層などは左ずれである．これは，日本列島が太平洋プレートやフィリピン海プレートの移動方向と調和的に西北西-東南東方向に圧縮されているからである（図3.32）．したがって，断層の走向がこの圧縮場に直交し，傾斜している活断層（信濃川断層帯，伊那谷断層帯など）は，逆断層である．図3.30に示された衝突境界である国府津-松田断層や富士川断層も，逆断層としてのA級活断層である．

関西は関東に比べて地震が少ないため，兵庫県南部地震の前は，地震防災の意識が必ずしも高くはなかった．しかし，活断層の分布を見ると，関東に比べて中部や関西には活断層が集中していることがわかる．それではなぜ関東に地震が多いのであろうか．それは，関東の地震の大部分は太平洋プレートとフィリピン海プレートの2つのプレートの沈み込みに伴う地震であり，それらの地震の頻度が内陸の活断層の地震の頻度よりも一桁以上高いAA級に相当するためである．プレート移動速度が年間1〜10 cm程度であることからも，このことが理解されよう．沈み込み帯の地震（海溝型地震）は頻度が高いだけではなく，地震の規模を示すマグニチュードも大きく，8.0を超えることもある．過去の歴史をさかのぼって調べられている**地震の再来周期**から，南海，東南海，東海沖地震の予測が最重要課題としてあげられている（図3.33）.

逆に，内陸の活断層に伴われる地震は，その本震の震源の深さが通常20 kmよりも浅いことから，A級活断層で再来周期が1,000年であっても，M 6〜7程度の地震が起きると大きな被害に結びつきかねない．特にその震源が人口集中域直下にある場合は，直下型地震として大きな災害をもた

らす．内陸地震は地殻の弱面である活断層に沿って繰り返し何度も生じていることから，活断層の存在の把握やその活動性の評価は，地震防災上欠くことができない．1995年1月の兵庫県南部地震以降，日本列島は地震活動が活発になっているようにみえる（表3.1）．

(2) 海成段丘が語る地震の周期

河川や海岸に沿った河床や浅海底では，侵食および堆積作用により平坦な地形が形成される．それらの形成後に地盤が隆起すると，平坦面はその後の侵食を受けながらも一定の高度に沿って広がり，平坦面と急崖が階段状に配列する地形である段丘をなす．河川で形成したものは**河成段丘**（河岸段丘），海岸で形成したものは**海成段丘**（海岸段丘）とよぶ．特に海成段丘には，気候変動などに伴う海水準の変動を記録するほか，完新世のプレートの沈み込みに伴う地震を記録するものもあ

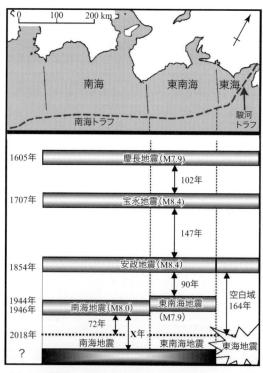

図3.33 南海トラフへのフィリピン海プレートの沈み込みに伴う過去400年の地震の履歴（中央防災会議資料）

史料は100〜150年周期で南海，東南海，東海地震と連動してM8クラスの巨大地震が発生してきたことを示す．1498年にも明応地震（M8クラス）が発生したと考えられている．

表 3.1 兵庫県南部地震以降の内陸地震の履歴
（>M6.5, >最大震度6弱）

発生年月日	名称	Mj	最大震度
1995.1.17	兵庫県南部地震	7.3	7
2000.10.6	鳥取県西部地震	7.3	6強
2004.10.23	新潟県中越地震	6.8	7
2005.3.20	福岡県西方沖地震	7.0	6弱
2007.3.25	能登半島地震	6.9	6強
2007.7.16	新潟県中越沖地震	6.8	6強
2008.6.14	岩手・宮城内陸地震	7.2	6強
2011.3.12	長野県北部地震	6.7	6強
2011.4.11	福島県浜通り地震	7.0	6弱
2014.11.22	長野県神城断層地震	6.7	6弱
2016.4.14/16	熊本地震	7.3	7が2回
2018.9.6	北海道胆振東部地震	6.7	7

Mj：気象庁マグニチュード

丘が知られており，より小さな段丘を含む段丘面の形成時期の解析から，大地震の間隔が400～500年と見積られている．図3.34は館山市西岬付近の海岸地形であり，元禄関東地震で隆起した海食台（標高4.5m）と，大正関東地震で隆起した波食棚（ベンチ：標高1.5m）がよく保存されている．

(3) さらに成長する付加体

火成岩体を除く日本列島の骨組みが，おもに付加体から構成されることはすでに述べた．この付加体は，プレートの沈み込み帯のどこでも形成されるものではなく，たとえば太平洋プレートが沈み込む日本海溝では付加体はなく，フィリピン海プレートが沈み込む南海トラフで，付加体が発達している．図3.35の南海トラフの地震反射断面には，プレート上面の水平に近い逆断層（デコルマ）と，そこから派生する数多くの逆断層および褶曲が示されている．我が国が建造した地球深部探査船「ちきゅう」で，南海トラフを掘削する計画が実行されている．それにより，プレートの沈み込みに伴う地震発生帯の地球物理学的，地質学的検討が大いに進むものと期待されている．また，海底下7kmの世界初のマントルへの到達も期待されている．

(4) 世界で最も発達しているGPS観測網

以上述べてきたように，プレート収束域である日本列島は，地震活動や火山活動を伴う非常に活動的な位置に存在している．今後，特に地震防災に役立てるためにも，このような島弧の中の歪を常時観測するうえで，大きな武器になるのはGPSである．国内ではこのGPS受信基地が国土地理院によって急速に整備され，日本列島の中の変位が短時間に手に取るようにわかるようになってきた．たとえば，図3.36は1997年の6カ月

図 3.34 2回の関東地震を記録している館山の段丘面（写真：上條孝徳氏）

る．すなわち，プレートの沈み込み帯で地震が発生する時に，弾性反発に伴う隆起を記録しているのである．たとえば，房総半島南端では，特に規模の大きな大地震に伴う隆起により4段の海成段

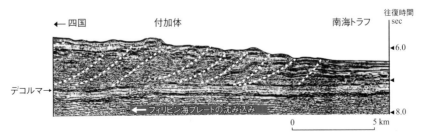

図 3.35 室戸岬沖の南海トラフの人工地震反射断面（第一学習社「新訂地学図解」より一部加筆）
白破線は想定される断層，断層に挟まれた部分には褶曲が認められる．

86　3　地球の変動

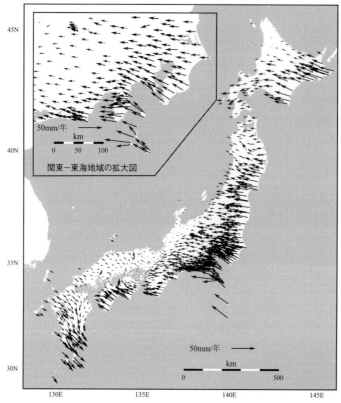

図 3.36 GPS による日本列島のユーラシアプレートに対する相対地殻水平変動
観測期間は 1997 年 1 月〜 7 月（Sagiya *et al.*, 2000）．

間の水平変位ベクトルを示したものである．東北日本と西南日本の太平洋側の矢印は，おのおの太平洋プレートとフィリピン海プレート運動を反映（沈み込むプレートに上盤の陸地のプレートが固着して移動）していることを示す．ただし，九州の太平洋側への矢印は観測中に日向地震が起こったために，上盤のプレートが地震時に反発した時の変位を反映している．このように，プレートの沈み込み帯で発生する海溝型地震の予測に必要な沈み込み帯の固着の状況や地殻内の歪がどこに集中しているかなどの情報を得るために，GPS 観測網は威力を発揮している．

4 地球の誕生と進化

地球は46億年前の誕生から,火の玉惑星,水惑星,陸-水惑星,生命の惑星,そして文明の惑星へと進化してきた(松井,1996).その進化の過程で起きた大きなイベントとして,微惑星の衝突・付加による惑星への成長と初期の成層構造の形成,月の誕生,原始海洋の形成,プレートテクトニクスの始まり,花崗岩質大陸地殻の形成,原始生命の誕生,地球磁場の形成と海洋における光合成生物の繁栄,超大陸の誕生とその後の分裂と衝突,全球凍結,5億4千万年前の硬骨格生物の出現と引き続く生物の大繁栄などがある.本章では,地球に刻まれた地球誕生以来のこれらのイベントを取り上げながら地球の進化過程を考える.

4.1 地球の誕生からその後の進化
4.1.1 惑星地球の進化過程

地球の進化とそれに伴うサブシステムへの分化の経路は,図4.1のように示される.

現在の地球がもっている内核・外核・マントル・海洋地殻・大陸地殻・海洋・大気という成層構造は,地球誕生時にすぐにできたわけではない.地球の進化の結果としてつくられてきた構造である.原始地球は,微惑星の集積により誕生した.誕生初期段階では岩石が融解したマグマの海であるマグマオーシャンが地球表層を覆い,高温高圧の厚い原始大気がそれを取り囲んでいたと考えられている.そして,地球形成の材料物質のうち密度の大きい金属鉄は中心部に落ち込み,核と初期マントルをつくることになる.現在の核は固体の内核と液体の外核からなっているが,誕生初期から太古代(始生代)にかけての地球の核はすべて液体であったと考えられている.地球の冷却とともに,核の温度も徐々に低下し,内部で結晶化が起こり,固体の内核を形成した.固体核の誕生は26億年前ころとされる(Hale, 1987).外核の冷却に伴う活発な対流は地球磁場の形成に密接にかかわっている(第1章参照).強い地球磁場は,生物を有害な太陽風から防御するための第1段階のバリアとして機能している.

原始海洋は,高温高圧の原始大気の冷却により,H_2O が液体の水として大気から分離されること

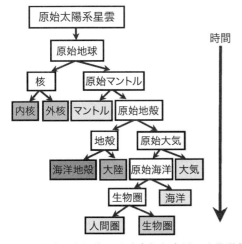

図 4.1 地球誕生以後の地球内部と表層の分化過程(鳥海,1996を改変)

で形成された．この水の起源が固体地球をつくった材料物質からの脱ガスによるものか，それとも遅れて集積した H_2O を多く含む天体起源であるのかが問題となる．地球は誕生以来，その大気組成を著しく変化させてきた．地球大気の酸素含有量が現在のレベル（PAL）に近くなったのは原生代末とされる．酸素過剰型の地球大気の形成にはシアノバクテリアが貢献しており，上層にオゾン層が形成されることになる．これは古生代に入ってからとされている．その結果，生物を紫外線から守ってくれる第2のバリアができたことになり，生物の上陸が可能な環境がつくられたことになる．紫外線を防ぐオゾン層は光合成生物のつくり出した環境といえる．酸素過剰大気は，生命が酸素呼吸をしてエネルギーを獲得する効率のよい機能をもつことにつながり，生物が古生代に入って大繁栄をするとともに大型化するなど，より高度の構造と機能をもつように進化していったことに関係している．

4.1.2 地球誕生から現在までの大きな年代区分と事件

地球の歴史46億年は，誕生から現在に向けて大きく，冥王代・太古代・原生代・顕生累代に区分される（年代表参照）．冥王代は，地球誕生から約40億年前までの時代をさす．生命が大繁栄をした顕生累代は現在に至るまでのわずか5億4千万年間に過ぎない．全地球史の大半の約34億年間は，太古代と原生代である．原始生命が誕生して約40億年といわれ，そのうちの約34億年間は微生物の時代である．それが顕生累代に入り爆発的に高等な生物が大繁栄を始める．この生命のカンブリア爆発にとって，地球史の大部分を占める太古代や原生代はどのような意味をもっていたのだろうか．生命が大繁栄を始める直前の原生代の末には，地球全体が氷に覆われた**全球凍結**（スノーボールアース）があったことが指摘されている．全球凍結はその後の生命の進化にどのような影響を与えたのかに注目が集まっている．

生命が大繁栄を始めるカンブリア紀までの約40億年の時間は生命大繁栄のために必然であったのだろうか，それとも偶然の積み重なりであったのだろうか．答えは，多分，その両者であろう．

4.2 原始太陽系星雲から惑星の形成

冥王代は地質学的証拠がほとんど残されていない時代である．しかし，この間に起こったことはその後の惑星地球の進化過程の重要な初期条件となっている．ほとんど証拠がないことから，コンピュータシミュレーションを駆使した議論が行われている．原始太陽系星雲からの惑星成長プロセスもその例である．一方，最近の惑星・太陽系の探査は徐々に，太陽系誕生初期に起こったことの証拠を提供してくれている．

4.2.1 現在の太陽系天体と構造

太陽系の惑星は，従来，**地球型惑星**と木星型惑星に分けられてきた．しかし，近年の惑星探査，特に太陽系の外側の天体の探査（たとえば，NASAのニューホライズンズ）の進展により太陽系の惑星についての詳細が把握されるようになり，現在ではこれまでの木星型惑星を2つに区分し，**木星型惑星**と**天王星型惑星**（海王星型惑星ともいう）とするようになった．地球型惑星は水星・金星・地球・火星であり，太陽の近くに位置し，主として固体の岩石物質で構成され，小さいことが特徴である．木星型惑星は，木星・土星であり太陽系の外側に位置し，大半がガスで構成され，巨大である．天王星型惑星は天王星・海王星であり，太陽から遠く離れ，氷に覆われた岩石物質の核をもち，表面がガスに覆われている．火星と木星の間には多数の小惑星が存在する小惑星帯のメインベルトがある．惑星に分類されるか否かで話題になった天体に冥王星がある．それまで冥王星は太陽系の9番目の惑星に分類されていたが，近年の研究により，太陽系の外側に**カイパーベルト**（またはエッジワース・カイパーベルト）とよばれる氷を主成分とする天体が円盤状に多数分布する領域があり，冥王星と類似の天体が多く存在することがわかってきた．その結果，2006年の国際天文学連合の総会で，冥王星は惑星から外れることになり，新たなカテゴリーの**準惑星**に区分されることになった．現在，5つの天体（冥王星，エリス，ケレス，マケマケ，ハウメア）が準惑星として認定されている．カイパーベルトは短周期彗星の起源と考えられている．カイパーベルトの外側には，**オールトの雲**とよばれる氷を主成分と

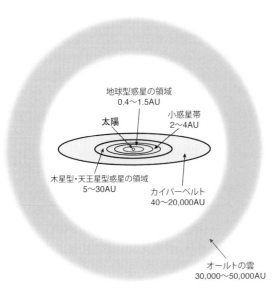

図 4.2 太陽系の構造. 阿部 (1996) を改変. AU は天文単位.

する小天体が無数に球状に広がる領域があり、長周期彗星の起源と考えられている。以上のような構造を模式的に図 4.2 に示す.

4.2.2 地球集積

太陽系は，ガス（おもに水素分子と一部ヘリウム）や塵を含む星間雲の凝縮によって，原始太陽とそれを取り囲む原始太陽系星雲から出発したとされている．質量の大部分は原始太陽に集中

し，残りの**原始太陽系星雲**がその後の惑星形成の材料物質となる．現在の太陽系の全天体の質量の約 99.87 % は太陽の質量とされる（井田・中本，2015）.

原始太陽を取り巻く原始太陽系星雲において凝縮が進むと，円盤状に塵が濃集した層ができる．塵の密度が高くなると相互に重力で引き合うようになり，塵が集積した塊ができてくる．これが微惑星である．太陽系形成モデルから求められた**微惑星**の大きさは，地球軌道付近で質量 10^{15} kg, 直径約 10 km, 太陽系内で 10^{10} 個ほど形成されたとされる（阿部，1996）．最近の研究成果をもとにまとめられた太陽系惑星形成直前の物質分布の累帯構造を図 4.3 に示す.

原始太陽からの距離による集積物質の違いは惑星の進化を考えるうえで重要な要素であり，その観点から，まず地球誕生時の位置である太陽から 1 天文単位 (AU) の距離での集積物質と集積プロセスを考える必要がある．ここで重要なのが，H_2O が氷として存在できる 2.7 天文単位に位置する**スノーライン**（雪線，凍結線）である．スノーラインよりも内側では温度が高いため H_2O は凝固せず，岩石や酸化物，金属鉄からなる岩石質の微惑星ができ，外側では H_2O が凝固するため氷が大部分を占める微惑星ができる（阿部，2015）．地球の誕生位置では材料物質に氷が存在

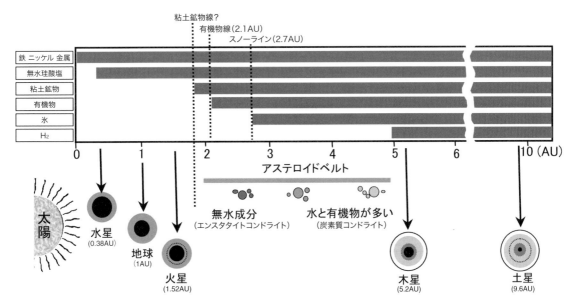

図 4.3 太陽系惑星形成直前の化学組成の累帯構造（丸山，2016 を改変）

できないことから，最近は，地球集積初期の材料物質はドライな始原的隕石として知られる**エンスタタイトコンドライト**に対応する微惑星であったと考えられるようになった．そうすると問題となるのが地球の水の起源である．地球集積の間に集積した微惑星の組成が同一であるとする**均質集積モデル**では説明できなくなる．集積初期と末期で集積した微惑星の組成が異なるとする**不均質集積モデル**が要請されることになる．丸山（2016）は，地球形成の二段階モデルとして，Advent of Bio-Element Landing（ABEL）モデルを提唱している．このモデルによれば，まず無大気・無海洋の地球−月系がエンスタタイトコンドライトに対応する微惑星から形成され，そののちに H_2O と有

コラム 4.1 なぜ，小惑星探査なのか

JAXA による小惑星探査機「はやぶさ」は，2003 年 5 月の打ち上げから 7 年後の 2010 年 6 月に小惑星イトカワの塵を採取して地球に帰還した．60 億 km に及ぶ「はやぶさ」の旅は幾多のトラブルを乗り越え，月以外の太陽系天体から試料をもち帰った最初の例となった．試料は複数の研究グループにより詳細な分析がなされ，これまで推定されていた普通コンドライト LL 型の母天体のひとつであることが確認された．そして，「はやぶさ 2」は 2018 年 8 月に小惑星リュウグウに到達し，観測データを送り続けていたが，9 月 22 日には小型ロボット探査機ミネルバ II がリュウグウへの着地に見事に成功した．探査が順調に進めば，本体の軟着陸とサンプル採取を試み，2020 年に試料を地球にもち帰るはずである．

小惑星帯（メインベルト）は火星軌道と木星軌道の間にあるが，小惑星イトカワ（大きさ：全長約 500 m，幅 200〜300 m，写真左）とリュウグウ（大きさ：約 900 m，写真右）はともに地球軌道に近い**地球近傍小惑星**である．小惑星は反射スペクトルの特徴からいくつかのタイプに分けられている．イトカワはおもな材料物質が岩石質 "stony" であることから S 型小惑星に区分され，普通コンドライトと同一物質であると推定されていた．「はやぶさ」がもち帰った塵の分析からこのことが確認された．イトカワの母天体は 46 億年前に誕生し，直径は約 20 km 以上あったとされ，内部は 800 ℃ に達する高温であった．その後，天体の衝突で砕け散った母天体の破片が集まってできたのがイトカワである．一方，「はやぶさ 2」がターゲットにしている小惑星リュウグウは，C 型小惑星とよばれるグループに属し，炭素質コンドライトに対応する小惑星で，太陽系誕生当時の有機物や含水鉱物をもっていると考えられている．地球の水の起源や生命誕生とかかわる有機物の起源を探るミッションでもある．右の写真は「はやぶさ 2」が距離約 20 km から撮影した小惑星リュウグウである．水や有機物の存在が注目されており，サンプルリターンの成功を含め，今後の探査成果に大いに期待したい．

左：はやぶさが撮影した小惑星イトカワ（画像：JAXA）
右：はやぶさ 2 が撮影した小惑星リュウグウ（画像：JAXA・東京大・高知大・立教大・名古屋大・千葉工大・明治大・会津大・産総研）

機物を多く含む**炭素質コンドライト**に対応する微惑星が集積することで大気海洋成分が付加されたとしている．その根拠のひとつとして，エンスタタイトコンドライトの同位体の特徴が地球と一致するが，炭素質コンドライトや普通コンドライトは一致しないことをあげている．また，このモデルを支持する証拠として，最古の地質学的証拠として知られる Jack Hills の砕屑性ジルコン結晶に対する研究成果（Wilde *et al.*, 2001）を取り上げ，微量セリウムイオンの酸化数から，地球誕生初期は大気海洋をもたない惑星が形成され，非常に還元的なマントルをつくり，次に炭素質コンドライトのような揮発性成分を多く含む材料物質の集積で加水された部分が酸化的になったとしている．Wilde *et al.* (2001) によれば，44億年前には既に大陸地殻と海が形成されていたとしている．この ABEL モデルは従来からある原始大気のレイトベニヤ説を発展させたものととらえることができる．

　地球の水と有機物は「生命の惑星」になるための必須の条件で，その起源の解明は最重要テーマである．地球の水の起源がどこにあり，生命に必須の材料物質である有機物が太陽系内でどのような場に存在しているのかの実証的研究として，太陽系の外側の天体の探査が精力的に進められている．冥王星やその惑星の探査を目的としてNASA のニューホライズンズやドーン，彗星の核に軟着陸したヨーロッパのロゼッタミッション，小惑星からのサンプルリターンを目的とした我が国の JAXA のはやぶさ，はやぶさ2（コラム4.1参照）のミッションなどがあげられる．たとえば，NASA のニューホライズンズは，最近，冥王星とその衛星**カロン**を詳しく探査し，冥王星が現在でも表層の活動を示し，表層の H_2O の氷の地殻を確認するとともに，その下に液体の H_2O が存在することが示唆されている．また，これまでも太陽系の氷天体で報告されていた赤色を呈する**ソリン**（Sagan and Khare, 1979）とよばれる有機物の集合体が，冥王星とその衛星カロンでも大量に存在することが判明している．

4.2.3　隕石の衝突
(1)　隕石衝突の例

　月には隕石衝突による**クレーター**がたくさん存在する．これらはいずれもきわめて古く，30数億年以上前につくられたものである．地球－月系の誕生後，約39億年前には太陽系の内側において集中的に隕石が降り注ぐ事件，**後期隕石重爆撃**（late heavy bombardment）があったとされている（Koeberl, 2003）．これは，アポロ探査などで得られた月の岩石の年代測定とクレーター年代学の結果からわかってきたことである．この時期の激しい隕石衝突に関しては，月よりも質量の大きい地球にはさらに多くの隕石が降り注ぐはずであり，それにより当時存在していた海洋水はすべて蒸発し大気圏に移ってしまったとする説もある．ただし，直接的な証拠はなく明確なことはわかっていない．

　地球には隕石衝突の跡はごくわずかに残されているだけである．これは，地球にプレートテクトニクスが機能しており，現在地表面の約7割を占める海洋の年齢が最も古くても約2億年弱であり，それより古い海洋プレートはマントルに沈み込んでしまっていること，さらに，約3割を占める大陸プレートも表層の風化・侵食プロセスを受けて古い地形が保存されにくい表層環境にあるからである．地球上で最も保存がよいものの1つがアリゾナ州にある**バリンジャー隕石孔**であり，今から

図 4.4　アリゾナ州のコロラド高原にあるバリンジャー隕石孔（直径は約1.2km）

4万数千年前の隕石落下でつくられたものである（図4.4）．そのほか，カナダのマニコーガンクレーターやオーストラリアのゴッシズブラフクレーターなどが有名である．

(2) 隕石の種類とその重要性

隕石は太陽系や惑星の形成とその進化を知る上で貴重な情報源であり，惑星を形成した未分化の始原的隕石と惑星形成初期段階における分化後に破片となった分化した隕石とに大別される（表4.1）．未分化の隕石の中でも，ドライで還元的環境を示すエンスタタイトコンドライトは原始地球の材料となる微惑星を考えるうえで，また炭素質コンドライトは水と有機物の起源を考えるうえで重要である．始原的隕石からは，表4.2に示すように太陽系の形成とつながる年代値が得られている．

炭素質コンドライト（口絵4.1）中の難揮発性の包有物には，CaやAlを含む高温で安定な珪酸塩鉱物や酸化鉱物が多く見られ，これらをCAI (calcium-aluminum-rich inclusion) とよぶ．原始太陽系星雲中での高温での凝縮または蒸発の残渣と考えられている．また，太陽系形成時の始原物

表4.1 隕石の分類（Weisberg et al. (2006) をもとに一部改変）

石質隕石	コンドライト	炭素質コンドライト	CI	始原的隕石
			CM	
			CO	
			CV	
			CK	
			CR	
			CH	
			CB	
		普通コンドライト	H	
			L	
			LL	
		エンスタタイトコンドライト	EH	
			EL	
		その他	R	
			K	
	エイコンドライト	始原的エイコンドライト	ユーレイライト	
			ブラチナイト	
			アカプルコアイト	
			ロドラナイト	
			ウィノナイト	
		アングライト		分化した隕石
		オーブライト		
		HED*	ホワルダイト	
			ユークライト	
			ダイオジェナイト	
		月起源隕石		
		火星起源隕石	SNC シャゴッタイト	
			ナクライト	
			シャシナイト	
			その他	
石鉄隕石	パラサイト，メソシデライド			
鉄隕石	IAB**, IC, IIAB, IIC, IID, IIE, IIIAB, IIICD**, IIIE, IIIF, IVA, IVB			

*小惑星ベスタ起源と考えられている．
**Weisberg et al. (2006)では始原的エイコンドライトに分類されている．

4.2 原始太陽系星雲から惑星の形成

表4.2 隕石の形成年代と太陽系の形成年代（阿部，1996；原表はAllegre *et al*., 1995）

太陽系の形成		
原始太陽系星雲の形成	4566 Ma	アエンデ隕石のCAIの年齢
微惑星の形成	4563 Ma	最古の普通隕石の年齢
微惑星内部の融解の開始	4558 Ma	最古の玄武岩質隕石の年齢
地球の形成	> 4.45 Ga	鉛同位体から推定された年齢
月の形成	> 4.5 Ga	最古の月表面の岩石の年齢

質としてすでに星間塵に含まれていたと考えられる粒子がコンドライト中に見いだされている．これを**プレソーラーグレイン**とよぶ．ダイヤモンドや石墨，シリコンカーバイド（SiC），コランダム，シリコン窒化物（Si_3N_4）などが知られている．

4.2.4 集積プロセス

微惑星の衝突は，物質の集積による惑星の成長とともに運動エネルギーを変換して惑星内部に熱エネルギーの蓄積を引き起こしたとみることができる．しかし，衝突に伴って質量を失っていく現象もあり，衝突蒸発で生じた珪酸塩蒸気の運動速度が原始地球の脱出速度を超えて，蒸気が宇宙空間に散逸することも考えられる．衝突速度，成長した惑星質量，衝突で起こる現象の関係を図4.5に示す．図中の下のVe曲線は原始地球からの脱出速度を示す．微惑星の衝突速度がVeと$\sqrt{2}Ve$の間となることは理論的に導かれている（阿部，1997）．この図から成長していく原始地球の質量に対して，脱ガス・融解・蒸発が地球集積のどのような段階で可能であるかを読み取ることができる．月の質量に相当する大きさに成長した時点で衝突脱ガスが可能となり，火星よりも少し小さい質量まで成長した場合には衝突融解が，地球サイズよりも少し小さい質量で部分的な蒸発が始まることが予想される．月サイズの天体の場合，このモデルでは衝突融解は起こらないことになるが，実際には月での衝突融解により形成されたガラスが見いだされている．

微惑星の集積が終了すると衝突によるエネルギー供給がなくなり，地球は大局的には内部熱の放出という冷却の歴史をたどることになる．つまり中心部が高温熱源，表層部が低温熱源となって，一種の"熱機関"としての働きをもち，誕生後のダイナミックスの原動力となる．地球のおもな熱源は，微惑星の集積時のエネルギーである．そのほかには，成層構造の生成に伴う重力的安定化により生じるエネルギー，放射性元素の自然崩壊に伴う熱，収縮エネルギー，反応に伴う化学エネルギーなどとされている．地球は46億年前の誕生時に蓄積されたエネルギーを使い続けている生きた惑星ともいえる．地球と比較して，火星がすでにダイナミックな姿を失っているのは，誕生時の集積量が小さく，地球ほどに大きく成長できなかったため，内部に保持されたエネルギー量も小さく，また体積に対する表面積の割合が大きいために惑星内部の冷却がより早く進んだ結果といえる．その点では，地球は適切な大きさの惑星であったといえるのかもしれない．

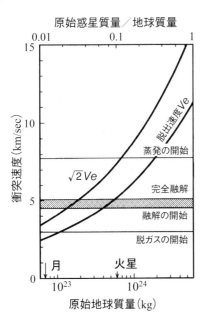

図4.5 天体材料物質の衝突速度と集積で形成した天体の大きさとの関係（阿部，1996）

4.2.5 衝突による融解とマグマオーシャン・核の形成

微惑星の集積が進み，惑星が成長していくと集積に伴って発生した熱エネルギーのために高温になり，集積した材料物質が大規模に融解したと考えられている．これが**マグマオーシャン**である．ここではH_2O等の揮発性成分の起源の問題はとりあえず置いておくことにして，集積からその後のプロセスを考えることにする．仮に均質集積の場合，衝突により材料物質に含まれていた揮発性成分は脱ガスを起こして地球表層を覆う高温高圧の原始大気（二次大気）となる．不均質集積の場合，原始大気の主要部分は集積後期に付け加わることになる．原始大気の主成分はH_2OとCO_2であると考えられている．表層は高温状態が保たれ，初期地球全体を覆うようにマグマオーシャンが存在していたと考えられている．このように地球全体を覆う規模で融解が起これば，珪酸塩溶融体と金属鉄溶融体との分離が起き，密度が大きい鉄は中心部に集まり，最終的に核をつくる．マグマオーシャンの考えは，もともとは月の高地の岩石を説明するモデルとして登場した．月の高地の**斜長岩**は，月誕生初期のマグマオーシャン時に晶出した斜長石がマグマ上層部に浮いて濃集してできたとされている．斜長岩は地球にもあるが，それはマグマオーシャンの産物ではなく，塩基性のマグマから分離した斜長石が濃集し固結した岩石である．

4.2.6 月の成因

地球の衛星である月は特異な存在であり，古くからその成因について多くの説があった．ほかの地球型惑星と比較してみても，水星と金星は衛星をもたず，火星は惑星の大きさに比べてきわめて小さいフォボス（13×11×9 km）とダイモス（8×6×5 km）をもつだけであるのに対し，地球は大きな衛星である月（赤道直径3,475 km）をもっている．月は衛星としては質量がきわめて大きく，地球の約80分の1もある．また，地球―月系の角運動量が大きく，その値はほかの惑星と比べてきわめて大きい．さらに，化学組成が揮発性成分に乏しい，総鉄量が小さい，親鉄元素に乏しく地球のマントルと似ている，平均密度が小さい（表4.3），などの特徴がある．金属核は存在するとしても非常に小さいと推定されており，平均密度からも，そのことが推測される（表4.3）．

コラム 4.2 安定同位体

原子番号が同じ，すなわち同じ元素であっても，質量数の異なる元素が存在する．これは原子核を構成する陽子の数が同じであっても中性子の数が異なるからである．このような元素を同位体という．同位体のうち，放射壊変せずいつまでも安定な同位体を安定同位体という．安定同位体は重さが異なることから物理的・化学的な挙動を異にし，物理的・化学的な過程において分別が生じる．一般的に非平衡な過程においては軽い同位体ほど反応が進みやすく，反応生成物に軽い同位体が濃集する傾向がある．このような性質を利用して，物質の起源，生成過程，生成温度を求めるために安定同位体比が利用される．後者は安定同位体地質温度計とよばれ，同位体では体積に違いがないことから安定同位体地質温度計は圧力に依存しない利点をもつ．安定同位体の分別効果は軽元素ほど大きく現れることから，地質学的には水素，炭素，酸素，硫黄などの軽元素の安定同位体比がよく利用され，水素ではD/H比（Dは重水素：^2H），炭素では$^{13}C/^{12}C$比，酸素では$^{18}O/^{16}O$比，硫黄では$^{34}S/^{32}S$比が一般的に用いられる．各試料の安定同位体の値は，標準物質における安定同位体比を基準にして千分率（‰：パーミル）で表される．たとえば水素の場合，標準平均海水（SMOW）における同位体比を基準とし，次のように試料中の水素同位体のδ値が表される（§6.3.2参照）．

$$\delta D (‰) = \{(D/H)_{試料}/(D/H)_{SMOW} - 1\} \times 1,000$$

このδ値が正であることは，標準物質と比べて試料中に重い同位体が濃集していることを示す．

表 4.3 地球型惑星と月の平均密度（理科年表 2018 年度版）

水星	5.43 g/cm³
金星	5.24 g/cm³
地球	5.51 g/cm³
火星	3.93 g/cm³
月	3.34 g/cm³

さらに重要な特徴として**酸素同位体組成**が地球と同じ特徴をもつことがあげられる（図 4.6）. 酸素には ^{16}O のほかに ^{18}O とわずかに ^{17}O の**安定同位体**（コラム 4.2 参照）が存在する. $\delta^{17}O$ と $\delta^{18}O$ をプロットすると月の岩石も地球と同じ直線（地球分別線）の上に乗る.

月の地質年代は, 月面探査に基づく地質図, クレーター年代学, 月の岩石の放射年代などをもとにして, 図 4.7 のように 5 つに区分されている. 月の成因については従来からいくつかの説があった. おもなものは, 1) 地球の軌道に捕獲, 2) 高速回転する地球から分離, 3) 2 つの惑星として形成, 4) 集積過程の微惑星の分離, 5) 火星サイズの惑星の衝突による分離, などである. 火星サイズの惑星の単一の衝突によるとする**ジャイアントインパクト説**が, 上に述べた月の特徴を最もよく説明できるという点で有力である. ジャイアントインパクトは地球集積末期に起こったと考えられている. 地球と月の酸素同位体組成が同じ線上に乗る（図 4.6）ことから, 月は太陽系誕生時期の地球と同一起源の物質からできたと考えられている. もし,

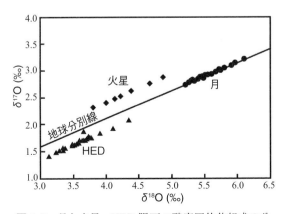

図 4.6 月と火星, HED 隕石の酸素同位体組成の分布（Hoefs, 2004 を改変）

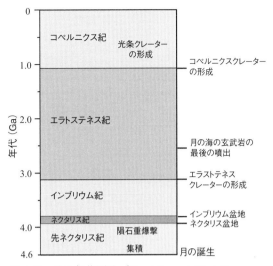

図 4.7 月の年代区分（Hamblin and Christiansen, 2004 を簡略化）

月がジャイアントインパクトによって生成したものであるとすると, 月の総鉄含有量が小さく, 金属核も小さいことから, 月の誕生は地球の金属核の形成後であろう. 月の年齢は約 45 億年であるから, その前にジャイアントインパクトがあったことになる. 地球の質量の 10 分の 1 程度の天体（火星ぐらい）の衝突による月の形成の説明に最も都合のよい衝突の条件が考慮されたコンピュータシミュレーションによる数多くの研究がなされている（たとえば, Benz *et al.*, 1986; Newsom and Taylor, 1989; Cameron, 1997）. 衝突は, 地球の核とマントルが分離した後に, 地球の核を避けるようにして起こったことになる. 図 4.6 に示したように酸素同位体組成が地球と月で同じ直線状に乗ってくることから, 衝突した天体も地球軌道の近傍で軌道運動していた天体とみられている. ジャイアントインパクト説は, 月の特徴の多くの事項を説明できるが, この衝突により地球の原始大気がどうなったのかについて, 以前は揮発性物質はすべて失われると考えられていたが, 最近の研究ではかなりの割合が残ることがわかってきた. 衝突速度にもよるが, 1 回のジャイアントインパクトで 7 割が残り, また, 地表に海があった場合には液体の H_2O は地表に残るとされる（阿部, 2015）. 一方, ジャイアントインパクト説に対する批判もある. 火星サイズの天体が衝突した

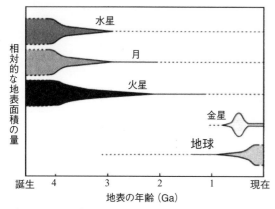

図 4.8 地球型惑星と月の表面年齢の分布の比較（Beatty *et al.*, 1999）

とした場合，月の組成は衝突した天体の組成を大きく反映するはずであるとの見方があり，月はあまりにも組成が地球と似すぎているという批判である．この問題をクリアする新たな説が最近になって登場した．火星サイズの天体の単一の衝突ではなく，より小さな天体の衝突が複数回起こることで月が誕生したとするコンピュータシミュレーションによる新たな説（Rufu *et al.*, 2017）である．この説によれば，微惑星と原始地球の衝突が起こるたびに，原始地球の周りに衝突による破片の輪がつくられ，それが小さな衛星を形成する．そして，それらが集まって最終的に月をつくったとしている．このモデルによれば，地球と月の化学組成が極めて似ていることをこれまでのジャイアン

トインパクト説よりもうまく説明できるとしている．

いずれにしても原始惑星同士の衝突はまれなことではなく，集積末期に数百万年から1000万年に1回程度の頻度で起こったとされている（阿部，2015）．

4.2.7 地球型惑星と月の表面の年代分布

地球型惑星と月の表面の年代分布を図4.8に示す．地球は今でもダイナミックに活動し，地球深部と連動した表層循環プロセスが働いている．そのため，表層の情報は新しい活動によって逐次更新される．海洋プレートがその典型である．海洋プレートはマントルに沈み込むため，古い情報は海洋プレートにはなく，大陸に残されている．水星・月・火星の表面の年齢が誕生初期に集中していることは，これらの天体の活動が早い時期に停止したことを意味する．金星の表層年代が数億年前に集中することはおもしろい特徴である．この時期に表層の年代を塗り替える大規模な変動があったことを物語っている．その後，急激に変動が収束しているように読み取ることができる．このような図からも，ほかの惑星や月と比べ，地球が現在でもいかに活動的な天体であるかがわかる．

4.2.8 地球に残された最古の記録

冥王代と太古代の境界は，地殻物質として地質

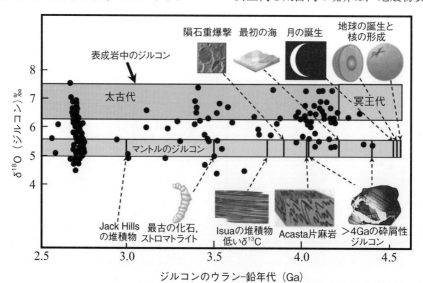

図 4.9 冥王代-太古代のジルコンの年代値，酸素同位体値とおもな事件（Valley, 2006 を一部改変）

学的証拠が残るようになった時代，あるいは生命が誕生した時代ともされるが，必ずしも明確にはなっていない．図4.9には冥王代から太古代にかけてのジルコンの年代値と酸素同位体値およびその間に起こったおもなできごとをあげている．この図では，最初の海洋の形成を42億年前とし，それを冥王代と太古代の境界としている．

4.3 原始大気と海洋の形成

現在の地球大気の対流圏におけるおもな成分の組成は，以下のとおりである．N_2：78.1 %，O_2：20.9%，$H_2O<4$ %（変動する），Ar：0.93 %，CO_2：368 ppm．この組成は地球誕生初期の大気組成とは大きく異なっている．地球誕生から大気組成がどのように変化し，海洋形成にいたったのかを考えてみる．

4.3.1 大気の起源

原始太陽系星雲を構成していたガスを一次大気とよぶ．太陽系誕生時の太陽組成の大気のことであり，地球形成時にすでに周囲に存在していたガスをさす．主成分は水素とヘリウムである．希ガス含有量が低いことやその同位体組成などから，一次大気が進化してその後の地球大気を形成することはできず，地球大気の大部分が集積に伴う固体物質からの脱ガス起源と考えられている．

微惑星集積時に材料物質から発生したガスを衝突脱ガス大気とよび，二次大気である．以前は，大気の源は地球をつくった材料物質が含んでいた揮発性成分に由来するとする説が最も有力で，揮発性成分を多く含む始原的隕石である炭素質コンドライトに対応する微惑星が考えられていた．しかし，地球の材料物質のすべてをそう考えると水の量が極めて大きくなり過ぎ，表層にできる海洋が400 kmの厚さになってしまうという説もある（丸山，2016）．

地球をつくった材料物質からの脱ガスを考えると，おもな大気成分はH_2Oであり，次いでCO_2である．ただし，地球表面に金属鉄が存在すれば，それにより大気が還元されるため，水素や一酸化炭素が大量に存在することも考えられる．しかし，惑星誕生直前の太陽系の化学組成累帯構造（図4.3）を考えると，地球の位置ではドライなエンスタタイトコンドライトに対応する微惑星が材料物質として可能性が高いこと，集積末期に揮発性成分を多く含んだ天体が集積した可能性が高いことがわかってきた．集積末期に揮発性成分を多く含む微惑星や彗星の脱ガスで供給された大気を**レイトベニヤ大気**とよぶ．地球大気のレイトベニヤ大気起源説をとった場合，分化が進んだ後であり金属鉄との反応が起こらないという利点がある．ただし，彗星起源説をとる場合，一部の木星族彗星を除いて近年測定された彗星の水素同位体比（D/H比）では地球の水を説明できない．図

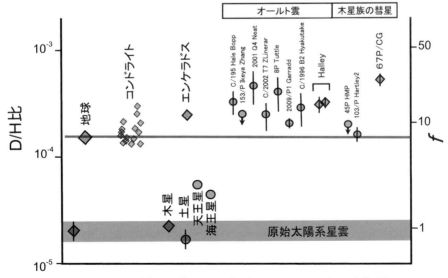

図4.10 太陽系内の天体のD/H比（Altwegg *et al.*, 2015を改変）

4.10 に Altwegg et al.（2015）による太陽系天体の D/H 比を示す．最近，木星族のチュリモフーゲラシメンコ彗星の核に軟着陸したロゼッタミッションでは詳細な分析結果（図 4.10 の 67P/CG）を提供したが，この結果でも D/H 比が地球の海の水よりも高く，地球の水と異なることがわかった（Altwegg et al., 2015）．図 4.10 に示されているようにコンドライトの D/H 比が地球の水の値に近い．

4.3.2 原始大気からの原始海洋の形成

地球誕生初期の原始大気の組成についての直接的証拠はないが，衝突脱ガス起源・レイトベニヤ起源のいずれであっても，推定される材料物質を炭素質コンドライトと考えれば，最も多いのが H_2O であり，次に CO_2 であるとされる．一般に地球誕生初期の原始大気は高温高圧の H_2O と CO_2 の混合流体であったと考えられている．大気下層部では温度が高く，この流体の臨界温度以上であった．マグマオーシャン時における温度低下の要因は，微惑星の集積プロセスが弱まることである．これにより，衝突エネルギーの供給が小さくなり，結果として表層温度の低下を招くことになる．リキダス温度の高い珪酸塩溶融体は固結し，原始地殻をつくったであろう．当然，地球の熱の放出は大気圏上層で起こるので，大気圏上層から温度が低下することになり，上層で H_2O の凝縮が起こり雲が発生する．しかし，マグマオーシャンが完全に固結したとしても，地表の温度が H_2O の臨界温度以上であれば，上層で雲ができ雨滴となっても，液体の H_2O として地表に到達することはできない．すなわち，原始地球表層に液体の H_2O を蓄えることができるためには，地表の温度が少なくとも H_2O の臨界温度 374 ℃（図 6.8）以下にまで冷えていなければならない．当時の地球表層の大気圧によるが，いずれにしても地表に液体の H_2O，すなわち海が存在できるようになったのは，地表の温度が H_2O の臨界温度まで低下してからということになる．CO_2 の固体・液体・気体が共存できる三重点は H_2O に比べ，圧力が 5.1 気圧と高く，温度が −56.6 ℃ と非常に低い．また臨界温度も 31 ℃ と低いため，地球表層では液体の状態を取ることができない．このことが地球の原始大気の主成分である H_2O と CO_2 がその挙動に関して大きく異なった道を歩む原因である．

地表の温度が低下して，液体の H_2O が地表で安定になるときが地球の海の始まりである．この時は，高温の雨が降っていたはずである．こうして，地表の冷却とともに H_2O の大部分が雨となって原始大気から急速に除去され原始海洋をつくった．H_2O が原始大気から除去されるにつれて，大気の密度も低下し，温室効果も弱まってくるので，地表の温度の低下はより促進されたであろう．しかし，CO_2 は大気中に残存することになる．地球の海の誕生は，揮発性成分の H_2O と CO_2 の超臨界混合流体を分離したプロセスといえるであろう．現在の地球大気に最も多い N_2 などは，原始大気に少量含まれていた成分が大気に残留した結果とみることができる．

原始海洋形成後の大気に CO_2 が多かったことから，引き続き温室効果が機能していたとみることができ，これは，**暗い太陽のパラドックス**を解く鍵となる．太陽系誕生初期の太陽の放射エネルギーは現在よりも小さかったことが知られている．太陽光度 L と時間 t との関係は次の式で表される．

$$L(t) = [1+0.4(1-t/t^*)]^{-1}L^*$$

（Gough, 1981）

＊印は現在の値を示す．地球のアルベド（反射率）と大気組成が現在値と同じであったとして，この式を用いて，過去にさかのぼっていくと約 20 億年前には地球表層の温度が 0 ℃ 以下になってしまい，それより昔，地球は氷で覆われていたことになる．しかし，地球には約 40 億年前頃にはすでに海が存在していた証拠があり，この太陽放射強度のモデルを単純に地球表層環境に適用することには矛盾がある．このことを指摘したのは著名な惑星科学者であったカール・セーガン（Sagan and Mullen, 1972）である．同様のことは火星についても論じられる．かつて火星の表層に液体の H_2O があったことは，最近の探査結果から見ても間違いないことである．河川や洪水がつくる地形などが探査衛星の写真から明らかになっている．さらに，水が存在しないと生成されない赤鉄鉱（Fe_2O_3）やジャローサイト（$KFe^{3+}_3(OH)_6(SO_4)_2$）の球状の結晶（火星の"ブルーベ

リー"というニックネームがついている）の存在も話題になった．しかし，火星に存在したとみられる水は，現在では消え去っている（注：2018年7月にヨーロッパの火星探査機データの解析から火星の南極の氷床の下に湖のような液体の H_2O の存在が確認されている）．地球よりも太陽から遠い位置にある火星が受ける太陽放射量は地球よりもさらに小さく，火星の誕生初期に海があることの説明はより難しくなる．しかしながら，初期火星に CO_2 が現在よりもはるかに多く存在していたとみることで説明可能となる．ただし，現在の火星大気圧はわずか700から900 Pa程度であり，成分は CO_2 約95 %，N_2 約3 %である．

このように原始大気に CO_2 等の温室効果ガスが多く含まれていたとする考えの背景には暗い太陽のパラドックスがあるといえる．しかし，このパラドックスは原始地球のアルベドが現在と等しいと仮定していることから生まれており，初期地球のアルベドが低かったとしてシミュレーションをすると，H_2O の氷点以上の気温となり，極端な温室効果ガスの濃集は必要とされず，暗い太陽のパラドックスはないとする批判的な説もある (Rosing *et al.*, 2010)．また，ごく最近の説として，太古代の大気について，太古代にはバクテリアの活動を通じて生じたメタン（CO_2 よりも強い温室効果をもつ）が大気中に放出され，従来の推定よりもメタン濃度がかなり高く，これにより強い温暖化が働き，太陽光度が現在よりも20－30 %低かったとしても，地表は凍結しなかったとする説 (Ozaki *et al.*, 2017) がある．

それでは海洋はいつごろ誕生したのであろうか．その答えは44億年前という地球最古の年代値を提供したオーストラリアのJack Hillsから発見された砕屑性ジルコンの中にあった．Wilde *et al.* (2001) はこのジルコン結晶の酸素同位体組成を詳細に分析し，比較的高い $\delta^{18}O$ 値をもつことを明らかにした．この値は液体の H_2O 存在下の比較的低温で反応した表層物質を取り込んだマグマから結晶化したことを示しており，結晶化した時代に大陸地殻と海が存在していたこと示唆しているとした．同様の結果はJack Hillsに近いMt. Narryerの43億年前の砕屑性ジルコンからも報告されている (Mojzsis *et al.*, 2001)．月の誕生を45億年前とすると，その1億年後には既に地球に海が存在していたことになり，プレートテクトニクスも機能していた可能性もある．

4.3.3　地球大気の進化

原始海洋形成後，原始大気の大半は炭酸ガスであったと考えられている．図4.11は単純化した組成のモデル計算 (Tajika and Matsui, 1992) による，地球誕生から現在までの大気の組成変化を示す．これを見ると明らかなように，CO_2 が急激に減少しているのが特徴で，地球誕生から数億年で10分の1に減少している．それでは，地球誕生初期の原始大気に大量に含まれていたはずの CO_2 はどこにいってしまったのだろうか．

CO_2 を固体地球に保持する役割を担っているのは炭酸塩鉱物である．それが集合した岩石が**石灰**

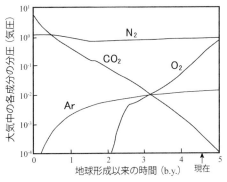

図4.11　地球の大気組成進化のシミュレーション (Tajika and Matsui, 1992を一部改変)

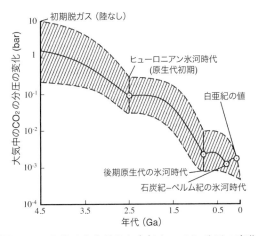

図4.12　全地球史を通じた大気中の CO_2 分圧の変化 (Lunine, 1999を一部改変)

岩やドロマイト（苦灰岩）である．これらを地球表層におけるCO_2リザーバとしてみることができる．

地球誕生時から現在までの大気中のCO_2分圧の変化をまとめたのが図4.12である．CO_2の分圧曲線が下に屈曲しているところが氷河時代に対応する．地球最初の氷河期は，原生代初期のヒューロニアン氷河時代として知られ，カーシュビンク（J. L. Kirschvink）が最初に全球凍結を提唱した時代である．2番目の屈曲点は原生代後期氷河時代として知られ，最近取り上げられている全球凍結はこの時代のものである．原始大気からのCO_2の除去のプロセスには，大陸の化学的風化プロセスが重要な役割を担っている．珪酸塩鉱物の化学的風化は以下の反応式でモデル化される．

$$CaSiO_3 + 2H_2CO_3 \rightarrow Ca^{2+} + 2HCO^- + SiO_2 + H_2O$$

炭酸塩鉱物としての沈殿の反応式は以下のように書ける．

$$Ca^{2+} + 2HCO_3^- \rightarrow CaCO_3 + H_2CO_3$$

上の2式を合わせると，正味の反応式として，以下を得る．

$$CaSiO_3 + H_2CO_3 \rightarrow CaCO_3 + SiO_2 + H_2O$$

さらにH_2CO_3がH_2OとCO_2に分解する反応を加えて正味の化学的風化反応を表すと次のような単純な反応式になり，CO_2が1分子消費されることがわかる．

$$CaSiO_3 + CO_2 \rightarrow CaCO_3 + SiO_2$$

ここで，$CaSiO_3$は珪灰石，$CaCO_3$は方解石，SiO_2は石英である．ただし，注意が必要なのは，風化する珪酸塩鉱物をきわめて単純化した反応式になっており，実際には珪灰石の産出はきわめて限定的である．このような反応が起こることで大気中のCO_2が消費され，炭酸塩鉱物として固定されることになる．このようにして造られる炭酸塩岩の総量は，化学的風化にかかわる陸地面積の量に比例する．すなわち，大陸がどれだけ成長していたか，それがどれだけ大気にさらされているかに依存するはずである．

原始海洋の誕生初期に原始大気に残存していた膨大な量のCO_2が急速に大気から減少していったとするモデルでは，CO_2がどこに消えてしまったのかという点が大きな問題となる．解明されていない謎は，地球初期のCO_2の行く先であり，それを簡単に石灰岩やドロマイトであるとすることはできない．CO_2の貯蔵庫として知られる石灰岩やドロマイトは原生代以降のものが大半であり（Condie, 2005; Stanley, 1999），今から約25億年前よりも以前の太古代の岩石にはあまり知られていない．現在表層にある石灰岩やドロマイトの全量を基にして，それをすべて大気のCO_2に換算すると初期地球の大気に存在したCO_2量とほぼ等しいとする考え方がある．そうであるとすると，初期地球の大気に大量に存在したCO_2は，太古代の間，一体，地球のどこに存在していたのかという大きな疑問が出てくる．この問題は全地球史におけるCO_2あるいは炭素循環を考える上で最大の謎であり，置き去りにされていた難問といえる．最近，丸山（2016）はこの問題を取り上げ，海洋プレートの沈み込みにより炭酸塩鉱物がマントルに運び込まれたこと，それが40～38億年前の極めて短い期間に起こった可能性を指摘している．この説を受け入れると上記の難問はクリアされるが，初期地球がもっていたCO_2の総量はこれまで考えられていたよりもかなり多くなる．

4.3.4 光合成生物が決めた地球環境

図4.11のシミュレーションでも示されているように，地球の誕生から太古代にかけての地球大気には酸素がほとんどなかった．酸素濃度は誕生後20億年頃から増え始めたとされる．地球の歴史のほぼ半分以降の時代に酸素過剰大気がつくられていったことが地質学的証拠として残されている．原生代初期までの表層環境が還元的であったことの証拠として，礫岩型ウラン-金鉱床があげられ，その後，酸化的環境になったことの証拠としては古土壌や赤色砂岩，縞状鉄鉱層，真核生物誕生などがあげられる．

礫岩型ウラン-金鉱床は閃ウラン鉱（UO_2）が堆積して濃集したものであり，23億年前以降は認められない．閃ウラン鉱は酸化的環境では水に溶解してしまうため，表層が還元的であったことを示す証拠とされる．ただし，閃ウラン鉱については，砕屑性ではなく熱水起源であり太古代の大気と平衡ではなく，還元的環境の証拠にはならないとする批判的見解もある（Law and Phillips, 2006）．古土壌は，地質時代に陸上の風化プロセ

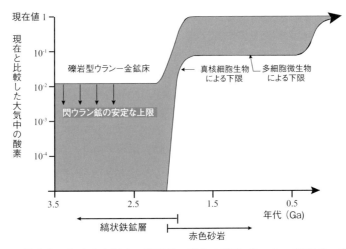

図 4.13 地球史における大気中の酸素量の変化の推定（Lunine, 1999 を一部改変）

スの間に岩石中の鉄イオン（Fe^{2+}）が大気中の酸素で酸化され，赤鉄鉱（Fe_2O_3）や針鉄鉱（$FeO(OH)$）になったものである．最も古いものとして南アフリカと西オーストラリアのものが知られており，前者は 26～27 億年前の形成とされる（Condie, 2005）．約 22 億年前までは古土壌の酸化は認められないとする説もある（Holland and Beukes, 1990）．赤色砂岩も同様に大気環境が酸化的であったことを示す，赤鉄鉱や針鉄鉱を含む陸成層であり，約 19 億年前以降に普遍的に認められる．口絵 4.1 はアメリカコロラド高原に分布するペルム紀の赤色砂岩層である．

縞状鉄鉱層（§6.3.3 参照）は酸化鉄と微粒子の石英集合体であるチャートの互層からなり，38 億年前から 19 億年前まで世界各地に分布している．18 億年以後のものは例外的である．成因としては浅海中で光合成生物の発生した酸素により海水が酸化されて酸化鉄が大規模に浅海域に沈殿したものであり，スペリオル型縞状鉄鉱層といわれる．鉄の起源は海水中に溶存していた Fe^{2+} イオンと考えられている．スペリオル型縞状鉄鉱層と浅海域，すなわち大陸の発達とが関連していることを物語っている．

さらに，21 億年前の縞状鉄鉱層（アメリカ，ミシガン州産）から発見された**グリパニア**という化石が，**真核生物**の最古の化石として知られている（§5.2.2 参照）．真核生物のほぼすべてが好気性であり，酸素を必要とする．真核生物の化石の産出は当時の表層環境が酸化的であったことの証拠とされる．

以上のような地球表層の酸化還元環境を示す地質学的証拠などの条件を組み合わせて推定されている 35 億年前以降の大気酸素濃度の推定範囲は図 4.13 のとおりである．

地球大気に酸素をもたらしたのは生物の光合成である．光合成は太陽光線を利用して，CO_2 と H_2O から糖を合成する反応である．反応の条件としては，光が届く環境が必要であり，浅い海の存在が必須である．大陸の成長により大陸縁辺部に浅海域ができることが条件を満たすことになる．生命の活動，すなわち海洋での光合成生物の活動がなければ，地球大気の酸素は維持されなかったわけである．

生命活動や風化侵食等の表層プロセス，大気循環がなかった場合の金星・地球・火星の大気組成をシミュレーションした結果が表 4.4 である．侵食は陸地の化学的風化により大気中の CO_2 を消

表 4.4 侵食・生命活動・大気循環がない場合の地球型惑星の大気組成の予想（松井, 1996；原表は Morrison and Owen, 1988）

	金星	地球	火星
N_2	3.4 %	1.9 %	1.7 %
O_2	有	有	有
Ar	40 ppm	190 ppm	850 ppm
CO_2	96.5 %	98 %	98 %
水	> 9 m	3 km	30 m
気圧	88 ± 3 気圧	～70 気圧	～2 気圧

費して炭酸塩鉱物としてCO_2を固体地球に固定する役割を担う．生命活動は地球大気に酸素を供給する．金星と火星は現在の状態に近いが，地球は現在の状態とまったく異なっている．98％がCO_2になってしまい，大気圧は70気圧にも達する．酸素は含まれていてもきわめてわずかである．しかし，現在の地球大気には21％もの酸素が存在しており，CO_2はわずかに約400 ppmに過ぎない．現在の地球大気の組成は，生命の活動を含め地球がダイナミックな活動をしていることにより維持されている．

光合成の主たる役割を担ったのが**シアノバクテリア**である．シアノバクテリアは浅海で沈殿物とともに層状構造をつくる．これが**ストロマトライト**である．現世のものとしては西オーストラリアのシャーク湾のものが著名である．口絵4.2は原生代のストロマトライトである．ストロマトライトとされたもののなかには構造的に類似しているだけで，実際には海底での熱水からの化学的沈殿による層状構造であったものもあり（丸山・磯﨑, 1998），その判定には注意が必要である．

図4.14は太古代のストロマトライトの産出報告を列挙したものである（Schopf, 2006）．これらのすべてが，シアノバクテリアの活動に関連した真のストロマトライトであるかの判断には問題があるかもしれない．このリストによれば，最古のものは約35億年前のものとされているが，28～26億年前に集中していることがわかる．このころからシアノバクテリアの活動が活発になったものと考えられる．それには，太陽光が到達する浅い海の存在，すなわち大陸の成長が関係しているに違いない．

大気中の酸素が増大したことの理由としては，シアノバクテリアが大量発生したこと，大陸面積の拡大による海水中への栄養塩類の供給に伴う生物生産性の向上，大陸地殻の成長により有機物の遺骸が堆積物中に閉じ込められることで酸素の消費が少なくなったこと，マントルからのFe^{2+}や水素等の供給が減少し海水中の酸素と結合する還元物質に乏しくなったこと，などが考えられる．

大気中に酸素が濃集することで陸上での生物の酸素呼吸の条件が整うとともに，酸素過剰大気は成層圏にオゾン層を形成し，これが紫外線を遮蔽するバリアとして機能することで，酸素呼吸をする生物の陸上での大繁栄の環境が整うことになる．

4.4　大陸の成長と超大陸の誕生

現在の海洋と陸の面積割合は7：3である．しかし，もともとこのような比率であったわけではない．大陸は太古代と原生代を通じて成長してきたといえる．大陸と海洋の相違は単に海水の有無ではなく，大陸と海洋底の構成物質の違いにある．海洋底は玄武岩質岩，大陸は花崗岩質岩よりなる．なぜ，大陸を構成する岩石は花崗岩質であり，また，古い年代の岩石は大陸に限られ，海洋底にはないのだろうか．

4.4.1　古い大陸の証拠

現在報告されている最古の岩石の年代値は，カナダ・スレーブ地区の**アカスタ片麻岩**に含有されるジルコンから求められた4.0 Gaである（Bowring et al., 1989）．また，鉱物の年代値として知られる最古のものは西オーストラリアのジャックヒルズ（Jack Hills）の砕屑性ジルコン年代の4.4 Gaである．世界中で太古代の年代値を提供する地域はきわめて限られていることが図3.25からもわかる．

4.4.2　大陸構成物質の形成

大陸は地球誕生と同時に存在していたわけではない．地球の進化とともに形成されてきた．大

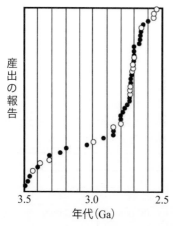

図4.14 太古代のストロマトライトの産出報告のリスト（Schopf, 2006を改変・簡略化）白丸は円錐状ストロマトライト．

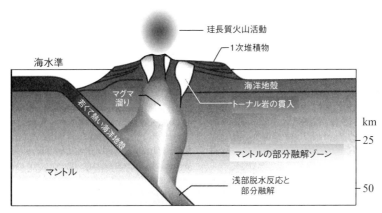

図4.15 太古代のプレート沈み込みに伴うマグマ生成のモデル図 (Lunine, 1999を改変)

陸構成物質の形成はいつから始まったのだろうか．それは海洋の形成後と考えられる．その理由は，プレートの沈み込みに伴うH_2Oの存在下での岩石の融解が，密度の小さいマグマを形成するからである．H_2Oの役割として岩石の融点を下げる効果がある．低い融点で形成されたマグマはSiO_2が多く，大陸構成物質の形成につながる．

図4.15には，若く温度が高い海洋プレートの沈み込みによるプレートの融解（**スラブメルティング**）と沈み込まれた側の**ウェッジマントル**の部分融解の様子が描かれている．太古代はマントル内部の温度も高く，比較的浅いところで沈み込む海洋プレートからの脱水反応とプレートの部分融解が起こる．原生代以降はマントル内部の温度も低下し，沈み込む海洋プレートの温度も低温になったため，ウェッジマントルと沈み込む海洋プレートの温度構造が太古代とは異なり，沈み込む海洋プレート内の脱水反応起源のH_2Oはウェッジマントルに上昇した後，部分融解を起こすことになる．この場合，スラブメルティングは起きていないことになる．このように，太古代とそれ以降ではマグマの生成メカニズムも異なっていた可能性がある．

4.4.3 大陸の発達と分布

大陸の分布と特徴，およびその発達史を考えてみる．先カンブリア時代に安定化し，それ以降造山運動がない地域を**クラトン**とよんでいる．太古代のクラトンには花崗岩質片麻岩等が卓越しており，それらはおもな構成岩石名（tonalite, trondhjemite, granodiorite）のイニシャルをとってしばしばTTGとよばれている．太古代TTGはNa斜長石が多く，K長石が少ないことや希土類元素の存在度等から原生代以降の花崗岩類と明瞭に区別されている．太古代のTTGの化学的特徴は図4.15に示したマグマの生成様式と密接に関わっていると考えられる．

クラトンの分布（図3.25）を見ると，大陸の成長を見ることができる．クラトンはなぜ安定なのだろうか．クラトンの下部にその鍵がある．クラトン直下のマントルは，大陸地殻を構成する物質を除去した残りのマントルである．これを枯渇したマントルとよぶ．この部分は周囲のマントルよりも密度が小さいが，熱源となる放射性元素も少ない（Jordan, 1975; 1978）．結果として，硬く熱的に安定で変形も受けにくい物質となる．これを**テクトスフェア**（Jordan, 1975）とよぶ．大陸地殻の下はこのテクトスフェアが厚く存在していることが多いので頑丈であり，その後の変動を受けにくいと考えられる．

4.4.4 プレートテクトニクスと大陸形成との関係

大陸の成長はプレートテクトニクスと関係している．そして，プレートテクトニクスが地球に働いていることは海洋の存在と大いに関係がある．地球表層の冷却が進み硬い性質をもったリソスフェアとその下の比較的軟らかいアセノスフェアとに分かれる．両者の物性が異なり，リソスフェアは硬い板としての性質をもつので，その下の軟ら

かいアセノスフェアの上を水平方向に移動することができ，冷却が進み密度が大きくなると沈み込む．海嶺でつくられたばかりの海洋プレートは，海水起源の熱水循環により上層部が含水化を起こす（**海洋底変成作用**）．そして，沈み込み時にウェッジマントル側に H_2O を供給する役割を担う．比較的低温で部分融解が起こると，SiO_2 が多いマグマができ，大陸地殻をつくる．この点で大陸形成にはプレートテクトニクスが機能することが必須であり，そこに海の存在の重要性がみえる．

大陸構成物質は海洋プレートを構成する物質に比べ密度が小さいので大量には沈み込むことができず，表層にとどまることになるので，プレートの沈み込みが続くと時代とともに大陸地殻（一次地殻）の量が増大する．最古の岩石は，密度が小さいためにマントルに沈み込めない大陸構成岩石のなかにあるはずである．存在する最古の海洋プレートの年齢は約2億年であり，太平洋プレートの西端部がそれにあたる．それ以前のものはすべてマントル内に沈み込んでしまった．海洋プレートは十分に冷却されると密度が大きくなり沈み込む力を得る．ある程度沈み込んだ部分は変成作用が進みさらに密度が大きくなる．海洋プレートは沈み込んでいくと，周囲のマントルよりも密度が大きくなることができる．

4.4.5　大陸の成長時代と超大陸の形成

図4.16にジルコンの年代値に基づく一次大陸地殻の体積の見積もりを示す（Condie, 2005）．一次大陸地殻とは古い大陸地殻がリサイクルされてつくられたものではないという意味である．これを見ると年代値にいくつかのピークがあることが読み取れる．一次大陸地殻の生産量は連続的ではなく，27億年前頃と19億年前頃に大きなピークがある．顕生累代に入り生成量のピークが低くなっていることがわかる．

このような結果を積分して，大陸地殻の全量を示したのが図4.17である．

なぜ，大陸形成は間欠的に起こり，27億年前に大陸が急速に成長したのか．それは27億年前に起こった**マントルオーバーターン**と関係してマントル対流がきわめて活発になり，それに連動してプレート運動も活発化し，一次大陸地殻の生産

量が急激に増大したと考えられている．27億年前に起こったとされるマントルオーバーターンは，マントルの温度低下が原因となって，マントル対流が上部マントルと下部マントルで独立した**二層対流**から，沈み込んだ海洋プレートの集積した巨大な塊（**メガリス**）が遷移層の底を突き破って下部マントルの底にまで達する**全マントル対流**に変わったことを意味している．全マントル対流により液体の金属核が効率的に冷却を受けるようになったため，外核の対流が活発化し，地球磁場が強くなったと考えられている．地球の強い磁場は生命を有害な太陽風から守るためのバリアとなり，この頃から浅い海での生命の活動が可能になってきたとみることもできる．マントルオーバーターンは19億年前の成長曲線の傾きの急な変化についてもいえる．

次に沸いてくる疑問は，大陸成長はこれで限界なのか，それともまだ増えつづけるのかということである．大陸物質とは組成が著しく異なる始原的物質の集積により地球が誕生し，物質の分化の結果として大陸地殻が形成されることを考えれば，

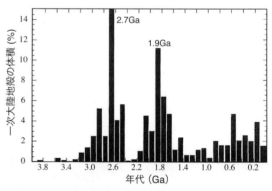

図4.16　ジルコンの年代値による一次大陸地殻の生成年代と体積（Condie, 2005）

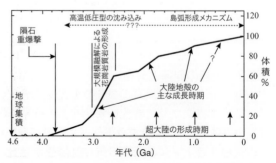

図4.17　大陸の成長曲線（Lunine, 1999 を簡略化）

いずれは大陸成長が止まることは予想されることである．最近，大陸地殻の生成量に関して異なる説が登場している．これまでは大陸地殻は密度が小さいため，超高圧変成岩の生成に関係した大陸衝突を除き，マントルには沈み込まないと考えられてきた．しかし，海洋プレートの沈み込み時に**構造侵食**を受け，大量の大陸地殻物質が海洋プレートと一緒にマントル深部に沈み込み，それが高圧相に転移して遷移層付近に滞留しているという新たな説がある（Kawai *et al.*, 2009; Yamamoto *et al.*, 2009; 山本，2010）．河合ほか（2010）は遷移層下部に滞留する大陸地殻起源物質を**第2大陸**と名付けた．さらに，地球誕生初期の冥王代にあったとされるマグマオーシャンが固結してできた原初大陸はそのすべてが40億年前までにマントル－核境界付近に沈み込んで滞留し，**第3大陸**をつくっているとしている説（丸山，2016）も登場

した．地球史を通じてマントルに沈み込んだ大陸地殻物質の総量は地表に存在する大陸地殻総量の3倍に達するという見積もりもある．このような説を受け入れると，プレートの沈み込みで作られてきた大陸地殻の総量はこれまで見積もられていたよりもはるかに大きくなる．図4.17の一次大陸地殻の成長曲線は大陸物質のマントルへの沈み込みを想定していないので，それを考慮に入れるとこの図も大幅に修正されることになる．また，沈み込みによるマントル物質の化学組成上の不均質についてもこれまでの理解を大幅に修正する必要が出てくる．

大陸は27億年前以降，間欠的に成長しつつ，プレートテクトニクスにより分裂と合体を繰り返してきた（**ウィルソンサイクル**）．19億年前頃に最初の超大陸**ヌーナ**（Nena）がつくられた．現在の北アメリカ大陸の主たる部分はそのときの

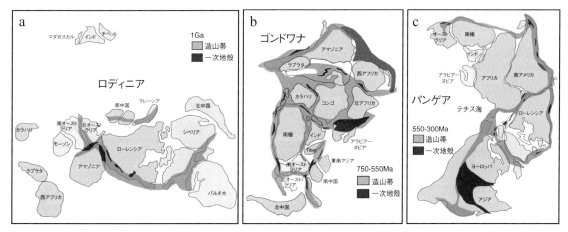

図4.18 超大陸の変遷（Condie, 2005 を一部改変）
a. 1Ga に成長した超大陸ロディニア（Rodinia），b. 750〜550 Ma に成長した超大陸ゴンドワナ（Gondwana），c. 450〜320 Ma に成長した超大陸パンゲア（Pangea）．ローレンシアは超大陸ヌーナの断片で，ローラシアとは別物．

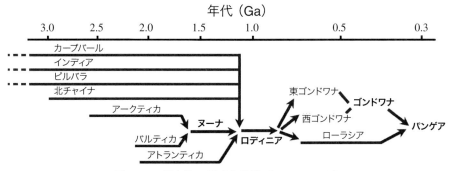

図4.19 超大陸の形成と分裂（Condie, 2001）

断片である．その後，超大陸ヌーナは分裂を始め，約10億年前に再度合体し，次の超大陸**ロディニア**の形成に至る（図4.18a）．7億年前頃になるとロディニアは分裂を始め，**ゴンドワナ**（図4.18b）とローラシアの2つの超大陸となる．その後，再び大陸の合体が起こり，超大陸**パンゲア**（図4.18c）が誕生する．パンゲアは2.5億年前頃から分裂を始め，現在に至る（図4.19）．

4.5 全球凍結

約7〜6億年前，地球はすべて氷で覆われていたとする全球凍結仮説が地球科学の分野で注目を集めている．この時代に約1,000万年からそれ以上の間，全地球は氷に覆われ，地表は-50℃，海面は厚さ1,000 mの氷に覆われていたとされる．全球凍結にもかかわらず生命は存続し，その後大繁栄をした．このような一見大胆な仮説であるが，多くの研究データが積み重なり，その可能性はきわめて高く，地球表層環境の激しい変動性と安定性の両面の特徴をみせている．この全球凍結仮説の立役者はホフマン（P. Hoffman）とカーシュビンクである．

ここで取り上げる全球凍結が起こったとされる時代は原生代末である．この時期は以前から氷河時代の証拠が多くあることが知られていた．地球史における過去の氷河時代は，最近のものを含め5回知られている（図4.12）．原生代初期・原生代末期・オルドビス紀末期・石炭紀-ペルム紀境界・第四紀更新世である．このうち，地球史で最初の氷河時代となった原生代初期の**ヒューロニアン氷河時代**にも全球凍結があったという指摘がカーシュビンクによりなされている．"スノーボールアース"という名称を最初に提唱したカーシュビンクは，この約23億年前の氷河時代をとりあげて指摘したものであった．原生代末の全球凍結はカンブリア紀の生命大爆発の直前でもあることから，注目を集めている．

4.5.1 全球凍結の証拠

氷河堆積物は氷河期を示す直接的な証拠である．特に，泥質堆積物中に含まれる大きな礫は**ドロップストーン**（図4.20）とよばれ，氷河により漂流運搬されて海底に堆積したものである．赤道地域にもこのような氷河堆積物が存在していたということが全球凍結の重要な証拠とされている．ただし，自転軸の傾きが大きい場合は，赤道地域=熱帯地域とはならないことから，全球凍結仮説を批判する立場もあったが，現在ではその批判はほとんど否定されている．

氷河堆積物の直上をドロマイトなどの炭酸塩岩層が覆っている事実は，全球凍結説の説得力のある証拠となっている．これらの岩石を**キャップ炭酸塩岩**とよぶ．炭酸塩岩は暖かい海でないと堆積しない．なぜ，氷河堆積物の上に温暖な環境を示す地層が重なっているのかが問題であり，かつ全球凍結仮説の鍵のひとつでもあった．炭酸塩岩層の炭素同位体に特徴的な変化がみられることは，全球凍結状態直後の地球表層環境を考えるうえで重要な情報を提供した（Hoffman et al., 1998）．炭素には質量数12と13の安定同位体が存在する．炭素12（^{12}C）は存在率約99％，炭素13（^{13}C）は存在率約1％である．生命は好んで軽い^{12}Cを用いるので，生命活動が活発であると選択的に^{12}Cを海水から除去することになり，海水中の^{13}C濃度が上昇する．氷河時代直前から^{13}Cが減少し始め，$\delta^{13}C$値は+10‰から-5‰にまで達することがわかった．氷河期後のキャップ炭酸塩岩も同様である．この値は，マントル炭素の同位体値に対応する．すなわち生命活動により海水から^{12}Cを除去するプロセスがほとんどなくなり，生命活動がきわめて弱くなったことを物語っている．そして，この時期にも縞状鉄鉱層が堆

図4.20 ドロップストーンの典型例
ブラジル・サンパウロ州Ituの石炭-ペルム系氷縞粘土岩（リズマイト）中の直径約20 cmのコーツァイト礫（写真：Eurico Zimbres氏）．

積しており，これは海水中に Fe^{2+} イオンが溶存できるほどに O_2 濃度が低下し，光合成生物の活動が著しく弱くなったことの証拠である．そして，全球凍結状態から解凍された後に，再び光合成が活発になり酸素の供給が進むことで，海水中に溶存していた Fe^{2+} は酸化されて鉄酸化物あるいは水酸化物として海底に沈殿し，縞状鉄鉱層を形成したと考えられる．

それでは，全球凍結状態に入るきっかけは何だったのだろうか．CO_2 供給の低下か，あるいは大気からの CO_2 の過剰な除去などが考えられる．また，CH_4 の低下の影響という説もある．CO_2 供給の低下の場合は，火山活動が弱まり大気中への CO_2 の供給量が減少したことが考えられる．CO_2 の過剰な除去の場合は，大陸の面積の増加とその赤道地域への集中によって陸地の化学的風化作用が著しくなったことにより大気からの CO_2 除去が進んだことで説明される．分裂を始めていた当時の超大陸ロディニアは赤道付近にあった．超大陸が熱帯地域に存在した場合には，全大陸面積が化学的風化作用に寄与するので，大気からの CO_2 の除去は強く進む．さらに，大陸の面積が大きい場合，砕屑物の供給増大による海底への有機炭素埋没プロセスが促進される．その結果，有機炭素の酸化が抑制されるため CO_2 の生産量が減少する効果も働く．CH_4 の低下の場合は，メタンを発生するバクテリアの活動が微弱になり温室効果が著しく弱まった結果によるとされる．最近，全球凍結に至る原因として新たな説が登場した．それは高エネルギーの宇宙線照射が強まり，雲の核が増加することで雲量が増加しアルベドが上昇，その結果太陽エネルギーの地表への照射量が減少することで起きたとする説である（Kataoka et al., 2014）．この雲形成モデルはデンマークの物理学者の名前をとって**スベンスマルク効果**とよばれている．Kataoka et al. (2014) は，約23億年前の1回目の全球凍結は，スターバーストにより太陽磁気圏が縮小することで宇宙線照射量が増大したこと，また，原生代末の場合はスターバーストと地球内部の磁場の衰弱が合わさり，スベンスマルク効果で全球凍結に至ったとしている．しかし，全球凍結に入るきっかけについては，依然として不明な点がある．

4.5.2 全球凍結のステージ

次にシミュレーション（田近，2000）を基にした全球凍結の過程を紹介する．

大気中の CO_2 濃度が一方的に低下し，臨界値を超えれば正のフィードバック効果が働き暴走的な寒冷化が起こり，全球凍結状態にいたる．このようなことが起こる要因として，大気-海洋系への CO_2 供給低下を考えると，供給率が現在の10分の1以下になることがその臨界点とされ，これを超えると暴走寒冷化段階に入る（図4.21a）．

全球凍結状態に到達すると赤道地域でも平均気温が $-35°C$ 程度まで低下し，全球の平均気温も $-40°C$ 以下まで低下するとされる（図4.21a）．そして，地殻熱流量を考慮した場合でも地球は厚さ

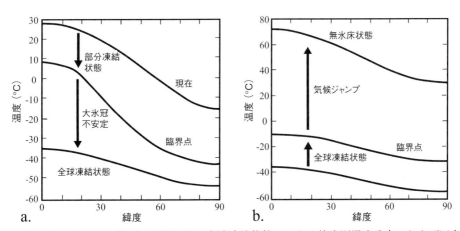

図4.21 (a)シミュレーションに基づいて得られた全球凍結状態にいたる緯度別温度分布，および(b)全球凍結状態からの回復時の緯度別温度分布（田近，2000）

1,000 m を超える氷に覆われたと見積もられている．完全に表層が氷で覆われると H_2O 循環が制限され，風化作用は完全に停止する．大気–海洋間でのガス交換も起こらなくなり，海洋深層水中の溶存酸素濃度は時間とともに低下，やがて貧酸素状態になる．このとき光合成生物の絶滅が起こったのか．答えはノーである．なぜならば，その後に生命大爆発が起きているからである．このような状況においても，光合成生物は局所的に生息域をもっていたと考えるべきであろう．

全球凍結状態では陸地の化学的風化による CO_2 の消費がまったく機能しなくなり，CO_2 の大気中への濃集が進む．CO_2 の供給源は火山活動である．地球表層がすべて氷で覆われたとしても，地球内部の活動は継続していたはずである．火山噴気中の主成分は H_2O と CO_2 である．H_2O は水蒸気からそのまま昇華して氷になる．全球凍結状態では表層に水が存在しないので，CO_2 が溶け込む媒体がない．その結果，CO_2 は大気中に残存せざるをえなくなる．ある程度火山活動が継続すれば，CO_2 の大気への濃集が進み強い温室効果が働くようになり，凍結状態が"解凍"されることになろう．これが氷床融解段階である．地球内部の活動が継続している限り，表層環境が全球凍結状態になろうともそれは永遠に継続するわけではなく，いずれは元に戻ることを示している．

完全融解後には，大気中の CO_2 濃度はきわめて高くなっていたと考えられ，氷床融解段階の臨界点を超えると正のフィードバックが働き，暴走温暖化が起こる（図4.21b）．平均気温は 30 ℃（極）～70 ℃（赤道）に達したと推定される．しかし，化学的風化作用の復活と進行により，大気から CO_2 が急速に除去されていくことになる．このときに海洋で沈殿して形成されたのがいわゆるキャップ炭酸塩岩であり，その炭素同位体組成は全球凍結状態前後の海洋中での生命活動が衰弱したことを示している．CO_2 レベルは，最初の1万年間で急速に低下し，現在比 350 倍から数 10 倍に低下し，その後，ゆっくり以前の状態に回復したとされる．これが気候回復段階である．

全球凍結の間，生命がどうやって生き延びたのかについては多くの興味を引く．生き延びるためにどのような環境が残っていたのだろうか．光合成を行うシアノバクテリアが存続できる場所，すなわち太陽光が届く海洋域が部分的にでもあったはずである．全球凍結は，生命の進化に重要な影響を与えた可能性は十分考えられる．果たしてどのような関連性があるのだろうか．そして，全球凍結が終わった後に，エディアカラ生物群の発生，そしてカンブリア爆発が起こり生命の惑星地球へとつながっていく．

5 生命の誕生と進化

 太陽系における惑星のなかでも、地球は、その表面には液相の水が存在し、生命に溢れているという点で極めて特殊な惑星である。しかし、現在私達が目にするような地球上の生物相は、地球誕生当初には存在しなかった。地球はその誕生以降46億年の歴史の中で絶えず変化を繰り返し、地圏・水圏・大気圏の物理的な変化に加え、その変化に呼応した生命の進化と、そこからの物理環境へのフィードバックの積み重ねにより現在の姿が形作られた。本章では、地球形成以降の生命の歴史に焦点をあて、地球生命系がどのように成立してきたのかを概観する。地球における生命の誕生当初は、単細胞の原核生物のみが存在したと考えられるが、そこから、真核生物が進化し、さらには真核生物が多細胞化、大型化することで様々な生物へと進化していった。さらに、生命誕生の場であった海洋から、陸上への進出、さらには空への進出など、生物の形だけでなく、その生活様式も多様に変化してきた。このような変化が地球環境の変化とどのように関連してきたのかを見てみよう。

5.1 生命の誕生と初期の進化
5.1.1 最古の生命の記録

 顕生累代と比較すると、先カンブリア時代には大型の生物はほとんど存在していなかったが、生物が全く存在しなかったわけではない。現在の地球上に存在する最古の岩石は冥王代末期〜太古代初期に形成された岩石である。冥王代の初期は地球の表面がたびたび溶融していたことから、岩石の記録がほとんど残されていない時代であるが（§4.2参照）、40億年より以前に形成された可能性のある堆積岩や砕屑性ジルコンの一部からは、生物源有機物に由来すると考えられるグラファイトや生物によって形成されたと考えられるフィラメント状やチューブ状構造が発見されている（図5.1a）。これらの事実は、生命は地球誕生の直後にはすでに存在していたことを示唆しており、化石記録に基づく地球での生命の起源の探求は難しい。

5.1.2 化学進化

 地球における生命の起源はどのように議論されているのだろうか。生命の定義は必ずしも明確ではないが、地球上における生命は、(1)外界と隔離された空間を保持し、(2)代謝を行い、(3)自己複製を行うことで特徴づけられる。地球上の生命において、この3つの特徴を担っているのは、脂質、たんぱく質、および核酸であり、これらの物質なくして生命は成り立たない。したがって、いわば生命の材料でもあるこれら（あるいはその一部）の物質は生命誕生の前に存在している必要があることから、これらの有機化合物の無機的合成が生命誕生のきっかけだったと考えられている。この

ような，生命誕生に至るまでの有機化合物の合成過程を**化学進化**とよんでいる．

　この化学進化の過程を明らかにするための実験として，1953年にミラー（S. Miller）とユーリー（H. Urey）によって，無機物からのアミノ酸の合成実験が行われた．ミラー–ユーリーの実験とよばれるこの実験では，原始大気を模した水素，水蒸気，メタンおよびアンモニアからなる気体を封入した容器中に，原始地球における雷を模した電気放電を起こすことでアミノ酸の合成を試みた．その結果，たんぱく質の合成に必要なほとんどのアミノ酸の合成に成功した．アミノ酸がこのような単純な無機化合物から生成されるということは，太陽系の異なる惑星上においてもアミノ酸が生成されていた可能性があることを示唆している．事実，1969年にオーストラリアに落下したマーチソン隕石からは，ミラー–ユーリーの実験によって得られたものと同様の組成のアミノ酸や，地球上の生物には見られないアミノ酸などが検出されている．このことから，やがて生物へと至ることになったアミノ酸の一部は，地球外からもたらされた可能性もある．

5.1.3　RNAワールド

　たんぱく質やその合成に必要なアミノ酸に加え，生命には核酸が不可欠である．核酸には，デオキシリボ核酸（Deoxyribo Nucleic Acid；DNA）とリボ核酸（Ribo Nucleic Acid；RNA）がある．DNAは生命の設計図である遺伝情報を保持しており，生物の自己複製を担っている．一方，RNAは自己複製だけでなく，たんぱく質を合成する触媒作用を有していたり，遺伝子の情報が蛋白質に翻訳される過程でその情報の担い手となるなど，様々な役割を担っている．このように，DNAが遺伝情報の保持に特化しているのに対し，RNAには様々な機能があり，触媒作用も有していることから，生命はRNAを起源とすると考えられるようになり，このような地球における極初期の生態系を**RNAワールド**とよんでいる．RNAワールドが確立されたことにより，RNAに対する自然淘汰が起こり，ダーウィン的進化が始まった，すなわち，現在の地球上の生命に至る進化が始まったと考えられている．その後，情報の保持に特化したDNAが誕生し，半透性の膜により覆われた化学反応の場が確保されるようになり，生命の誕生に至ったと考えられている．

5.1.4　地球上での生命誕生の場所

　上述のミラー–ユーリーの実験には，実際には，その後の生命の誕生には至らない重大な欠点があった．ミラー–ユーリーの実験では，原始大気中には酸素は存在しないと仮定されていたが，実際には，大気上層で太陽からの紫外線により水蒸気が分解され，原始大気にもわずかに遊離酸素が存在したと考えられている．このような環境では，遊離酸素により有機分子の形成に必要な化学物質が酸化されてしまい，十分に反応が進まないことが考えられる．従って，地球上における最初の生命の誕生は，原始大気の影響下ではなく，様々な化学物質が豊富に存在し，十分なエネルギーがあり，かつ，無酸素の環境であったはずである．現在では，原始地球におけるこのような場所は中央海嶺近傍の熱水噴出孔に求められており，ここが地球上における生命誕生の場所であったと考えられている．

　地球誕生初期における中央海嶺は，(1)海嶺中央からの距離に応じて様々な温度環境が存在し，(2)無酸素の水塊に生命の起源物質となる有機分子が溶存し，(3)生命を構成する物質に必要な元素（リン，ニッケル，亜鉛，鉄，マンガンなど）が豊富に存在し，(4)その界面で活発に反応が起きるための粘土鉱物が豊富に存在するなど，生命誕生に適した場所であったと考えられている．また，現在地球上に存在している生命は，**真正細菌**，**アーキア（古細菌）**，真核生物の3つのドメインに区分されているが，このうち，アーキアと真正細菌の中でも，系統樹上の位置が生命の起源に近いグループはおしなべて高温環境に適応したグループであることが知られている．このことも生命の起源が高温環境で誕生し，進化したことを示していると考えられている．

5.1.5　太古代の生命

　上述のように，冥王代末期から太古代初期の岩石や砕屑性ジルコン中からは，フィラメント状構造やグラファイトが発見されている．これらのグ

ラファイトの**炭素同位体組成**（コラム 4.2 参照）は −20〜−30‰（VPDB）と非常に低い値を示すことから，これらは生物源有機物であると考えられている．さらに，グリーンランドのイスア地方に分布する，38〜37 億年前のおそらく有光層内で堆積したと推定される浅海性堆積岩中には，**ストロマトライト**（口絵 4.2）が発見されている．

現在の海洋では，ストロマトライトは光合成を行うシアノバクテリアによって形成されることが知られており，地質時代のストロマトライトについても，同様であると考えられている．もし，この太古代初期のストロマトライトがシアノバクテリア，あるいはその他の光合成を行う**原核生物**によって形成されていたとすると，37 億年前にはす

コラム 5.1　ALH84001　火星から飛来した隕石と地球外生命の可能性

1984 年に南極の Allan Hills でアメリカの調査隊により発見された隕石の 1 つに ALH84001 がある（写真）．1996 年になって NASA のマッケイら（McKay *et al*., 1996）により，この隕石中に火星の生命の痕跡とみられる微生物化石様の物質が報告され，一躍世界の注目を浴びた．火星から飛来したことの証拠としては，酸素同位体組成が地球と異なることや（図 4.6），火星大気の組成との類似性などがあげられている．論文発表後，微生物化石説を否定するものも含め，ALH84001 に関連する多方面からの膨大な研究がなされた．マッケイらの報告によれば，隕石の質量は 1.93 kg，岩石は斜方輝石岩，二次鉱物として割れ目や隙間に沿って胞子状の炭酸塩鉱物を含むことが特徴である．このなかに，微生物化石と類似の形状を呈する μm サイズの部分がある（写真）．岩石の結晶化年代は 45 億年前で，2 度の衝突事件を経験しており，最初の衝突事件は約 40 億年前，炭酸塩鉱物の形成年代は 36 億年前，地球（南極）への落下は 13,000 年前とされる．カーシュピンクのグループは ALH84001 の残留磁気の測定を行い，この隕石内部の温度が 40 ℃以上に加熱されなかったことを示した．すなわち大気圏を通過して地球に落下してくるときの熱が内部にまで伝わっていなかったことを物語っており，ALH84001 に仮に微生物が付着していても完全に熱殺菌されことなく生命が生き延びる可能性を示唆した．カーシュピンクは太陽系の最初の 5 億年で，地球と火星のどちらが生命の誕生に適していたのかを酸化還元電位で評価し，初期火星が初期地球よりも生命誕生に適していた可能性を示す発表を行い，注目を集めた．彼は，その講演論文の最後で，「以上述べてきた証拠のすべては，初期火星が初期地球に比べて，生物が利用できるエネルギーに満ちていて，おそらく生命の発生にはより適していたことを示している．これらを踏まえて，筆者らはあえて読者諸氏のことを，あの赤い惑星から宇宙旅行してきた微生物の子孫と呼ばせてもらう次第である．」と述べている（Kirschvink and Weiss, 2002; 磯崎訳 2003）．しかし，この ALH84001 に付着していた微生物化石状物質についての最終結論はいまだに出ていない．

 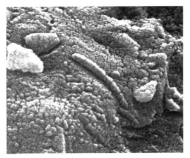

写真：火星から来た隕石 ALH84001（左）と炭酸塩鉱物中の微生物化石様部分の SEM 像（右）
（NASA のホームページ http://curator.jsc.nasa.gov/antmet/marsmets/alh84001/photos.cfm から引用）
微生物化石様部分の直径は人の毛髪の 1/100 とされている．

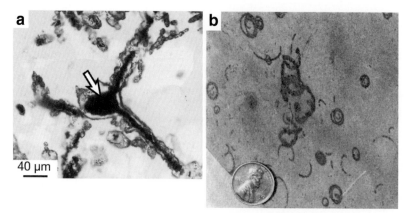

図 5.1 太古代や原生代の岩石から産出した初期の生命の化石

a, カナダのケベックに分布する, 少なくとも約 38 億年前（約 43 億年前の可能性もある）の岩石から産出した生物源と推定されるフィラメント状構造（Dodd *et al.*, 2017, Nature; Spriger Nature の許諾を得て転載). b, アメリカのミシガン州に分布する, 18 億 7000 万年前に形成された Negaunee Iron Formation から産出した *Grypania*. 円形の紐状の痕跡が *Grypania*. コインの直径は 18.5 mm (Han and Runnegar, 1992, Science; The American Association for the Advancement of Science の許諾を得て転載).

でに光合成を行う生物が出現していたことを示唆している. これは, 約 38 億年前から縞状鉄鉱層の沈殿が始まることとも調和的である（§4.3.4 参照）.

5.2 原生代の生命：微生物の多様化と生命の爆発

5.2.1 真核生物の登場

太古代は, 真正細菌やアーキアなどの原核生物が繁栄した時代である. 原生代はこれらの生物に加え, 新しい分類群である**真核生物**が登場した時代と考えられている. 化石記録に基づく真核生物の出現年代は必ずしも明らかではないが, 約 25 億年前（26 億 7000 万年前〜24 億 6000 万年前）に形成された堆積岩から, ステランが検出されている. ステランは真核生物の**バイオマーカー**であることから, 約 25 億年前には真核生物が誕生していたと考えられる.

この真核生物の誕生には, **細胞内共生**が重要な役割を担っていたと考えられている. 原核生物にはない, 真核生物の特徴の1つとして, 細胞内小器官の存在があげられる. このうち, ミトコン

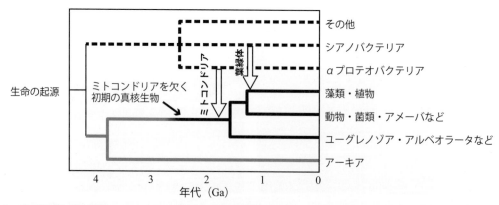

図 5.2 真正細菌（黒破線）, アーキア（灰線）, 真核生物（黒線）の分子系統樹と細胞内共生が起きたと考えられる年代

生命の起源付近の黒線は全生命の共通祖先を示す. シアノバクテリアや真核藻類の出現年代が, 化石記録から推定される年代とは異なっている点に注意. Hedges (2002, Nat. Rev. Genet.) を改変.

ドリアや葉緑体は，核のDNAとは異なる独自のDNAをもち，さらに各々が膜によって覆われている．これらのことから，ミトコンドリアや葉緑体は，もともと独立した生物であった細胞を，初期の真核生物が餌あるいは寄生者などとして取り込み，細胞内に留まった結果生じたものと考えられている．ミトコンドリアは呼吸と有機物の代謝，エネルギー生産に関わっていることから，好気性従属栄養の原核生物が取り込まれて，細胞内共生したものと考えられる．一方，葉緑体は光合成に関わっていることから，独立栄養の光合成原核生物が取り込まれて，細胞内共生したものと考えられる．また，これらの寄生体のDNAの一部は宿主である真核生物の核に入り込み，一体として機能していることが知られており，このような寄生体から宿主へのDNAの移動を，**遺伝子水平伝播**とよんでいる（図5.2）．現生のすべての真核生物はミトコンドリアを有するが，葉緑体は一部の真核生物のみが有することから，細胞内共生は複数回生じた（連続細胞内共生）と考えられている．

5.2.2 真核藻類の誕生

最古の藻類の化石記録と考えられているのは，アメリカ・ミシガン州に分布する約18億7000万年前に形成されたNegaunee Iron Formationから産出する**グリパニア**である（図5.1b）．これは紐状の群体を形成する真核藻類と考えられている．また，所属不明であり，藻類であるか否かも定かではないが，ガボン共和国に分布する約21億年前に形成されたFrancevillian Groupからは，大型の化石が産出しており，群体を形成していた何らかの生物の痕跡と考えられている．これらの化石記録は，地球誕生から20億年以上の間，地球表層には微生物のみが分布していたが，およそ20億年前に突如として大型の生物が出現したことを示唆している．では，この時代には一体何が起こったのだろうか？

5.2.3 全球凍結とその後の大気中酸素濃度

氷床の量に着目して地球の表層環境を考えた場合，3つの安定状態が存在することが知られている．すなわち，無氷床状態，部分凍結状態，全球凍結状態であり，それぞれ，地球上に**大陸氷床**が存在しない状態，地球上の一部が大陸氷床により覆われている状態，地球全体が氷床によって覆われた状態を示す（図5.3）．46億年の地球の歴史を考えると，その約90％に相当する期間は無氷床状態であったと考えられており，冥王代，太古代，原生代のほとんどの期間も無氷床状態であったと考えられている（§4.3参照）．ところが，およそ25〜22億年前に，地球は一部全球凍結状態を含む部分凍結状態に陥ったことが知られており，ヒューロニアン氷河時代とよばれている．また，およそ23億年前には，大気中の遊離酸素濃度が急激に上昇したことが知られており，Great Oxygenation Event（GOE）とよばれている．数値実験によれば，**全球凍結**を含むヒューロニアン氷河時代が終わることで大気中の酸素濃度が現在の濃度の数％〜10％程度にまで急増したことが明らかになっており，この25〜22億年前の間に地球の表層環境は大きく変化したと考えられる．上述のように，この直後に地球史において初めて大型の生物が出現した．これは，酸素濃度が上昇することで，より大型の生物でも拡散で体内に酸素を取り入れることができるようになったことが原因と考えられる．

5.2.4 動物の誕生

およそ20億年前には大型の真核生物が登場したものの，その後もしばらくの間は原核生物が優勢であった．その後，インドに分布する約16億年前に形成されたChitrakoot Formationからは，紅藻に同定される化石が産出し，カナダのユーコンに分布する約8億年前に形成されたFifteenmile Groupからは，原生生物の骨格のような化石が産出している．

では，我々につながる**後生動物**はいつ出現したのだろうか？後生動物のなかでも最も基盤的なグループである海綿動物の骨針は原生代末期の地層（およそ5億4500万年〜5億4300万年前）から産出している．また，海綿動物のバイオマーカーと考えられている有機分子は，およそ6億5000万年前の地層から産出している．このことを考えると，後生動物は少なくとも原生代後期には出現していたことになる．さらに，分子時計を用いた研究によれば，後生動物はおよそ8億年前に登場

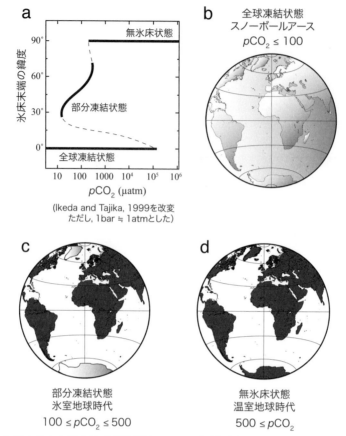

図 5.3 氷床の量から見た地球表層環境の 3 つの状態（大陸の配置は現在の配置を仮定）
a．エネルギーバランスモデル（Ikeda and Tajika, 1999, Geophys. Res. Lett.）から求められた地球表層の氷床存在状態の安定解．b．全球凍結状態の模式図．地球全体が氷床により覆われている．c．部分凍結状態の模式図．大陸の一部（ここでは南極大陸とグリーンランド）が氷床により覆われている．d．無氷床状態．地球上に大陸氷床が存在しない状態．田近（2009）を改変．

したと考えられている．

　また，中国に分布する，およそ 5 億 8000 万年前に形成された Doushantuo Formation からは動物の胚と思われる化石が産出している．さらにこの胚化石は，その構造から三胚葉性動物のものであると推定されており，この同定が正しければ，およそ 5 億 8000 万年前までには左右相称動物が出現していたことになる．一方，この胚化石は，動物の胚ではなく原生生物の休眠胞子である，との意見もあり，今後のさらなる研究が求められている．

5.2.5　エディアカラ生物群の登場

　上述のように，少なくとも 6 億 5000 万年前，あるいは 8 億年前には後生動物が出現していた可能性があるが，その後しばらくの期間，大型の体化石は発見されていない．ところが，およそ 5 億 7000 万年前に，突然世界の各地で全長 10 cm を超えるような大型の化石が産出するようになる．これらの化石群を**エディアカラ生物群**とよんでいる．これらの生物群の分類学的所属については，未だに様々な見解があるが，少なくともエディアカラ生物群の一部は後生動物であると考えられており（海綿動物，刺胞動物，左右相称動物を含むと考えられている），最古の確実な（真正）後生動物の成体化石といえる．

　では，いったい何故突然生物が大型化したのだろうか？これにも全球凍結が関係していると考えられている．およそ 23 億年前のヒューロニアン氷河時代のあとは，地球は温暖な無氷床状態が続

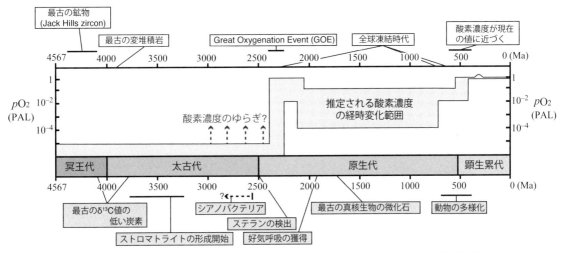

図 5.4 先カンブリア時代に起きたおもな事象と大気中の酸素濃度の時系列変動
PAL, Present Atmospheric Level（現在の大気中の濃度との比）．Knoll *et al.* (2016, Philos. Trans. R. Soc. Lond., B, Biol. Sci.) を改変．

いていたと考えられている．しかし，およそ7億1700万年前から6億6000万年前の期間および6億4000万年前から6億3200万年前の期間に，それぞれスターチアン氷河時代およびマリノアン氷河時代とよばれる氷河時代が到来し，地球が全球凍結状態に陥ったことが知られている（§4.5参照）．前述のように全球凍結のあとには大気中の酸素濃度が急増すること知られており（図5.4），このことが真核生物の大型化に結びついたと考えられている．また，所属不明の生物ではあるが，およそ5億5000万年前には，炭酸塩骨格をもつ生物が出現していることから，原生代末期までには骨格を形成する遺伝子が進化していた．

5.3 古生代の生命
5.3.1 カンブリア紀
(1) 生命の急速な多様化

原生代後期から末期に後生動物の多様化が加速し，カンブリア紀において，さらに急速に多様化した（図5.5）．エディアカラ生物群は，原生代末期のエディアカラン紀に繁栄したが，カンブリア紀に入ると間もなく絶滅したと考えられている．エディアカラン紀末期には生痕化石も産出するようになるが，この時代はまだ層理面と水平な方向の生痕のみが見られた．カンブリア紀に入ると，水平方向の生痕に加え，層理面に鉛直な方向の生痕も見られるようになった．また，エディアカラン紀末期から硬組織の化石が産出するようになるが，カンブリア紀に入り，硬組織の形態も多様化した．古生代を代表する生物の1つである**三葉虫**はカンブリア紀初期に出現し，ペルム紀末で絶滅するまでの間，底生性だけでなく遊泳性の種も生み出しながら，古生代の海洋に繁栄した．

(2) カンブリア爆発

カンブリア紀の中期になると，現生の後生動物と同じ分類群に属することが明瞭な生物が突然出現した．少なくとも，環形動物，有爪動物，節足動物，脊索動物に同定される化石が産出していることから，原生代後期から末期に進化した海綿動物と刺胞動物とを合わせると，冠輪動物，脱皮動物および新口動物の全てのグループが出現したことになる（図5.6）．この事象を**カンブリア爆発**とよんでいる．このときに出現した生物群を，それらが最初に記載された産地の名をとって，**バージェス頁岩生物群**とよんでいる．

カンブリア爆発では，分類学的多様性が増加しただけでなく，新たな生活史戦略も進化した．たとえば外骨格をもつ大型生物が出現し，目や歯を進化させた生物も見られる．このことは，後生動物において初めて捕食-被食の関係性が成立し，後生動物の進化において種間の捕食戦略対防御戦略の段階的拡大競争が始まったことを意味している．

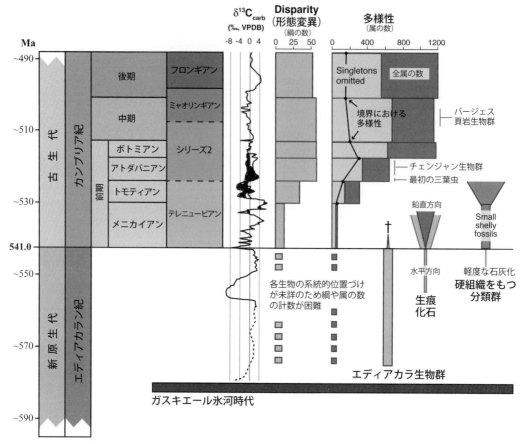

図 5.5 原生代末期からカンブリア紀にかけての生物多様性変動の概観
$\delta^{13}C_{carb}$ は炭酸塩の炭素同位体組成を示す．Disparity は分類学的多様性ではなく，新たな形態的特徴の獲得に反映される生活史戦略の違い等を示す．Singletons omitted は単一の年代区間のみから産出する属は省略していることを示す．Marshall (2006, Ann. Rev. Earth Planet. Sci.) を改変．

では，多くの生物において，同時に外骨格としての硬組織が形成されるようになったのは何故だろうか．1つの理由は捕食-被食関係が進化したことにより，防御としての外骨格を進化させた種が生き残ったことが考えられる．もう1つの理由として，海水の化学組成の変化があげられることがある．海水中の Mg/Ca 比は，主に海嶺近傍の熱水活動における Ca の放出と Mg の沈殿とのバランスで変化する．従って，海洋底の拡大速度が速い時代は海水中の Mg/Ca 比が低くなり，遅い時代は高くなることが知られている．地質時代を通じて，海水中の Mg/Ca 比は変化してきたことが知られており，原生代と比較すると，カンブリア紀に入るとほぼ同時に海水中の Mg/Ca 比が大きく減少し，カルサイトが沈殿する**カルサイトオ**ーシャンに転換したことが知られている．上述のように，炭酸カルシウムの骨格を形成する遺伝子は原生代末期にはすでに出現していたと考えられることから，カルサイトオーシャンになることによって，カルサイトの外骨格の形成が容易になったことが外骨格の進化を促したと推測されている．

5.3.2 オルドビス紀
(1) オルドビス紀の生物放散

オルドビス紀には，カンブリア紀に進化した生物に加え，海中を浮遊ないし遊泳する生物が多様化した．たとえば，**筆石**や広義の**オウムガイ**類である．また，堆積物中に潜行して生息する二枚貝なども出現し，層理面に対して鉛直の方向に発達する生痕化石が多様化した．カンブリア紀では，

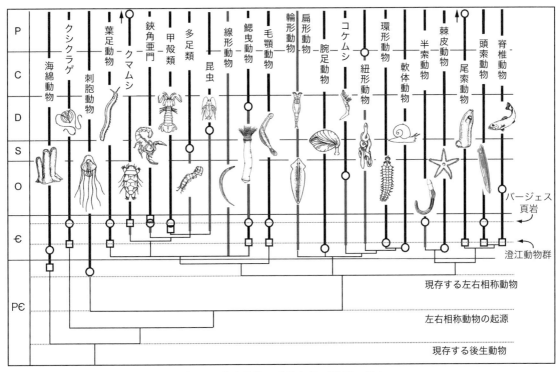

図 5.6 後生動物の系統と化石記録の分布

黒線は各分類群のレンジを示し，白抜き丸と四角は，各分類群の最古の化石記録の年代を示す．灰色の線は他の分類群との関係から類推される当該分類群の範囲．P€，原生代．€，カンブリア紀．O，オルドビス紀．S，シルル紀．D，デボン紀．C，石炭紀．P，ペルム紀．Briggs and Forty（2005, Paleobiology）を改変．

古杯類（海綿動物）がつくる小規模のドーム状の礁が形成されるのみであったが，オルドビス紀に入ると四放サンゴや床板サンゴ，層孔虫（海綿動物）などの造礁性生物が加わり，石灰礁が大型化した．このように，オルドビス紀，特にその中期から後期には，科の数が3倍になるほどに海棲生物が多様化したと考えられてきた．

この海棲生物の多様化は，**オルドビス紀生物大放散事変**（Great Ordovician Biodiversification Event：GOBE）とよばれ，カンブリア爆発で登場した生物が絶滅する，海棲生物の科の数が古生代を通じて最大になる，その後，約2億年間は海棲生物の科の数に大きな変化がない，などの特徴があるとされ，オルドビス紀で古生代の海棲生物の基本的な分類群が出揃ったとされてきた（図5.7）．ところが，近年の研究では，カンブリア紀初期〜中期に進化した生物は必ずしも絶滅していなかったこと，図5.7に示された多様性変動史は，必ずしも正しくない可能性があることなどが指摘されてきた．

図5.7に示された図は，各時代の地層から産出した化石の分類群数を計数して得られたものである．ところが実際は，各時代における地層の露出面積は等しくなく，さらに，より多くの研究者が着目する時代は多くの化石が得られるなどの，人為的偏りがあることが指摘されてきた．そこで，そのようなサンプリングバイアスを補正して新たに得られた顕生累代を通じた多様性変動史が図5.8である．この結果からは，必ずしもGOBEは明瞭ではない．このことから，オルドビス紀中期に新しい分類群が出現したことは事実であるが，地球生命史における特筆すべき事象とまではいえない可能性も指摘されている．

(2) 顕生累代初の大量絶滅

図5.8はカンブリア紀からオルドビス紀までは，海棲生物の多様性が順調に増加していたことを示している．ところが，オルドビス紀末に海棲生物の多様性が減少することが知られている．これは，

5 生命の誕生と進化

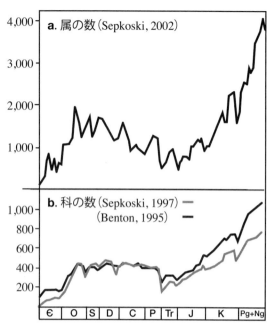

図5.7 各時代における分類群の数を計数した顕生累代を通じた海棲生物の多様性の変化
a, 属の多様性変動史. b, 科の多様性の変化. €, カンブリア紀. O, オルドビス紀. S, シルル紀. D, デボン紀. C, 石炭紀. P, ペルム紀. Tr, 三畳紀. J, ジュラ紀. K, 白亜紀. Pg, 古第三紀. Ng, 新第三紀から第四紀. Smith (2007, J. Geol. Soc. Lond.) を改変.

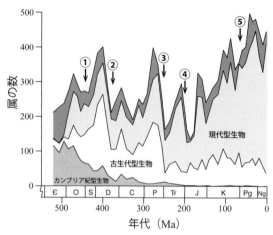

図5.8 サンプリングバイアスを補正して得られた顕生累代を通じた海棲生物の属の多様性の変化
カンブリア紀型生物の代表例は三葉虫, 無関節腕足類, 単板類など. 古生代型生物の代表例は腕足類, ウミユリ類, 頭足類, 筆石類など. 現代型生物の代表例は二枚貝類, 巻貝類, 軟甲類, 海棲脊椎動物など. 濃灰塗りの部分はこれらには該当しない分類群. 丸囲み数字の①〜⑤は顕生累代の5大絶滅の年代を示す. €, カンブリア紀. O, オルドビス紀. S, シルル紀. D, デボン紀. C, 石炭紀. P, ペルム紀. Tr, 三畳紀. J, ジュラ紀. K, 白亜紀. Pg, 古第三紀. Ng, 新第三紀から第四紀. Alroy (2010, Science) を改変.

同時の多くの生物が子孫を残すことなく死に絶えた事象, すなわち大量絶滅事変があったことを示している. 後生動物の出現以降, エディアカラ生物群の絶滅などの事変があったことは知られているが, オルドビス紀末の絶滅事変は, 現在に通じる後生動物の分類群が出揃ってから初めての大量絶滅事変である.

顕生累代には, いわゆる5大絶滅といわれる, 5回の大量絶滅事変があったことが知られている. 最初の事変がこのオルドビス紀／シルル紀境界の絶滅であり, 2番目がデボン紀末期, 3番目がペルム紀／三畳紀境界, 4番目が三畳紀／ジュラ紀境界, 最も新しい5番目が白亜紀／古第三紀境界である.

オルドビス紀末期には南極付近に位置していたゴンドワナ大陸上に氷床が発達したことが知られている. この寒冷化は50〜100万年間続き, この寒冷化によって絶滅が引き起こされたと考えられている. この時代の生物は, 現代型の生物のように, 代謝経路が発達しておらず, 極めて単純な軟体部をもつものが多かった. 従って, それらの生物は, 寒冷化や温暖化といった環境変動の影響を大きく受けたと推定されている. まず, 氷床形成を伴う寒冷化により, それまで繁栄していた生物が絶滅し, さらに, 氷床の溶解を伴うその後の温暖化の影響で寒冷化に適応した生物の絶滅が起きたと考えられており, 2つのステップからなる絶滅事変であったことが知られている.

5.3.3 シルル紀
(1) 絶滅からの回復

シルル紀の生物相は, オルドビス紀／シルル紀境界での大量絶滅からの回復から始まった. オルドビス紀と比べると, 三葉虫より腕足類が繁栄したという違いはあるものの, 海洋においては根本的に新しい生態系の出現などはなく, 絶滅で失われた生態的地位（物理的環境のほかに, 植生や食物・敵・競争者との関係なども含めて, ある種の生物が利用することができる空間）を回復するも

のであった．また，シルル紀には，サンゴや層孔虫からなる礁が古生代で最大の規模にまで発達したことが知られており，礁湖を伴う大型の礁が発達し，礁性生態系が成立した．一方，シルル紀前期には，それまで海棲であった魚類が，汽水・淡水域にも進出するようになった．この時代の魚類は無顎類が主体であり，頭部が硬い骨質板で覆われていた．

(2) 有顎魚類の登場

シルル紀後期には，地球史において最初の有顎魚類である棘魚類が出現した．顎は元来鰓を支えていた骨（上部鰓弓と下部鰓弓からなる）が進化し，上顎と下顎となったものである．顎の進化は捕食者を強力にすることに繋がり，これによって運動能力が低く，固く防御能力の高い外骨格をもたない生物（一部の三葉虫など）が衰退した．棘魚に進化したこの顎は，ヒトにも受け継がれており，脊索動物の進化史における重要な形態的革新であったといえる．

5.3.4 デボン紀

(1) 海棲生物の多様化

デボン紀に入ると，有顎魚類の進化が加速し，淡水・海水域で新たな生態系が確立した．特に板皮類やサメなどの**軟骨魚類**が多様化した．板皮類の一群（*Dunkleosteos*）は，体長 7m に達するほど大型化した．また，現在の魚類の多くを占める**硬骨魚類**の条鰭類も出現した．さらに，肉質の鰭をもつ総鰭類も出現し，その一部は肺を進化させ肺魚とよばれるようになる．この肉質の鰭や肺は，将来陸上の四肢動物に受け継がれることになり，動物の陸上進出を可能にした形態的革新である．

また，デボン紀初期には，カンブリア紀に登場していたオウムガイ類から，**アンモナイト類**が進化した．アンモナイト類は，水柱（water column）中で浮きも沈みもしない中立の浮力をもっていたと考えられており，海面付近から海底付近まで，様々な水深に棲息していた．

(2) 植物の上陸

古生代の初期には，陸上には藻類，バクテリア，菌類などのみが分布し，現在の地球上に見られる緑豊かな大地は存在しなかったが，デボン紀には明瞭な維管束をもった植物 *Rhynia* が知られている．海中の藻類とは異なる，このような新たな植物は，その分布域を水辺から陸上へと拡大していった．デボン紀末期までには陸上に森林が形成され，地球生命史において初めて地表を覆う生態系が確立した．デボン紀初期から中期の地層からはヒカゲノカズラ類（*Protolepidodendron* や *Asteroxylon* など）が産出するが，これらの植物の胞子は受精に水分が必要であったことから，その分布は水辺に限られていたと思われる．デボン紀後期には *Archaeopteris* のような巨木が登場し，湿地帯を森林が覆うようになった．このことは地球表層の物質循環にも大きな影響を及ぼした．デボン紀前期までは河川堆積物は砕屑物のみで構成されているが，デボン紀後期には植物の根が見られるようになり，地表面が安定化し，地表面の削剥が劇的に緩和された．また，植物が陸上に繁茂し活発に光合成を行うことで，大気中の**二酸化炭素濃度**が急激に減少した（図 5.9）．

(3) 動物の上陸

植物の上陸に続いて，動物が陸上に進出するようになった．デボン紀前期には堆積物食者の多足類や昆虫類，それらを捕食する肉食性の節

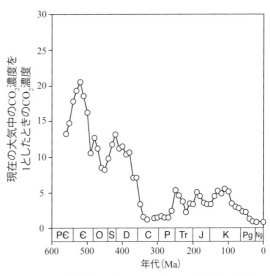

図 5.9 顕生累代を通じた大気中の二酸化炭素濃度の変化

P€, 先カンブリア時代．€, カンブリア紀．O, オルドビス紀．S, シルル紀．D, デボン紀．C, 石炭紀．P, ペルム紀．Tr, 三畳紀．J, ジュラ紀．K, 白亜紀．Pg, 古第三紀．Ng, 新第三紀から第四紀．Berner (2006, Geochim. Cosmochim. Acta) を改変．

足動物が陸上に現れた．これらのほかに，デボン紀後期には脊椎動物も上陸を果たした．脊椎動物の上陸には，肉質の鰭と肺の進化が重要な役割を果たした．デボン系中部（およそ3億8500万年前）からは，総鰭類のEusthenopteronが産出する．Eusthenopteronは**両生類**に似た特徴をもっていたが，完全に水棲の魚類である．その後，デボン系上部（およそ3億7500万年前）からはTiktaalikが産出する．Tiktaalikの胸鰭には肘と手首に相当する関節があり，四肢動物の前肢によく似た構造を有している．また，頭部も背腹軸が極端に短く扁平な形状をしており，両生類の頭部とよく似ている．それでも，Tiktaalikは総鰭類であり，完全な陸上生活には適応していなかった．最終的に，デボン紀末期（およそ3億6000万年前）に，原始的な四肢動物に相当するIchtyostegaが登場した．Ichtyostegaには重力から内臓を支える肋骨が発達し，四肢も頑強になり，時折陸上に上がるような両生類のような生態をもっていたと推測される．

(4) 氷河時代の再来と大量絶滅

デボン紀後期には，オルドビス紀／シルル紀境界以来の氷河期が到来し，ゴンドワナ大陸上に氷床が形成された．この寒冷化は，植物の上陸によってもたらされたと考えられている．図5.9に示すように，デボン紀後期には大気中の二酸化炭素濃度が減少した．さらに，森林の発達により，それ以前は乾燥した大地であった陸上が湿潤になり，化学風化が促進され，このことも大気中の二酸化炭素濃度の減少を加速させた．その結果，温室効果の減少により気候が寒冷化し，デボン紀末期に氷河期に突入した．

まず，フラニアン期の寒冷化で造礁性生物の多くが絶滅し，フラニアン期／ファメニアン期境界で腕足類，三葉虫，アンモナイト類などが絶滅し，氷床が発達した．さらにファメニアン期末（デボン紀／石炭紀境界）では，アクリタークや甲冑魚が絶滅した．一方で，絶滅事変前は深海環境に適応していた珪質海綿は，寒冷環境に適応し，その棲息域が浅海にまで拡大した．

5.3.5 石炭紀
(1) 新しい生態系の確立

デボン紀の絶滅事変で多様性が大きく減少したアンモナイト類は，石炭紀に入ると急速に多様性と生態的地位を回復した．他方，無顎類や板皮類などの頑丈な骨格をもったグループは衰退し，サメや条鰭類などの遊泳能力の高いグループが繁栄した．

浅海域では，床板サンゴや層孔虫による礁が著しく減少し，石炭紀には石灰藻や石灰質海綿等による新しい礁性生態系が誕生した．この造礁性生物種の転換には，海洋の化学組成が関連している．デボン紀までは海水中のMg/Ca比が低く，海洋はカルサイトオーシャンであったが，石炭紀に入るとMg/Ca比が上昇し，**アラゴナイトオーシャン**になった．これによりアラゴナイト骨格をもつ石灰藻や石灰質海綿が繁栄するようになり，これらの生物が礁を形成するようになった．

(2) 森林の回復と内陸への拡大

デボン紀に陸上に進出した植物は，皮肉にも自らの光合成が引き起こした寒冷化により，デボン紀末期に多様性が減少した．しかし，石炭紀に入るとその多様性が回復し，他の時代には見られないほどに湿地に大量の樹木が繁茂した．さらにこの時代にはシロアリなどの樹木を分解する生物が出現していなかったことから，湿地は大量の倒木で埋め尽くされていた．

このような湿地には，ヒカゲノカズラ類のリンボク（Lepidodendron）やフウインボク（Sigillaria）などが繁茂していたが，石炭紀後期には球果を形成する針葉樹コルダボク（Cordaites）などが登場した．コルダボクは高さ30 mに達するような木本で，現在の針葉樹林のような森林を形成した．胞子を形成するシダ植物は受精のために水を必要とすることから，湿地にしか分布することができなかった．しかし，球果を形成し，種子を進化させた新しい植物は，乾燥地域でも受精することができるようになったため，その分布域が内陸にまで拡大することとなった．

(3) 陸上生物の多様化

植物の大繁栄は，昆虫類に大きな変革をもたらした．内陸にまで植物が繁栄し，活発に光合成が行われたことにより，大気中の二酸化炭素濃度が

5.3 古生代の生命

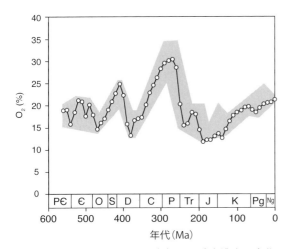

図 5.10 顕生累代を通じた大気中の酸素濃度の変化
P∈, 先カンブリア時代. ∈, カンブリア紀. O, オルドビス紀. S, シルル紀. D, デボン紀. C, 石炭紀. P, ペルム紀. Tr, 三畳紀. J, ジュラ紀. K, 白亜紀. Pg, 古第三紀. Ng, 新第三紀から第四紀. Berner (2006) を改変.

減少すると同時に酸素濃度が上昇した（図 5.10）. 酸素濃度は，特に石炭紀後期から上昇し，石炭紀末期からペルム紀にかけて顕生累代で最大にまで達した．ところで，昆虫は気門から拡散によって酸素を取り入れ呼吸している．もし，昆虫が酸素の拡散の効率を上げるか，取り入れる酸素の量を増やすことができれば，運動効率を上げたり，体サイズを大きくしたりすることが可能になる．内陸にまで繁茂した植物によってもたらされた大気中の酸素濃度の上昇は，まさにこの効果を生み出し，昆虫の体サイズが，地球生命史上最大になったことが知られている．

陸上の四肢動物においても大きな変革が起きた．石炭紀初期から前期には，四肢動物は両生類のみであったが，石炭紀後期には羊膜のある卵を産む，**は虫類**が登場した．これにより，乾燥した状態でも胚を保護することができるようになり，四肢動

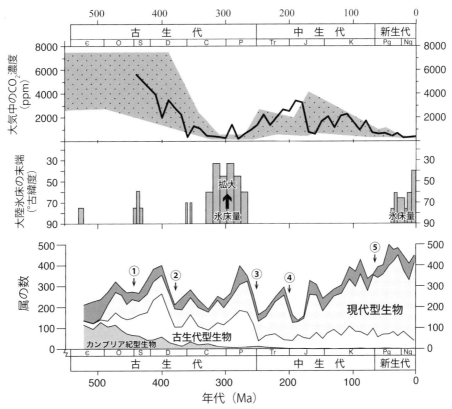

図 5.11 顕生累代における大気中の二酸化炭素濃度，大陸氷床が発達した緯度および海棲生物の多様性変動史
2017 年の大気中の二酸化炭素濃度の全球平均は約 400 ppm. 氷床の発達した古緯度が 90° の期間は氷床が存在しなかった期間（無氷床状態）を示す．多様性変動史については図 5.8 を参照．∈, カンブリア紀. O, オルドビス紀. S, シルル紀. D, デボン紀. C, 石炭紀. P, ペルム紀. Tr, 三畳紀. J, ジュラ紀. K, 白亜紀. Pg, 古第三紀. Ng, 新第三紀から第四紀. Berner and Kothavala (2001, Am. J. Sci.), Crowley (1998), Alroy (2010, Science) を改変.

物が水辺から離れ，内陸にまで進出するきっかけとなった．

(4) 温室効果の減衰と氷河期の到来

デボン紀末期の氷河期のあとは，一旦無氷床の**温室地球**状態に戻ったが，石炭紀後半から再び氷河期に突入した．この氷河期はペルム紀初期まで続き，また氷床の低緯度側の分布限界も30〜40°にまで達するなど，この氷河期は顕生累代で最大級のものとなった（図5.11）．この寒冷化の原因は，光合成による二酸化炭素の固定にくわえ，泥炭地が発達したことである．石炭紀の高緯度地域に繁茂していた木本には明瞭な年輪が観察されることから，気候の季節変動が大きかったことを示している．また，赤道と高緯度地域との間の温度勾配も大きくなった．

5.3.6 ペルム紀

(1) パンゲア超大陸の形成

ペルム紀には，デボン紀以降集合しつつあった大陸地殻の全てが合体し，超大陸**パンゲア**が形成された（§4.4.5参照）．パンゲア大陸は，広大な平地と高い山脈から構成され，内陸部は極端に乾燥し，砂丘が広く発達していた．このときに形成された新赤色砂岩層（New Red Sandstone）が，ヨーロッパに広く分布している．乾燥化が進行することで，一部の地域を除き，泥炭地が針葉樹林に置き換わり，二酸化炭素の固定量が減少し，有機物分解による酸素の消費・二酸化炭素の排出に誘発された温暖化により，この氷河期は終わりを迎えた．

また，パンゲア大陸では，南・北半球間の気候が対照的であった．大陸が1箇所に集まり表面積が広くなることにより，夏半球では陸地全体を覆うほどの大きさの低気圧帯が形成され，冬半球でも陸地全体を覆うほどの高気圧帯が形成されたと考えられている．その結果，極度に低温化し乾燥した冬半球と，極度に高温化し湿潤となる夏半球が形成され，南・北大陸間に吹く大規模な季節風（**メガモンスーン**）が発生した．このことは同時に，同一半球における季節変動が極めて大きかったことも意味している．

また，シダ種子植物であるグロッソプテリス（*Glossopteris*）がパンゲア大陸上の広範囲に分布した．パンゲア大陸は，ジュラ紀から現在にかけて分裂することになるが，現在は離れた大陸間でグロッソプテリスが産出することが**大陸移動説**の傍証の1つとなった（図3.1）．

(2) は虫類の進化

は虫類は石炭紀に出現したが，石炭紀では依然として両生類が優勢で，は虫類はペルム紀になってから多様化し，それまでの両生類の生態的地位を置き換えるようになった．ペルム紀前期にはペリコサウルス類（初期の単弓類）が陸上生態系の頂点に位置し，*Dimetrodon*のような体長2mを超えるような肉食性のグループから，*Edaphosaurus*のような草食性のグループまで多様化した．

ペルム紀中期から後期には，ペリコサウルス類から派生した**獣弓類**が繁栄した（口絵5.1）．獣弓類は四肢が体の下に配置し運動能力が高く，歯にも前歯，犬歯，臼歯などの分化がみられるなど，ペリコサウルス類に比べ形態的に発展している．また，恒温性の動物であったと考えられている．この獣弓類の進化と放散によりペリコサウルス類はペルム紀末までには絶滅した．

(3) ペルム紀末の大量絶滅

古生代最後のペルム紀末には，顕生累代で最大の**大量絶滅**事変が起きた（図5.8）．この大量絶滅事変は2段階に細分されることが知られている．すなわち，ペルム紀末期のグアダルピアン世／ローピンジアン世境界とペルム紀／三畳紀境界である．グアダルピアン世／ローピンジアン世境界では，海棲生物の属の約三分の一が絶滅した．ペルム紀／三畳紀境界では，海棲生物に加え，顕生累代史上初めての陸上生物の大量絶滅も起きた．この境界では，海棲生物の属の60％，種の80％が絶滅し，四放サンゴ，三葉虫などの古生代を代表する生物が死に絶え，陸上では獣弓類や裸子植物のほとんどが絶滅し，陸上から森林がほぼ消滅した．このように，古生代／中生代境界でもあるペルム紀／三畳紀境界では，生物相の大幅な入れ替わりがおきた．

ペルム紀／三畳紀境界では，炭素循環の代理指標である炭酸塩の炭素同位体組成が急激に約2‰程度低下しており，これは一次生産の崩壊を示していると考えられている．さらに，古水温の代理

指標である炭酸塩の**酸素同位体組成**（コラム4.2参照）は約4‰程度低下しており，炭素循環の崩壊と同時に急激に温暖化したことを示している．この急激な温暖化と海洋と陸上における同時絶滅を引き起こした要因として，陸上**洪水玄武岩**の噴出が考えられている．現在のロシアでは，西シベリア低地のほぼすべて，あるいはそれ以上の地域を覆い尽くすほどの洪水玄武岩の分布が知られており，この噴出年代がペルム紀／三畳紀境界に相当する．洪水玄武岩の噴出により，大気中の二酸化炭素とメタンの濃度が増加し温暖化が生じ，同時に大気中に供給された硫酸ガスによる酸性雨の影響で陸上の生態系が大きなダメージを受けたと推定されている．さらに，温暖化による水循環の活発化が，陸上から海洋への栄養塩供給量の増加を促し，水柱中の酸素が，海洋の富栄養化と一時的な一次生産の増大によってもたらされた大量の有機物の分解のために消費され，海棲生物の絶滅につながったと考えられている．

5.4 中生代の生命
5.4.1 三畳紀
(1) 顕生累代史上最大の絶滅からの回復
　太古代や原生代に繁栄したストロマトライトは，底生生物が豊富になったカンブリア紀中期以降は，通常の開かれた海洋では存在することができず，高塩分の閉鎖的海域のみで存続してきた．ところが，ペルム紀／三畳紀境界の絶滅により，海棲生物のほとんどが絶滅したことから，一時的にストロマトライトが開かれた海洋で再繁栄した．このほかにも，三畳紀初期には一時的に日和見種（二枚貝の*Claraia*など）が繁栄するなどしながら，徐々に失われた生態系が回復していった．ところが，前期三畳紀の間は，それ以降よりも回復の速度が遅かったことがわかっている．この回復の遅滞は，三畳紀の前期にも温暖化と海洋の無酸素化が引き続き起こっていたことにより，回復しかけた生物が再度絶滅したためである．この影響を受け，石灰礁は三畳紀中期まで回復せず，三畳紀中期には海綿動物や石灰藻による礁が回復し，三畳紀中期から後期になると六放サンゴが出現し，新たな礁を形成するようになった．

(2) 海生は虫類の誕生
　三畳紀に入ると，水中の貝類の殻を割って捕食するプラコドゥス類（板歯類）が登場した．現在のカメの祖先にあたる*Eorhynchochelys*も，三畳紀後期までには出現した．海棲適応が進み，ヒレ状の四肢をもった最初の海生は虫類（ノトサウルス類）も，前期三畳紀に出現した．また，完全な海棲は虫類であるプレシオサウルス類が出現し，海棲生態系における最上位捕食者となった．このほかにも高度に海棲適応したイクチオサウルス類も登場した．プレシオサウルス類やイクチオサウルス類は，恒温性で常に水柱中を泳ぎ続けていたと考えられている．

(3) 恐竜時代の幕開け
　陸上では，ソテツ，イチョウ，針葉樹などの植物が回復した．動物では，三畳紀前期に主竜類が登場し，そこからワニにつながる系統と**恐竜**につながる系統に分化した．恐竜につながる系統では，最初に翼竜が分化し，高い運動能力をもった恐竜様類の出現から恐竜へと進化した．恐竜様類では四肢が体の下に位置したことにより運動能力が向上し，その特性は恐竜に引き継がれた．その後，恐竜は陸上を支配するほどに大繁栄することとなる．

(4) 三畳紀末の大量絶滅
　ペルム紀／三畳紀境界に続き，三畳紀／ジュラ紀境界でも，顕生累代の5大絶滅の1つに数えられる大量絶滅事変が起きた．この絶滅を引き起こしたのも大量のマグマの噴出と考えられている．この時代には，超大陸パンゲアが分裂を開始し，その分裂前線に相当する，北アメリカ大陸／アフリカ大陸境界や北アメリカ大陸／南アメリカ大陸境界などで大規模な火成活動が起きた．その火成活動により大気中の二酸化炭素濃度が絶滅事変前の約2倍に上昇し，海水温が4℃程度上昇する温暖化が起きた．

5.4.2 ジュラ紀
(1) 海棲生物の回復と明瞭な動物地理区の形成
　ジュラ紀になると，三畳紀までは深海に生息していた六放サンゴの生息域が浅海に移動し，浅海で礁を形成するようになった．現生の六放サンゴに見られる藻類との光共生生態はこのときに獲得

されたと考えられている．また，不正形ウニや内在性二枚貝類など，堆積物に深く潜って生活する生物も登場した．水柱中では，アンモナイト類やベレムナイト類などの遊泳性捕食者の多様性が回復した．アンモナイト類は主として低緯度地域で放散し，ベレムナイト類は主として高緯度地域で放散し，それぞれテチス動物区とボレアル動物区を代表する海棲生物である．このように，ジュラ紀では，明瞭な子午線方向の生物区が発達した．

(2) 現代型の海洋物質循環の確立

ジュラ紀の海洋生態系における特筆すべき変化は，植物・動物プランクトンの多様化である．たとえば，植物プランクトンであるハプト藻はジュラ紀初期に，渦鞭毛藻はジュラ紀中期に多様化した．動物プランクトンである**浮遊性有孔虫**はジュラ紀中期に出現した．ハプト藻と浮遊性有孔虫は石灰質の殻を作ることで知られているが，このことが海洋生態系や海洋の物質循環に非常に大きな変革をもたらした．

一部のアクリタークなどの植物プランクトンは，先カンブリア時代から存在したと考えられているが，この時代は生物ポンプに寄与するような捕食者は存在してなかったと考えられている．顕生累代に入ると，植物プランクトンを捕食する生物が登場し，海洋表層で生産された有機物が糞粒として海底に沈降するようになった．糞粒の形成により，水柱中での分解を免れた有機炭素が海底面に供給されることにより，古生代から中生代初期にかけては生物ポンプが確立し，底生生物の多様化と，底生生態系の進化が加速された．

これに対し，ジュラ紀以降は海洋表層で炭酸塩を生産する生物が登場したことにより，炭酸塩の形でも炭素が海底に供給されるようになった．これにより**炭酸塩補償深度**の深化や，遠洋の深海底における石灰質の殻をもつ底生生物の多様化などにつながったと考えられる（図5.12）．さらには，海洋地殻上に炭酸塩が堆積することにより，地球内部の岩石循環にも影響を及ぼすようになった．

5.4.3 白亜紀
(1) 温室地球時代の隆盛

白亜紀には**巨大火成岩岩石区**の形成や海洋底拡大速度の増加などにより，マントルから大気中に大量の二酸化炭素が供給された．その結果，大気中の二酸化炭素濃度は現在の約3〜10倍に相当する1000〜4000 ppmにも達したと予想されている（図5.13）．このような大気中の高い二酸化炭素濃度により，白亜紀は極度に温暖化が進行した時

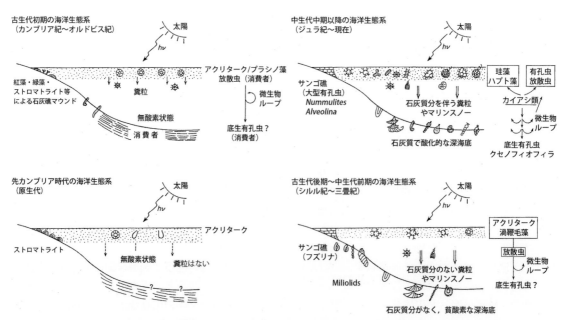

図5.12 有機炭素や炭酸塩の生物ポンプに着目した原生代から現在までの海洋変革の概要
北里ほか（1998）を改変．

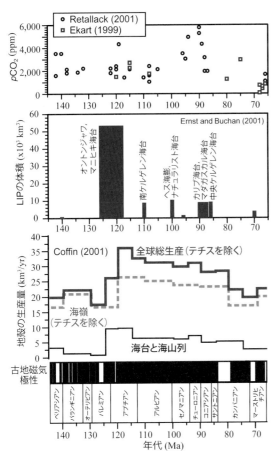

図 5.13 白亜紀を通じた大気中の二酸化炭素濃度，巨大火成岩岩石区の形成年代，海洋底の拡大速度および地磁気の極性

LIP, Large Igneous Province（巨大火成岩岩石区）．Moriya（2011, Paleont. Res.）を改変．

代であり，南・北両極に氷床の存在しない，温室時代であった．

グリーンランドに分布する白亜系からは，現在の熱帯地域に分布するパンノキの葉化石が産出し，カナダ北極域からはワニやカメなどのは虫類の化石が産出するなど，その生物相も現在とは大きく異なるものであった．古水温の解析からは，白亜紀の赤道付近の海面水温は35℃程度にも達したことが示されており，現在の赤道付近の遠洋域における海面水温の最高値（約28℃）よりはるかに高かった．白亜紀の海面水温と現在のそれとの差は，とくに高緯度地域で大きかったことが知られており，高緯度地域ではその差は20℃以上あった可能性もある（図5.14）．

(2) 海洋無酸素事変

白亜紀には，繰り返し**海洋無酸素事変**が発生したことが知られている．これは，汎世界的に短期間のうちに海底に有機物が大量埋没した事象である．これにより，有機物に富んだ**黒色頁岩**が形成されて，これが今日の中東に埋蔵されている石油の根源岩となっている．

海洋無酸素事変の発生メカニズムや，発生から終了までの過程については現在でも活発な議論が行われているが，以下のような要因が考えられている．まず，極端な温暖化により，海水温が上昇することで，海洋の**熱塩循環**が停滞したと考えられている．さらに，風成循環が弱まることにより，湧昇流などの海洋を撹拌する作用も衰退したことが海洋循環の停滞に拍車をかけたと思われる．また，蒸発が活発になり，水循環が活性化することで，珪酸塩鉱物の化学風化が促進され，大陸から海洋に供給される栄養塩量が増加し，高水温とも重なって海洋における一次生産が活発化したことも予想されている．これらの効果により，大量に生成された有機物が，循環が停滞した海洋底にもたらされ，その分解のために酸素が消費されることで海洋が無酸素化したとされている．白亜紀前期から中期には，海洋無酸素事変が繰り返した起きたことにより，海棲生物が絶滅と放散を繰り返したことがわかっている．

(3) 海棲生物の進化

白亜紀に入ると，珪藻がその生息域を海洋域に拡大させ，海洋における光合成の主役を担うようになった．白亜紀末までには，珪藻による光合成量は，海洋の全光合成量の40%程度に達していたと考えられている．また，光合成を行う渦鞭毛藻やハプト藻も多様化した．特に，白亜紀後期の大西洋地域においては，ハプト藻がココリスを大量に生産し，白亜紀の語源ともなった白亜の壁を形成した（口絵5.2）．さらに，動物プランクトンである浮遊性有孔虫も大きく放散するようになり，海洋における**生物ポンプ**やアルカリポンプなどを介した物質循環が現代のものと同様になったと考えられている．

このように，現代型の海洋生態系に近づきつつあったものの，白亜紀の海洋生態系は，古生代型生物と現代型生物の混合からなっていた．その典

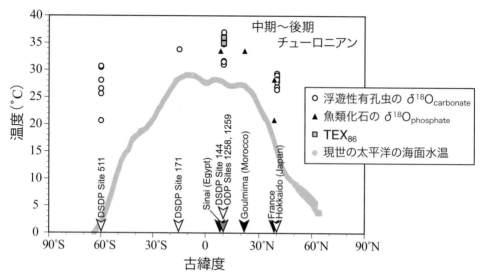

図5.14 白亜紀中期チューロニアン期中期から後期の海水温の緯度分布
灰色の線は現在の太平洋の海面水温の緯度分布を示す. Moriya (2011, Paleont. Res) を改変.

型例が特に浅海で多様に放散したアンモナイト類の存在である. また, 硬骨魚類も多様化したのに対し, 海洋における最上位捕食者は海棲は虫類であった点も現在の海洋と大きく異なる点である. さらに, 白亜紀はカルサイトオーシャンであったことから, アラゴナイト殻をもつ六放サンゴの礁が現世ほどに発達しなかった. 六放サンゴの代わりに, (広義の) 礁を形成したのはジュラ紀後期に出現し, 白亜紀に急速に多様化した厚歯二枚貝であった.

(4) 中生代の海洋変革

海洋の浅海域においては, 硬骨魚類が多様化し, カニや肉食の腹足類などの新しい捕食者が出現したことで, 移動能力の低い底生生物に対する捕食の圧力が極端に増加した. これは, カニなどによる貝殻破壊痕がジュラ紀後期から白亜紀以降に急増することにも示されている.

これにより, 古生代型生物の代表でもあり, 浅海域にも広く分布していた腕足類や有柄ウミユリ類などが浅海域から姿を消し, 深海へと棲息場を移動させた. また, 被食される側の腹足類も, 殻口を小さくし, 殻口部の殻を肥大化させるような貝殻破壊食者への防御形態をもつ種が増加するなど, 捕食者-被食者間の捕食戦略対防御戦略の段階的拡大競争が加速される事となった. 中生代に起きたこのような新しい捕食者の登場による海洋生態系の変革を, **中生代の海洋変革**とよんでいる.

(5) 陸上生態系の変革

白亜紀に入ると, ジュラ紀までは陸上植物の中でも大きな生物量をもっていたソテツ類が減少し, ソテツの時代が終焉を迎えた. それに代わるように, 白亜紀中期には被子植物 (顕花植物) が登場した. 被子植物は, 昆虫への花蜜の提供と花粉の媒介による生殖様式を確立し, 昆虫との共進化により急速に多様化した.

大型動物では, 現世で**哺乳類**が占めている生態的地位を恐竜などのは虫類が占めていた. 哺乳類は, 恐竜からの捕食の圧力が原因で大型化できなかったのであろう. 陸上では植物食性恐竜および動物食性恐竜の両者が共存し, 群れをなして行動する種がいたことも知られている. また一部の恐竜では営巣し, 抱卵していたこともわかっている.

棲息域については, 低緯度地域はもとより, 南極大陸に分布する白亜系からもハドロサウルス類の化石が発見されており, 極域までもが恐竜の行動範囲に含まれていた. さらには, 空中を滑空する翼竜も存在した. 一部の恐竜は, 羽毛を有していたことも知られている. 白亜紀中期には, それらの恐竜の一部から鳥類が進化したことも明らかになっている. すなわち, 現生の鳥類は恐竜の生き残りともいえよう. かつては, ジュラ紀に登場した始祖鳥 (*Archaeopteryx*) が現生の鳥類の

祖先ないし近縁種と考えられていたこともあるが，近年では始祖鳥は羽毛を有した恐竜の一種であり，現生の鳥類との直接的な関係はないと考えられている．

(6) 白亜紀末の大量絶滅

白亜紀末には，顕生累代における5回目の大量絶滅事変が起きた．この絶滅では陸上を支配していた恐竜，海洋を支配していた大型の海棲は虫類（モササウルス，プレシオサウルスや大型のカメ）が絶滅し，は虫類が生態系の最上位捕食者を占める時代が終わりを告げた．これらのほかにもアンモナイト類や厚歯二枚貝が絶滅し，裸子植物や被子植物の多くのグループ，ハプト藻の90%など，一次生産者にも大きなダメージがあった．

この絶滅事変の原因として，デカン洪水玄武岩の噴出があげられることがあるが，最終的に大量絶滅を引き起こした作用は，地球への地球外天体（小惑星）の衝突であったと考えられている．世界各地の白亜紀／古第三紀境界の地層には，**イリジウム**などの重金属が濃集していることが知られている（図5.15）．さらに，メキシコのユカタン半島から，直径約100 kmに及ぶクレーターの痕跡が見つかっている．このようなことから，イリジウムは地球外天体の衝突によってもたらされたと結論されるようになった．この小惑星の直径は10 km程度であったと推測されている．

数値実験などにより，小惑星衝突後の環境変動が議論されている．この小惑星の衝突により，大気中に大量の塵や溶解した岩石片が飛散し，太陽光を遮断することで，数ヶ月から数年程度の間，地表面には太陽からの日射が届かなかったと考えられている．これにより，地球表面で一次生産が停止したと推定されている．さらに溶解した岩石片から形成されたマイクロスフェリュールが地球上に降り注ぎ，その摩擦熱によって大気は数百℃にまで高温化したとされている．一方で太陽光が遮断されていたことにより，その後，地球表層は極端に寒冷化した．また，小惑星が衝突した地点がメキシコのユカタン半島であったため，パンゲア大陸の分裂に伴い，ジュラ紀以降に形成された蒸発岩が大量に蒸発して，大気中に大量の二酸化炭素や硫酸が排出された．大気中の塵による太陽光の遮蔽が解消されたあとは，これらのガスの影響により温暖化が進行するとともに酸性雨が発生した．このような一連の作用により，海洋と陸上での同時大量絶滅に至ったと推定されている．

5.5 新生代の生命
5.5.1 古第三紀
(1) 隕石衝突直後の生態系

白亜紀末の小惑星衝突によってそれまで遠洋に分布していたハプト藻が絶滅し，通常は沿岸域に分布する日和見種のハプト藻（*Brraudisphera bigelowii*）が一時的に遠洋域にも分布するようになった．一方で，小惑星衝突の影響を受けなかった植物プランクトンもいた．具体的には，石灰質渦鞭毛藻や珪藻などであり，ある形態の石灰質渦鞭毛藻は，白亜系／古第三系の境界の直上で多産す

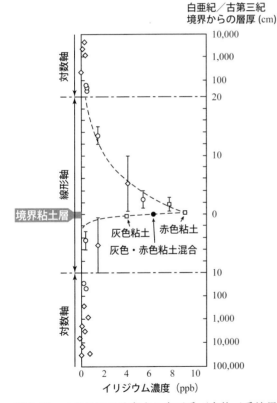

図5.15 イタリアに分布する白亜系／古第三系境界における岩石中のイリジウム濃度の層位学的変化

白抜菱形（Bottaccioneセクション）と白抜四角（Cotessaセクション）はGubbio地域の結果．白抜丸および黒塗丸はGubbioの北方27 kmの地域の結果．Alvarez *et al.*（1980, Science）を改変．

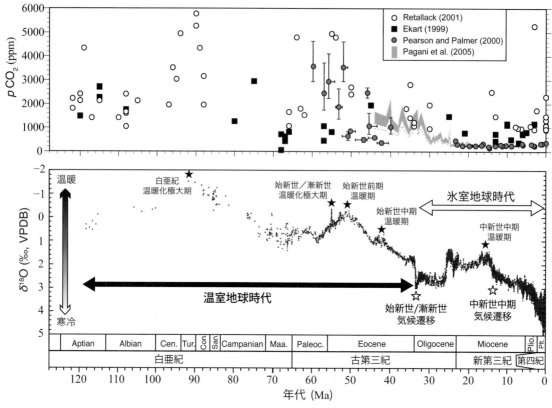

図 5.16 白亜紀から現在までの大気中の二酸化炭素濃度と底生有孔虫化石の酸素同位体組成
底生有孔虫化石の酸素同位体組成は低いほど高温を，高いほど低温を示す．各時代における温暖化イベント（黒塗星印）と寒冷化イベント（白抜星印）を同時に示す．Cen., セノマニアン．Tur., チューロニアン．Con., コニアシアン．San., サントニアン．Maa., マーストリヒチアン．Plio., 鮮新世．Plt., 更新世＋完新世．Moriya (2011, Paleont. Res.) を改変．

るようになる．

陸上では，白亜紀末に裸子植物，被子植物ともに多様性が大きく減少した．その空いた生態的地位を埋めるかのようにシダ類の生物量が急増することが知られており，これをシダスパイクとよんでいる．このように，古第三紀最初期は，白亜紀末の大量絶滅により空いた生態的地位を一時的に埋めるような日和見種が放散した．

(2) 温暖化極大で始まった始新世

白亜紀中期以降，海洋底の拡大速度が減少し，LIPs の形成も停滞したことから，白亜紀末期から古第三紀初期には海水温はやや低下した．しかし，古第三紀の暁新世末以降には大陸の分裂速度が上昇したことにより，再び大気中の二酸化炭素濃度が上昇に転じた．これにより，暁新世末から再び海水温が上昇し始めた．

特に始新世には，全球的な緩やかな温暖化傾向に加え，突発的な温暖化極大（Thermal maximum）が発生した．その象徴的なイベントが，暁新世／始新世境界に発生した暁新世／始新世温暖化極大期（Paleocene/Eocene Thermal Maximum；PETM）である（図5.16）．このイベントでは，3000 年以下の間に 10 ℃ 以上の海水温上昇が認められ，白亜紀／古第三紀境界では全く影響のなかった底生有孔虫の約 70 % が絶滅した．

その後，始新世前期は温暖化を続け，前期始新世に温暖化の極大を迎えた（始新世前期温暖期；Early Eocene Climate Optimum；EECO）．EECO では北米大陸の北緯約 40° の地点からヤシの化石が産出するなど，温暖な気候を示す生物の分布域が高緯度側に拡大した．白亜紀中期の温暖期と同様に，始新世の温暖期においても低緯度地域に比べ高緯度地域の海面水温の上昇が著しかった．

(3) 寒冷期への転換と南極氷床の形成

EECO 以降は，全球的な平均気候は寒冷化に転じた．寒冷化している中でも，依然として温暖化極大（たとえば，始新世中期温暖期；Middle Eocene Climate Optimum；MECO）は存在したが，北極海では海氷が形成されるなど，確実に寒冷化していった．そして，始新世／漸新世境界では，南極大陸上に氷床が形成され，ペルム紀中期から続いていた温室地球状態に終止符が打たれた．このときの温室地球から**氷室地球**への転換は，始新世／漸新世気候遷移（Eocene Oligocne Transition；EOT）とよばれている．図 5.3 に示すように，温室地球状態と氷室地球状態は互いに不連続な安定状態であり，両者の間の遷移は気候ジャンプとよばれている．EOT は地球史における現在から直近の気候ジャンプであり，地球気候が大きく転換した点である．

(4) 哺乳類の多様化

古第三紀に入ると，恐竜による捕食の圧力から開放された哺乳類が，急速に多様化した．始新世には，現生の哺乳類のほとんどの目が出現し，ウシやブタなどを含む偶蹄類や，ウマやサイなどを含む奇蹄類やゾウなども出現した．また，始新世前期には，前肢と後肢で枝をつかむことができるような**霊長類**が出現し，真猿類も登場した．哺乳類の一部は海洋へ進出し，海洋における最上位捕食者の 1 つとして，カバに近縁のグループから鯨類が誕生した．また，顎の幅が 2 m にも達するようなサメも登場し，海洋生態系が刷新された．

上述の始新世／漸新世境界における氷室地球への転換により，気候が乾燥化し，始新世までの木本が主体の植生から，漸新世では草本が主体の植生へと転換した．これにより，樹上性や葉食性の哺乳類が絶滅した．ヨーロッパでは，この哺乳類動物相の転換は Grande Coupure（Great Break）とよばれており，漸新世では，寒冷・乾燥化した気候に適応した種が放散した．乾燥化し，草本主体の植生の繁茂により開けた草原が拡がったことにより，哺乳類の体サイズが地球史上最大となった．たとえば，サイ類の *Paraceratherium* は体長が 7 m を超えるほどに大型化したことが知られている．また，肉食獣も草原における待ち伏せ型の狩りを行うようなグループが登場した．

5.5.2 新第三紀－第四紀

(1) 現代地球環境への到達

新第三紀には，インド亜大陸がアジア大陸に衝突し，ヒマラヤ山脈の形成が開始され，地球上の大陸配置や古地理，標高分布などが，現在の状態に到達した．始新世／漸新世境界で形成された氷床は，漸新世後期には縮小し，中新世はやや温暖な気候となったことが知られている．ところが，この温暖気候も長くは続かず，中新世中期には海水温が低下し（図 5.16）寒冷化と乾燥化が進行した．中新世前期に一度湿潤な森林環境が発達したものの，この寒冷・乾燥化により，再び草本類が主体となる草原環境が拡がった．

乾燥したサバンナでは偶蹄類および奇蹄類が多様化したが，特にウマの進化には顕著な特徴がある．中新世後期の 700〜800 万年前には，それまでの C_3 植物主体の草原から，C_4 植物主体の草原への転換が起きた．C_4 植物は C_3 植物に比べると，植物体内に数倍以上のプラントオパールを保持している．これにより，C_4 植物を餌とする場合，丈夫な臼歯をもつ必要があった．この乾燥化と C_4 植物の繁栄に呼応するように，ウマ類は葉食性から草食性に進化し，長い臼歯を発達させた．さらに，開けた草原で捕食者から逃れるために体サイズが大型化し，走力が著しく向上した．中新世中期まで主体をなしていた，やや小型で森林に生息していたウマ類はこのときに絶滅した．

海洋においては，中新世に大きな歯をもったマッコウクジラやイルカ，動物プランクトンを捕食するヒゲクジラなどが進化し，現代型の海洋生態系がほぼ確立された．

(2) 氷期-間氷期サイクルの顕在化

鮮新世前期までは，南部イギリスでも亜熱帯気候となるなど，現在よりもやや温暖であったが，およそ 300 万年前に温暖期が終了し，北半球においても氷床が形成され，今日に続く明瞭な氷期-間氷期サイクルが始まった．これ以降，北アメリカ大陸などには，迷子石，モレーンや氷河湖などの氷河性地形が発達するようになった．

底生有孔虫化石の酸素同位体組成は，約 250 万年前から振幅が大きい繰り返し変動を示すようになることから，この頃から氷期-間氷期サイクルが明瞭になったと考えられている．このことをも

とに，国際地質科学連合（IUGS）は 2009 年に第四紀の開始年代を改め，258 万年前から始まると定義した．この値は，地磁気の逆転時期（ガウス－松山境界）とほぼ一致する．これにより，北西ヨーロッパからは亜熱帯植物が消失し，より寒冷で乾燥な気候へと転換していった．また，氷期-間氷期サイクルは，約 100 万年前までは約 4 万年周期（地軸の傾きの変動周期）で繰り返していた．それに対し，約 100 万年前から現在までは，約 10 万年周期（地球の公転軌道の離心率の変動周期）で繰り返しており，これにより，現在観測されるような非常に振幅の大きい 10 万年周期の氷期-間氷期サイクルが成立した．

(3) ヒトの進化

始新世に霊長類が出現した後，旧世界ザルから類人猿が分化した．初期の類人猿はヨーロッパ，アジア，アフリカなどに分布していたが，やがてヨーロッパでは姿を消し，アジアでは数種が生き残るだけとなったが，アフリカでは多様な類人猿が生き残った．ヒトの直接の祖先に当たる種も，アフリカの類人猿から進化した．ヒト（*Homo* 属），チンパンジー（*Pan* 属），ボノボ（*Pan* 属），ゴリラ（*Gorilla* 属），オランウータン（*Pongo* 属）が含まれるヒト科のなかで，現生のヒトに至る系統（ヒト族：ここでは *Pan* 属は含まないものとする）に属する祖先は約 700 万年前に出現した．

このヒト族の進化には，中新世末期以降の乾燥化が関与していると考えられている．現生のヒト科に属する類人猿のうち，ヒトを除く 3 属は全て熱帯雨林に棲息している．これに対しヒト族は，気候の乾燥化に伴い拡大した草原地帯に分布し，直立二足歩行を進化させることで生き延びてきた．おそらく，食料を集めるため等の理由で進化した直立二足歩行，あるいはそれに近い直立姿勢が，乾燥化し開けた草原での生活に有利に働いたのであろう．

現生のチンパンジーも道具を使用することから，ヒト族はその初期の段階から簡単な道具を使用していたと考えられる．意図的に作成した石器を使用するようになった種が出現したのは，およそ 260 万年前と推定されている．その後，約 180 万年前にヒトも属する *Homo* 属の初期のメンバーが登場した．この時点ですでに他のヒト科の類人猿に見られるような木登りへの適応形態は消失しており，効率的に歩行・走行が可能な形態（長い脚や土踏まずなど）を有していた．*Homo* 属はより洗練された石器（握斧など）を使用するようになり，それ以前のヒト族が植物食中心であったのに対し，肉などのより栄養価の高いものを食べるようになったと推測されている．

アフリカで誕生した *Homo* 属は，その誕生とほぼ同時にアフリカを旅立ち，中東，ヨーロッパ，アジアへと分散していった．これらのグループは，およそ 150 万年前には中東に，60 万年前にはヨーロッパに，100 万年前までにはアジアに到達していた．一方，アフリカに残ったグループもいた．約 60 万年前に，アフリカに残ったグループから極めて脳容量の多い種（*Homo heidelbergensis*）が進化した．*Homo heidelbergensis* はアフリカを出て，ヨーロッパやアジアに移動し，約 30 万年前にはネアンデルタール人（*Homo neanderthalensis*）として知られる新しい種を生み出した．一方で，さらにアフリカに残った *Homo heidelbergensis* もいた．約 20 万年前に，この最後までアフリカに残ったグループから，ヒト（広義の *Homo sapiens*）が進化した．

ヒトとネアンデルタール人は，共通祖先である *Homo heidelbergensis* から分化したが，最終的にネアンデルタール人は約 3 万年前に絶滅した．しかし，ネアンデルタール人は完全に絶滅したわけではない．初期のヒトの中でも，ヨーロッパ人とアジア人は，ネアンデルタール人とも交配しており，現生のヒトの遺伝子の一部にはネアンデルタール人の遺伝子が含まれていることが明らかになっている．このようにヒト族は，アフリカで誕生して以降，複数回の出アフリカを経て，最終的にはヒト（*Homo sapiens sapiens*）のみが生き残り現在に至った．

6 鉱物・エネルギー資源

　鉱物資源価格は2000年頃から急騰し始めたが，2010年頃からは下落傾向を示している．これは，中国の急速な経済成長に伴う鉱物資源への需給に関連した動きである．今後，多くの人口を抱えるインドや東南アジア諸国などの急速な経済成長が見込まれるため，鉱物資源の国際的な争奪戦が再度繰り広げられることが予想され，鉱物・エネルギー資源の安定的な供給が益々重要な社会問題となるであろう．本章では私たちが日常使用しているこのような鉱物・エネルギー資源の現状を理解するとともに，これらの資源が地球の歴史においてどのように生成されたかを理解する．

6.1　資源問題
6.1.1　資源の消費動向

　高度に発展した現代社会において，鉱物・エネルギー資源は必要不可欠である．世界人口は2017年において約75億人であり，2050年には97億人に達することが予想されている．このような人口増加予測からこれから先の資源消費量の増加は明らかである．現在の世界人口の約8割は発展途上国に集中しており，過去における先進国の鉱物・エネルギー資源の消費量の伸び方から推測して，今後の世界における資源消費量の増加が急激なものになることが予想される（図6.1）．銅を例にとると，国民一人あたりの消費量は，一人あたりの国内総生産（GDP）が10,000 US$近くに達するまでGDPに比例して増加している（図6.2）．経済成長が著しい中国では，1980年からの30年間に一人あたりの銅の消費量は15倍に増加している．世界一の人口を有する中国の銅消費量は，2002年において世界の17%を占め，世界第1位の消費国となり，2016年にはその割合は49%にまで達している．他の多くの鉱物資源においても中国の消費量は上位を占めている．2008年のリーマンショックも加わり，中国の経済成長は2010年以降鈍化してきたため，金属資源価格は下落傾向を示しているが，今後，中国と同程度の人口を抱えるインドや多くの人口を抱え

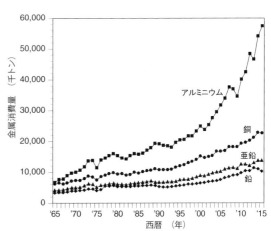

図6.1　世界におけるおもな金属の1965年から2015年における消費量推移（志賀，2003を元に改編）
データの出典：WORLD BUREAU of METAL STATISTICS:『World Metal Statistics』

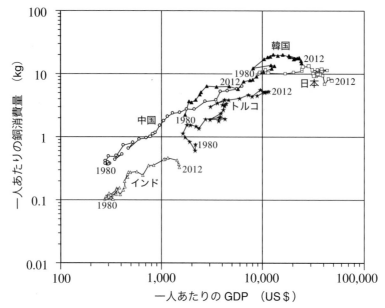

図 6.2 1980 年から 2012 年における国民一人あたりの GDP と銅消費量の推移
データの出典：世界鉱物資源データブック（第2版）(2006)，World metal statistics yearbook (2013)，United Nations (2013)，IMF (2017)

る東南アジア諸国などにおける急激な経済成長が見込まれることから，再度，世界における金属資源の争奪戦が激しくなることが予想される．長期的には，アフリカでの爆発的な人口増加とその経済成長が予想されており，資源の安定的確保は重要な社会問題である．

6.1.2 資源の枯渇

世界人口の急激な増加と発展途上国における消費の急激な上昇とがあいまって，世界における資

表 6.1 金属資源の静態的耐用年数の推移

	1970年	1975年	1980年	1985年	1990年	1998年	2006年	2011年	2016年
クロム	420	72	339	97	116	-	-	-	-
鉄	240	141	109	91	67	137	83	58	72
ニッケル	150	80	80	65	56	40	42	39	35
白金族	130	98	172	126	195	-	-	-	-
コバルト	110	83	77	77	76	171	103	69	64
アルミニウム	100	224	244	234	192	205	140	101	247
マンガン	97	74	52	36	37	97	39	39	43
モリブデン	79	75	83	55	50	41	47	42	61
タングステン	40	47	50	60	59	62	32	44	36
銅	36	55	64	41	39	28	32	42	39
鉛	26	41	35	26	21	21	23	19	19
亜鉛	23	22	26	24	20	25	18	20	18
錫	17	48	42	15	20	37	20	20	17
銀	16	20	24	18	19	17	13	23	21
水銀	13	19	23	22	25	52	31	47	-
金	11	34	27	26	23	20	17	20	17

データの出典：1970-1990：西山孝 (1993)，1998-2016：USGS "Mineral Commodity Sumarries"

源消費量は今後も急激に増加することが予想される．鉱物・エネルギー資源は人間の時間スケールにおいて再生不能なものであることから，このまま採掘し続ければやがて枯渇することは明らかである．資源の枯渇に関する最初の予測は，人類が直面している諸問題の解決をめざして結成されたローマクラブによる1972年の「成長の限界」でなされている．資源の埋蔵量を1年間における消費量（リサイクル量を除いた消費量≒生産量）で割った値は**静態的耐用年数**とよばれ，資源の枯渇を予測するうえで最も基本的な数値である（表6.1）．実際には，新しい鉱床が発見され埋蔵量が増加したり，採掘・選鉱技術の進歩，代替物質の登場，各国の経済状況に応じた消費量の変化，価格変動などがあるため，資源の枯渇時期を正確に予測することは困難である．1972年当時，石油の静態的耐用年数は31年であったが，31年以上経過した現在でも石油は枯渇しておらず，最近では石油の静態的耐用年数は40〜50年といわれ，1972年当時よりもむしろ長くなっている．少なくとも過去40年間に限れば，資源の静態的耐用年数には大きな変化はなく，ほぼ横ばいであった．しかしながら，この先もこのような状況が長く続くとは考えられず，いつかは資源の枯渇に直面することが予想される．埋蔵量に今までに採掘された鉱石を含めた鉱石量は，地殻における元素の存在度と比例関係にあると考えられている．この関係を主要な元素について示したのが図6.3である．金はすべての金属資源の中で人類が最も集約的に採掘してきた資源であり，金の値を通るように引いた線は，鉱石量＝｛地殻存在度｝×$10^{13.54}$トンで表される．この線に近いところにプロットされている元素ほどその枯渇が近いと推測され，金をはじめ，銀・鉛・亜鉛・銅・錫に関してその枯渇のリスクが高いと推測される．今後，代替物質の出現，各種技術革新，資源リサイクルの進展などが考えられるため，その枯渇時期を正確に予測することは難しいが，環境への負荷の軽減も考慮に入れ，金属資源に関して早急に資源循環システムを構築することが望まれる．また，エネルギーに関しては，太陽光発電やバイオマスの利用などのクリーンエネルギーの積極的導入が望まれる．

6.1.3 資源の供給不安

日本の現在の鉱物・エネルギー資源の自給率は，石灰石や少量ではあるが，金・銀・天然ガスなどを除いて，ほぼ0％である．すなわち，日本は鉱物・エネルギー資源のほぼ100％を海外から輸入している．これら地下資源は世界中に均等に分布しているわけではなく，地質学的な過程において生成されたものであることから，地質環境の違いに応じて偏在している．たとえば，バナジウム・白金族元素・ニオブ・タンタル・リチウムの埋蔵量の90％以上が上位3カ国に集中している（図6.4）．また，産出量においても希土類元素・アンチモン・ベリリウム・ニオブ・白金族元素・トリウム・タングステン・バナジウム・ジルコニウムに関しては上位3カ国がその90％以上を産出している．しかも，その多くは，政情の不安定な発展途上国であり，安定的供給が必ずしも見込めな

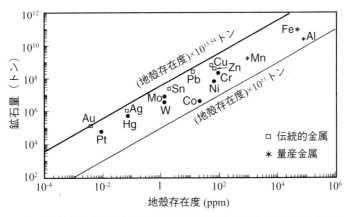

図6.3 元素の地殻存在度と鉱石量（既採掘鉱石量を含む）との関係（西山，1993）

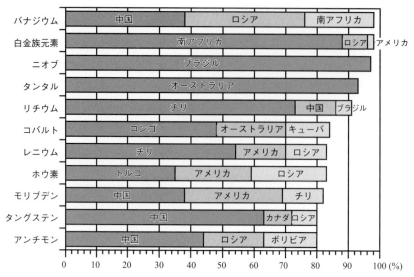

図 6.4 埋蔵量の 80％以上が上位 3 カ国に集中している金属資源（鉱物資源データブック，2006 より）

い状況にある．石油もその埋蔵量のおよそ 6 割が中東に集中しており，その供給動向は世界経済に大きな影響を及ぼしている．それに加え，鉱物・エネルギー資源において国際資源メジャーによる寡占支配が進んでいる実態がある．このように資源の供給には不安定要素があるため，そのリスクを回避する手立てを講じる必要がある．たとえば，海外での資源開発への積極的な取り組み，資源の備蓄，資源リサイクルシステムの構築，代替物質の開発などが，私たちに課せられた重要な課題である．

6.1.4 資源と環境破壊

鉱物・エネルギー資源は人類に多大な恩恵をもたらしているが，その反面，地球環境に多大な負荷を与え，いまやその消費の付けが人類に跳ね返ってきている．地球温暖化はその最たる例である．二酸化炭素は地球 46 億年の歴史の中で，**化石燃料**や石灰岩として地殻中に徐々に蓄えられてきた．しかし，化石燃料の多量かつ急速な消費の結果，二酸化炭素が大気中に大量に放出され，これが温室効果ガスとして作用し，それが原因で異常気象・海面上昇・砂漠化などのさまざまな地球環境問題を引き起こしている．このようなことから，今後化石燃料資源へのエネルギー依存度を軽減するため，太陽光発電・風力発電・潮汐発電・地熱発電・バイオマスの利用などのクリーンエネルギーへの早期転換が必要とされる．また，金属資源の開発に伴い，土壌や水の汚染，森林や海洋などの自然破壊が起きている．鉱山開発に伴う環境破壊の例として，日本では銅の開発に伴って起きた足尾鉱毒事件が有名であり，日本における鉱害の原点である（§8.1.1 参照）．発展途上国においては，先進諸国による経済優先の開発が行われ，環境保全がおろそかにされている傾向が認められる．

6.2 鉱物・エネルギー資源の生成
6.2.1 地球の進化と資源の生成

地球は，コンドライト質物質が集積することにより約 46 億年前に形成された．コンドライト質物質の集積に伴う重力エネルギーの開放と大気中の水蒸気および二酸化炭素による温室効果のため，原始固体地球の表層温度は岩石の溶融温度に到達し，マグマオーシャンによって覆われていた．コンドライト質物質が溶融すると珪酸塩溶融体と鉄ニッケル溶融体とに分離し，重い鉄ニッケル溶融体は地球中心部に沈み，その表層を珪酸塩溶融体が覆う二重構造になった（§4.2 参照）．この過程において地球における元素の大分別が行われた（表 6.2）．すなわち，**親鉄元素**とよばれるコバルト・金・白金族元素などが鉄ニッケル溶融体に，**親石元素**とよばれるアルカリ元素・アルカリ土類元素・アルミニウム・ウランなどが珪酸塩溶融体

表6.2 元素の地球化学的分類 (Mason and Moore, 1982)

親鉄性	親銅性	親石性	親気性
Fe* Co* Ni*	(Cu) Ag	Li Na K Rd Cs	(H) N (O)
Ru Rh Pd	Zn* Cd Hg	Be Mg Ca Sr Ba	He Ne Ar Kr Xe
Os Ir Pt	Ga* In* Ti*	B Al Sc Y La-Lu	
Au Re** Mo**	(Ge) (Sn) Pb*	Si Ti Zr Hf Th	
Ge* Sn* W*	(As) (Sb) Bi	P V Nb Ta	
C*** Cu* Ga*	S Se Te	O Cr U	
Si*** As** Sb**	(Fe) Mo (Os)	H F Cl Br I	
	(Ru) (Rh) (Pd)	(Fe) Mn (Zn) (Ga)	

*地殻では親銅性および親石性，**地殻では親銅性，***地殻では親石性

に濃集した．地球の冷却に伴い珪酸塩溶融体は固結し，マントルとなり，さらなる地球表層温度の低下により大気中の水蒸気は凝縮し海洋を形成した．大気中の二酸化炭素は海水に溶解してカルシウムイオンと結びつき，炭酸カルシウムとして沈殿し，多くは地層中に固定された．27億年前になると地球の冷却に伴いマントルは二層対流から一層対流へと変化した．この変化により外核を構成する鉄ニッケル溶融体の対流が活発になり，強い地球磁場が形成され，生物にとって有害な太陽からの高エネルギー粒子が地表に届かなくなった．このことにより生物は太陽光の届く浅海に進出し，光合成を行うシアノバクテリアが出現した．原始地球の大気中には酸素がなかったが，シアノバクテリアの出現により酸素が生成され，やがて大気中に酸素が放出されるようになった．およそ4億年前になると大気中の酸素濃度の上昇に伴いオゾン層が生まれ，生物にとって有害な紫外線が弱ま

表6.3 主要な鉱石鉱物

アルミニウム(Al)	: ギブス石($Al(OH)_3$), ベーマイト($AlO(OH)$), ダイアスポア($HAlO_2$)
チタン(Ti)	: ルチル(TiO_2), イルメナイト($FeTiO_3$)
クロム(Cr)	: クロム鉄鉱 ($FeCr_2O_4$)
マンガン(Mn)	: 軟マンガン鉱(MnO_2), 菱マンガン鉱($MnCO_3$)
鉄(Fe)	: 赤鉄鉱(Fe_2O_3), 磁鉄鉱(Fe_3O_4)
コバルト(Co)	: 輝コバルト鉱($CoAsS$), ペントランド鉱 $(Fe,Ni,Co)_9S_8$
ニッケル(Ni)	: 針ニッケル鉱(NiS), 珪ニッケル鉱($H_2(Ni,Mg)SiO_4 \cdot nH_2O$)
銅(Cu)	: 黄銅鉱($CuFeS_2$), 斑銅鉱(Cu_4FeS_5), 輝銅鉱(Cu_2S), 赤銅鉱(Cu_2O)
亜鉛(Zn)	: 閃亜鉛鉱$(Zn,Fe)S$
モリブデン(Mo)	: 輝水鉛鉱(MoS_2)
銀(Ag)	: 輝銀鉱(AgS_2)
錫(Sn)	: 錫石(SnO_2)
アンチモン(Sb)	: 輝安鉱(Sb_2S_3), 四面銅鉱($Cu_{12}Sb_4S_{13}$)
タングステン(W)	: 鉄マンガン重石($(Fe,Mn)WO_4$), 灰重石($CaWO_4$)
白金(Pt)	: 自然白金(Pt)
金(Au)	: 自然金(Au), エレクトラム(Au,Ag)
水銀(Hg)	: 自然水銀(Hg), 辰砂(HgS)
鉛(Pb)	: 方鉛鉱(PbS)
ビスマス(Bi)	: 輝蒼鉛鉱(Bi_2S_3)
希土類元素(REE)	: モナズ石$((Ce,La,Y)PO_4)$, バストネサイト$((Ce,La)(CO_3)F)$, ゼノタイム(YPO_4)
ウラン(U)	: 閃ウラン鉱 (UO_2)

ったことにより生物が上陸を開始した（第5章参照）．

鉱物・エネルギー資源の生成はこのような生物の出現をも組み込んだ地球の進化過程と密接に関係している．地球表層での造構運動の原動力は地球内部の熱によるマントル対流であり，火成活動はマントル対流が活発なときに激しくなり，火成活動に関連した鉱物資源は，このときに多く生成された（§3.3参照）．また，鉱物・エネルギー資源の生成は地球内部ばかりでなく表層環境にも影響を受けている．光合成を行う生物の出現に伴う酸素の増加に関連して生成された大規模な縞状鉄鉱層がその代表例である．このように地球の進化と鉱物・エネルギー資源の生成とは切り離すことができない．

6.2.2 鉱床とは

地殻中において有用な元素・鉱物・エネルギー源物質など（表6.3）が経済的に採掘可能な程度にまで濃集した場所は，**鉱床**とよばれる．また，有用元素や鉱物が濃集した岩石を**鉱石**とよぶ．どの程度濃集すれば鉱床や鉱石となりえるかは，金属種，鉱床のタイプ，規模，立地条件や経済事情などにより変わる．現在の経済的状況下で採掘可能な鉱石の**品位**は，金の場合はおよそ8 ppm程度であるが，鉄の場合10％含有されていても鉱石とはなりえない．採掘可能な鉱石の品位は鉱床のタイプ，規模や立地などにより異なるが，平均地殻存在度に対する濃縮率で表すと，水銀では100,000倍，金では4,000倍，鉛では2,000倍，亜鉛では300倍，銅では60倍，鉄とアルミニウムでは4倍程度である（図6.5）．

6.3 鉱床の種類と成因

鉱床は有用元素や鉱物の濃集機構，すなわち，その成因に基づいて分類される．岩石は火成岩・堆積岩・変成岩の3つに分類され，それぞれの岩石の生成過程は火成作用・堆積作用・変成作用とよばれる（第2章参照）．鉱石も岩石であることから，その生成も岩石の生成過程と同様に扱うことが可能であり，このような過程で生成された鉱床をそれぞれ**火成鉱床・堆積鉱床・変成鉱床**とよんでいる（表6.4）．

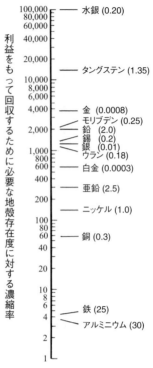

図6.5 鉱石の最低稼行品位（括弧内％）と平均地殻存在量に対する濃縮率（西山，1993；原図：Skinner, 1979）

火成鉱床は**マグマ性鉱床**ともいい，さらにマグマの分化に伴って生成されるものと放出される熱水またはマグマの熱によって暖められた天水（雨水）や海水が関与して生成されるものとに分けられる．前者は正マグマ性鉱床，後者は熱水性鉱床とよばれる．ただし，熱水性鉱床は火成鉱床とは独立した分類として取り扱われることもある．また，堆積岩と変成岩あるいは火成岩と変成岩との境界が必ずしも明確でないのと同様に，一部の鉱床では火成鉱床・堆積鉱床・変成鉱床の2つにまたがって分類されることもある．

6.3.1 マグマの分化と元素の濃集：正マグマ性鉱床

(1) 結晶分化型鉱床

純粋な固体を熱した場合，途中で分解しなければある温度で溶融する．この温度がその物質の融点である．すなわち，熱するとその物質は融点ですべて溶融し，融点より高い温度では液体として存在する．しかし，岩石のような複数の鉱物の集

6.3 鉱床の種類と成因

表 6.4 鉱床の分類

火成鉱床	正マグマ性鉱床	結晶分化型鉱床
		マグマ不混和型鉱床
		ペグマタイト型鉱床
		カーボナタイト型鉱床
		キンバーライト型鉱床
	熱水性鉱床	鉱脈型鉱床
		接触交代鉱床（スカルン鉱床）
		斑岩鉱床
		海底噴気堆積鉱床
		酸化鉄・銅・金型鉱床
		ミシシッピバレー型鉛・亜鉛鉱床
		熱水変質鉱床
堆積鉱床	機械的堆積鉱床	
	化学的堆積鉱床	層状鉄鉱床（縞状鉄鉱層）
		層状マンガン鉱床
		砂岩・頁岩型銅鉱床
		SEDEX 型鉛・亜鉛鉱床
		マンガン・ノジュール
		マンガン・クラスト
	蒸発鉱床	
	有機的堆積鉱床	石灰岩
		燐鉱床（グアノ）
		石炭
		石油・天然ガス等
	風化鉱床	風化残留鉱床
		風化浸透鉱床
変成鉱床		

合体では，純粋な物質の溶融・固結現象とは異なり，岩石が融け始める温度（ソリダス）と融け終わる温度（リキダス）には幅がある．逆に，マグマが冷却し，固結を開始してからすべてが固結し終えるまでにもかなりの温度幅がある．マグマの固結過程では，温度の降下に伴いある順番に従い鉱物が晶出する．たとえば，カルクアルカリ系列の玄武岩質マグマが冷却・固結する場合，温度の降下につれて苦鉄質鉱物と珪長質鉱物とが並行して晶出するが，苦鉄質鉱物はかんらん石・輝石・角閃石・黒雲母の順に，珪長質鉱物は Ca に富む斜長石から Na に富む斜長石へと連続的に組成を変化させながら晶出し，最終段階で石英やカリ長石などが晶出する．このような冷却・固結過程において順次鉱物が晶出し，マグマの組成が変化することをマグマの**結晶分化作用**とよぶ（§2.3.1 参照）．一般的に早期に晶出する鉱物はマグマと比べて重く，結晶はマグマ溜まりの下部に集積する．このような過程により生成された鉱床は，**結晶分化型鉱床**とよばれる．超苦鉄質や苦鉄質マグマの結晶分化作用に伴って結晶分化型鉱床が生成されることが多い．代表的なものに約 20 億年前に生成した南アフリカ共和国の**ブッシュフェルト貫入岩体**がある．この岩体は，東西 400 km，南北 300 km に達する巨大な複合火成岩体であり，マグマから晶出したクロム鉄鉱や含バナジウム磁鉄鉱が層状を呈して鉱床を形成している（図 6.6）．マグマ固結の末期では，マグマ中に水が濃集し，やがて水に飽和した状態で鉱物の晶出が行

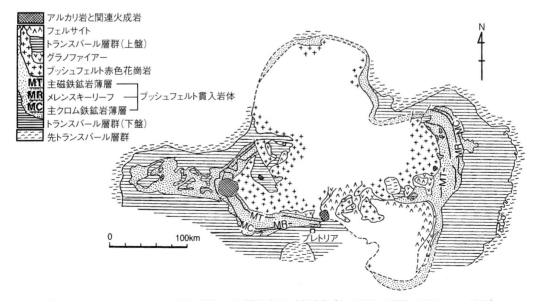

図 6.6 ブッシュフェルト貫入岩体の地質概略図（島崎英彦，2003，原図：Willemse, 1969）

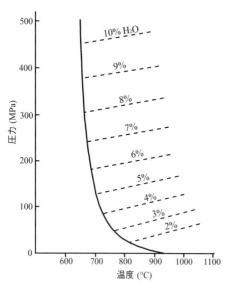

図6.7 石英-カリ長石-曹長石-水系におけるソリダスと溶融体中の水含有量（Tuttle and Bowen, 1958 を改変）

われるようになる．マグマはかなりの量の水を含有することができる（図6.7）．マグマから放出された水には塩素やフッ素などが含有されており，物質のよい運搬媒体となる．このような状況下では鉱物は成長しやすく，時には長さ1mに達する大きな鉱物が生成されることもある．このようにして生成された石英・長石・雲母を主とした巨晶からなる岩石は**ペグマタイト**とよばれる．ペグマタイトにはマグマの固結過程において鉱物中に取り込まれにくいイオン半径の小さな元素や大きな元素あるいは価数の大きな元素（**不適合元素**）が濃集し，リシア雲母や緑柱石などのリチウムやベリリウムを含有する鉱物，希土類元素（REE）や錫・タングステン・ニオブ・タンタル・ウラン・トリウムなどを含有する鉱物などが伴われる．

一般的な珪酸塩マグマとは異なる特殊な組成のマグマから生成した鉱床として**キンバーライト型鉱床**と**カーボナタイト型鉱床**がある．

キンバーライトは，珪酸分に乏しくアルカリに富む超苦鉄質岩であり，かんらん石・ざくろ石・磁鉄鉱・イルメナイト・金雲母・輝石などからなる．キンバーライトは爆発的な噴火を伴い，パイプ状をなして安定大陸に産し，ダイヤモンド鉱床の母岩となっている．キンバーライトの多くは白亜紀のスーパープルームの活動によりもたらされ

たものである（コラム6.1参照）．

カーボナタイトは方解石やドロマイトなどの炭酸塩鉱物を主体とした火成岩であり，アルカリ火成岩と関連して産する．カーボナタイトの成因には諸説が唱えられていたが，タンザニアのオルドイニョレンガイ火山（図3.13c）でカーボナタイト質マグマの噴出が観察されるとともに，同位体組成や高温高圧実験に基づき火成起源であることが明らかになった．カーボナタイトには希土類元素・ニオブ・タンタル・ジルコニウムなどが濃集し，鉱床を形成することがある．重要なカーボナタイト型鉱床としてアメリカ合衆国のマウンテンパス鉱床，オーストラリアのマウントウェルド鉱床（カーボナタイト由来の風化鉱床），中国のマオニューピン鉱床，南アフリカ共和国のパラボラ鉱床があげられる．

(2) マグマ不混和型鉱床

マグマから直接生成されるもうひとつのタイプの鉱床に**マグマ不混和型鉱床**がある．これは，マグマの冷却過程において珪酸塩溶融体から硫化物溶融体が不混和現象により分離し，有用元素が後者に濃集することにより生成される鉱床である．この分離には，温度の降下や酸素分圧の上昇が重要な役割を果たしているといわれている．珪酸塩溶融体と硫化物溶融体との間における元素分配実験によれば，ニッケル・銅・コバルト・金および白金族元素が珪酸塩溶融体に対し数10倍から数100倍硫化物溶融体中に濃集する（表6.5）．隕石の衝突が引き金となって生成されたといわれている約18.5億年前のカナダのサドベリー貫入

表6.5 珪酸塩溶融体に対する硫化物溶融体への元素の分配（島崎，2003）

	D		D
Ni	150,231-460	V	0.4>>0.01
Cu	50,180-333	Cr	0.01
Co	7,61-80	Au	176
Fe	1.2	Pt	118
Zn	0.1-0.5	Ir	80
Pb	>10	Os	34
Mn	0.4	Pd	156
Ti	0.4>>0.01		

D=（硫化物マグマ中の質量％／珪酸塩マグマ中の重量％）．研究者により，異なる組成の溶融体が用いられ，また実験温度も異なっているため，異なった比が与えられているものがある．

岩体中のニッケル・銅硫化物鉱床は，このようにして生成された鉱床である．また，前述したブッシュフェルト貫入岩体には，**メレンスキーリーフ**やUG2リーフ（クロム鉄鉱層）とよばれる白金族元素が硫化物やテルル化物の形で濃集した厚さ1m前後の層が存在し，世界最大級の白金族元素の供給源となっている．これらの層がマグマからの硫化物溶融体の分離によって生成されたとの説もあるが，マグマの結晶分化過程で生成された熱水によって白金族元素が移動・濃集したとの説も提唱されている．

6.3.2 熱水作用と元素の移動・濃集
(1) 熱水性鉱床

鉱床の生成において熱水が関与した鉱床を熱水性鉱床とよぶ．すなわち，有用元素が熱水中に溶解して運搬され，物理化学的環境の変化により鉱物として沈殿・濃集して生成された鉱床である．熱水性鉱床の生成に関与した水の起源は，水の構成元素である水素と酸素の安定同位体を用いた研究より，マグマ水・天水・海水，あるいはこれらが混合したものであることが明らかにされている．しかし，鉱床に濃集している有用元素がマグマに由来するのか，あるいは周囲の岩石に由来するのかに関しては必ずしも明らかになっていない．

熱水性鉱床の生成温度は，水に飽和した岩石の溶融開始温度付近である700℃程度から常温近くまでの広範囲にわたる．水は，常温・常圧下では液相の水と気相の水蒸気として存在するが，水の臨界点である374℃，22.1 MPa以上ではその区別がなくなり，超臨界水とよばれる（図6.8）．

熱水性鉱床は，脈状・網目状・鉱染状を呈することが多く，脈状をなすものは鉱脈型鉱床とよばれる．熱水性鉱床は成因や形態に基づき，鉱脈型鉱床以外に，**接触交代鉱床・斑岩鉱床・海底噴気堆積鉱床・IOCG型鉱床・ミシシッピバレー型鉛・亜鉛鉱床**などに分類される．

熱水性鉱床は，生成深度や温度に基づき深熱水性鉱床・中熱水性鉱床・浅熱水性鉱床に大別される．生成温度としては，かなりの重複があるが，深熱水性鉱床で300～600℃以上，中熱水性鉱床で200～500℃，浅熱水性鉱床で350℃以下が一

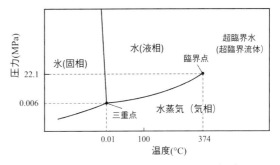

図6.8 水の状態図（Robb, 2005を改変）

コラム6.1　地下からの手紙　ダイヤモンド

最も硬い物質であるダイヤモンドは宝石としてばかりでなく，その硬さゆえに研磨剤や切削工具などにも利用されている．また，最近では半導体としての利用も考えられている．地球の深部を探るための超高圧実験でもダイヤモンドアンビルとして使用されており，D"相（図1.16）を構成するポストペロブスカイト相の存在がダイヤモンドアンビル型高圧装置を用いて明らかにされた．ダイヤモンドを構成する元素は炭素であり，地表条件下では同じ化学組成をもつグラファイト（石墨）が安定な相である．ダイヤモンドは高圧下で安定であり，地下150 km以上の深さで安定となる．このことからキンバーライトは，爆発的な噴火に伴い少なくとも地下150 kmよりも深い場所から急速に上昇してきたと考えられている．ダイヤモンドの中には下部マントルの構成物質であるCaペロブスカイト($CaSiO_3$), Mgペロブスカイト($(Mg,Fe)SiO_3$)やMgウスタイト($(Mg,Fe)O$)の微結晶を包有しているものがあり，少なくとも一部のダイヤモンドは下部マントルからやってきたと考えられている．ダイヤモンドは，オーストラリアではランプロアイトとよばれる岩石中にも産出する．また，極微粒であるが超高圧変成岩中にもダイヤモンドが見つかっている（コラム2.1，口絵2.2b）．日本でも2007年に極微粒のダイヤモンドを含む包有物が，玄武岩質岩脈の捕獲岩中の輝石内部から見つかっている．

般的に考えられている．深熱水性鉱床では，リチウムやフッ素を含有する鉱物が生成されるとともに，錫・タングステン・モリブデンが濃集する傾向がある．特に，花崗岩体の頂部付近での熱水変質により生成された白雲母および石英を主とし，錫・タングステン鉱物や蛍石・トパーズ・電気石などを伴う深熱水性鉱床を**グライゼン鉱床**とよぶ．中熱水性鉱床では，銅・鉛・亜鉛が，浅熱水性鉱床では，銀・水銀・アンチモン・鉛・亜鉛が濃集する傾向がある．金は，いずれのタイプの鉱床にも産出する．高温では有用元素が酸化物の形で，低温では硫化物・セレン化物・テルル化物として産出する傾向がみられる．

鉱床の生成に関与した熱水中には陰イオンとして塩素が含有され，1 mol/l の濃度を超えることも稀ではない．熱水中では，銅・鉛・亜鉛などのベースメタルは塩化物イオン（Cl^-）を配位した**クロロ錯体**として存在し，熱水に対する溶解度は温度とともに上昇する傾向がある．金の場合は，相対的に塩化物イオン濃度が低い条件下では HS^- を配位した**チオ錯体**として存在していると考えられている．このような金属を多く溶解した熱水の温度が低下すると，溶けていた金属が硫化物などとして沈殿し鉱床が生成される．鉱床の生成には，温度以外にも酸化・還元状態の変化やpHの変化も関係しており，また，圧力の影響も大きいといわれている．

(2) **接触交代鉱床**

火成岩類（主として酸性〜中性の深成岩）の貫入に伴い，熱水が石灰岩などの炭酸塩岩と反応した場合，金属の沈殿・濃集が起きやすく，このようにして生成された鉱床を**接触交代鉱床（スカルン鉱床）**とよんでいる．石灰岩を交代した接触交代鉱床では，カルシウムに富んだ鉱物であるザクロ石・単斜輝石・緑れん石・珪灰石などのスカルン鉱物が生成され，これらが**累帯配列**をなしていることが多い．タングステン・モリブデン・錫・鉄・銅・鉛・亜鉛などの成分がこれらスカルン鉱物の隙間に沈殿し，鉱床を形成している．接触交代鉱床は花崗岩類に伴って生成されていることが

図6.9 日本における磁鉄鉱系花崗岩類とイルメナイト系花崗岩類の分布（Ishihara, 1977：久城ら，1989）

6.3 鉱床の種類と成因

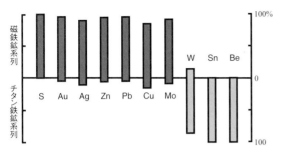

図 6.10 磁鉄鉱系およびイルメナイト系花崗岩類に伴われる鉱床における元素比（石原，1979）

図 6.11 斑岩銅鉱床であるビンガム鉱山（アメリカ・ユタ州）の大規模な露天掘りによる採掘風景（写真：小笠原義秀）

多いが，伴う花崗岩類の種類に応じて生成する鉱種に違いが認められる．花崗岩類は，その帯磁率に基づいて相対的に帯磁率の高い**磁鉄鉱系花崗岩類**と低い**イルメナイト系花崗岩類**（チタン鉄鉱系花崗岩類）とに分けられる（図 6.9）．磁鉄鉱系花崗岩類に関連して生成された鉱床には，モリブデン・銅・鉛・亜鉛・金・銀が濃集し，イルメナイト系花崗岩類に関連して生成された鉱床には，タングステン・錫・ベリリウムなどが濃集する傾向が認められる（図 6.10）．

(3) 斑岩鉱床

熱水性鉱床に属する他の重要な鉱床として斑岩鉱床があげられる．**斑岩鉱床**は酸性～中性の斑状貫入岩体に伴われた大規模・低品位鉱床であり，鉱染した金属種により**斑岩銅鉱床**・斑岩モリブデン鉱床・斑岩錫鉱床・斑岩金鉱床に分けられる（図 6.11）．タングステンを伴う斑岩鉱床も存在する．斑岩鉱床は，銅およびモリブデンの供給源として重要な鉱床であり，主として中生代以降の若い造山帯に分布している．斑岩銅鉱床では貫入岩体を中心として変質帯が同心円状に分布し，中心からカリウム変質帯（カリ長石，黒雲母）・フィリック変質帯（セリサイト，石英，黄鉄鉱）・粘土化変質帯（カオリナイト，モンモリロナイト）・プロピライト化変質帯（緑泥石，緑れん石，方解石）が分布している．鉱石鉱物は斑岩からもたらされた高塩濃度のマグマ水と天水との反応により沈殿したと考えられている．

(4) 海底噴気堆積鉱床

海底火山活動に伴って生成された熱水性鉱床は**海底噴気堆積鉱床**，あるいは**火山性塊状硫化物鉱床**とよばれる．海底噴気堆積鉱床は生成場所，関

コラム 6.2 廃坑の利用

日本にはかつて多くの金属鉱山が存在していた．しかし，今では大規模な鉱山としては鹿児島県に熱水性の鉱脈型鉱床である菱刈金山が残っているのみである．閉山した鉱山の多くは完全に閉鎖されてしまったが，いくつかの鉱山では坑道が有効利用されている．佐渡金山をはじめとして土肥金山・生野銀山・別子鉱山・足尾鉱山・中竜鉱山などでは観光坑道として公開されている．島根県の石見銀山はその歴史的な価値が認められ，2007 年にユネスコの世界文化遺産に登録された．また，研究目的に利用されている鉱山もある．研究利用として最も注目されるのは岐阜県にある神岡鉱山である．神岡鉱山は技術力が高く規模の大きな鉱山であること，地表から深い位置にあること，および多量のきれいな水を確保しやすいことなどから素粒子の 1 つであるニュートリノの研究に利用され，そのための研究設備としてスーパーカミオカンデが設置された．この装置は地下 1,000 m にある直径約 40 m，高さ約 40 m の円筒状の地下空間に収められている．この研究により小柴昌俊氏が 2002 年にノーベル物理学賞を受賞した．2001 年には東北大学の研究グループによって反ニュートリノの観測装置としてカムランドが神岡鉱山に設置された．

連した火山活動および濃集金属種の違いに基づき黒鉱型と別子型の2つに分類される.

黒鉱型鉱床は，酸性の海底火山活動に関連して生成された海底噴気堆積鉱床であり，太古代から新第三紀にいたる各時代に生成されている．黒鉱型鉱床の名前は，グリーンタフ地域に産し，新第三紀中新世中期に生成された日本の**黒鉱鉱床**（§3.5.2参照）に由来する．黒鉱鉱床では，上位から閃亜鉛鉱・方鉛鉱を主とし重晶石を伴う**黒鉱**，黄鉄鉱・黄銅鉱を主とした**黄鉱**，石英・黄鉄鉱・黄銅鉱よりなる**珪鉱**が層状をなしている（図6.12）．日本の黒鉱鉱床は，2,000～1,500万年前の日本海の拡大・生成に伴う酸性火山活動に関連して生成されたもの，すなわち背弧海盆で生成されたものである．カナダ楯状地の変成岩中に同様

の鉱床が生成されており，**ノランダ型**とよばれているが，方鉛鉱が少なく石膏や重晶石を欠く点で黒鉱型鉱床と異なっている．

別子型鉱床は黒鉱型鉱床とは異なり塩基性海底火山活動に伴って生成されている．別子型鉱床の名前は，その代表的存在であった四国の三波川変成帯中の別子鉱山に由来する．別名，**層状含銅硫化鉄鉱鉱床**ともよばれる．主として黄鉄鉱・磁硫鉄鉱・黄銅鉱からなり，少量の閃亜鉛鉱を伴う．同様に塩基性海底火山活動に伴って生成された海底噴気堆積鉱床に**キプロス型鉱床**がある．この鉱床は海洋地殻の断片であるオフィオライトに伴われる点で別子型鉱床と異なる．キプロス型鉱床は，オフィオライト層序上部に位置する枕状溶岩中に胚胎され，別子型鉱床とともに海嶺の拡大軸で生成されたと考えられている．

(5) 現世の海底熱水鉱床

海底火山活動に伴われる鉱床は現在でも活発に生成されており，これらは**海底熱水鉱床**とよばれている（図6.13）．近年，多くの海底熱水鉱床が発見されている（図6.19）．東太平洋海嶺北緯21°を初め，海嶺や背弧海盆に黒煙（ブラックスモーカー）や白煙（ホワイトスモーカー）の立ち昇る煙突（チムニー）を中心に銅・鉛・亜鉛・鉄・マンガン・金・銀などを伴う堆積物が生成されている（図6.13，口絵6.1）．チムニーから噴出される熱水の温度は300～400℃に達しており，海水により急冷され微細な沈殿物が生成され

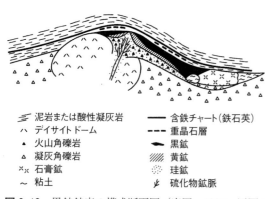

図6.12 黒鉱鉱床の模式断面図（鹿園，1997，原図：Sato, 1977）

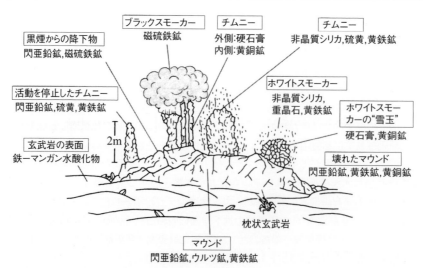

図6.13 海嶺における熱水噴出孔付近の様子（鹿園，1997；原図：Haymon and Kastner, 1981）

る．噴出する熱水の起源は海水であり，海洋地殻中にしみ込んだ海水が海嶺部に貫入してきた玄武岩質マグマの熱により暖められて対流し，海底に噴出したものである．濃集した金属はこの間に周囲の岩石から溶出されたものである．地球上の最初の生命体は海嶺のような熱水活動の盛んな海底で誕生し，硫化水素やメタンを酸化してエネルギーを得る好熱性の**化学合成独立栄養細菌**（硫黄酸化細菌，メタン酸化細菌）であると考えられている．熱水噴出孔周辺では，このような化学合成独立栄養細菌を底辺とした特殊な生態系の発達が認められる．

(6) 酸化鉄・銅・金型鉱床

酸化鉄・銅・金型鉱床は，IOCG（Iron Oxide-Copper-Gold）型鉱床ともよばれる．磁鉄鉱あるいは赤鉄鉱に銅の硫化物や金が伴われる．金属元素の起源はまだ明確にはなっていないが，苦鉄質〜中性のマグマに関連した400℃を超えるイオウ分圧の低い酸化的な高塩濃度の熱水によって生成されたと考えられている．角礫岩に胚胎されていることが多い．ナトリウム・カルシウム変質あるいはナトリウム変質を伴う．オーストラリアのオリンピック・ダム鉱床がその典型であり，スウェーデンのキルナ鉄鉱床もIOCG型に分類される．

(7) ミシシッピバレー型鉛・亜鉛鉱床

低温の熱水が関与して生成された熱水性鉱床のひとつに**ミシシッピバレー型鉛・亜鉛鉱床**がある．このタイプの鉱床は米国のミシシッピ渓谷の中流域に多く，鉛・亜鉛・蛍石などを産する．50〜200℃程度の油田塩水に似た高塩濃度熱水（NaCl濃度15％以上）が石灰岩やドロマイトを浸透・交代することによって生成されたと考えられている．

(8) 熱水変質作用による非金属鉱床の生成

岩石に熱水が作用するとある成分の添加や溶脱が生じ，元の岩石とは異なる鉱物組成・化学組成を有する岩石へと変化する．このような作用を**熱水変質作用**あるいは**熱水交代作用**とよぶ．

熱水変質作用によって生成された非金属鉱床にはベントナイト鉱床・カオリン鉱床・沸石鉱床などがある．ベントナイトとはモンモリロナイト（スメクタイト）を主とした粘土物質であり，ガラス質凝灰岩やガラス質流紋岩が低温熱水変質作用を受けて生成する．ベントナイトは，ボーリング用泥水・鉄鉱ペレット粘結材・鋳型粘結材・農薬のキャリアなどに使用されている．また，花崗岩や長石質砂岩のような珪長質岩石の熱水変質作用や風化作用によりカオリナイトやハロイサイトからなるカオリン鉱床が生成される．カオリンは，珪長質岩石の中に含まれる長石の変質によって生成され，製紙・陶磁器・塗料・化粧品などに用いられる．沸石は，中性から塩基性のガラス質凝灰岩や火山岩の熱水変質作用により生成される．沸石はナノサイズの空隙をもつ鉱物で，吸着材・イオン交換材・触媒・環境浄化物質などとして用いられる．熱水変質作用によって生成される鉱物種は，関与した熱水の温度やpHにより異なる．カオリンは酸性の熱水により，ベントナイトは中性の熱水により，沸石はアルカリ性の熱水により生成される（図6.14）．

(9) 水の起源と安定同位体

熱水性鉱床の生成に関与した熱水として，固結に伴いマグマから放出されるマグマ水，海水および天水があげられる．水の起源を探るために水素と酸素の**安定同位体比**が使われる．その値とし

	酸性帯	中性帯		アルカリ性帯	
		K系	Ca-Mg系	Ca系	Na系
温度 ↑	ダイアスポア帯	カリ長石帯	プロピライト帯	ワイラケ沸石・湯河原沸石帯	曹長石帯
	パイロフィライト帯	絹雲母帯		濁沸石帯	
	カオリナイト帯	混合層粘土鉱物帯	混合層粘土鉱物帯	輝沸石菱沸石帯	方沸石帯
	ハロイサイト帯	モンモリロナイト帯	モンモリロナイト帯	束沸石帯	モルデン沸石帯

アルカリ・アルカリ土類イオン活動度 / 水素イオン活動度 →

図6.14 熱水変質帯の分類（歌田，1977）

て，試料物質の D/H 比および $^{18}O/^{16}O$ 比の**標準平均海水**（SMOW）からのずれを千分率（‰：パーミル）で表す．次の δD, $\delta^{18}O$ 値が使用される（コラム 4.2 参照）．

$$\delta D(‰) = \{(D/H)_{試料}/(D/H)_{SMOW} - 1\} \times 1,000$$

$$\delta^{18}O(‰) = \{(^{18}O/^{16}O)_{試料}/(^{18}O/^{16}O)_{SMOW} - 1\} \times 1,000$$

海水の δD, $\delta^{18}O$ 値は両者とも 0‰ 付近であり，マグマ水の δD, $\delta^{18}O$ 値はそれぞれ $-40 \sim -80$‰, $+6 \sim +9$‰ であることが従来の研究からわかっている（図 6.15）．また，天水の δD と $\delta^{18}O$ 値は場所により異なるが，地球規模では両者の間に $\delta D = 8\delta^{18}O + 10$ の関係がある．鉱物中に取り込まれた水（流体包有物）の δD と $\delta^{18}O$ 値を直接測定するか，あるいは，鉱物の δD と $\delta^{18}O$ 値から実験データを基に平衡にあった水の同位体比を算出することにより，鉱床の生成に関与した水の起源を推定することができる．たとえば，斑岩鉱床の場合，マグマから放出された高塩濃度熱水と斑岩の熱により暖められて対流する天水起源の地下水とが出会うことにより有用金属が沈殿したことが，水素および酸素同位体の研究から明らかにされている．また，温泉水はその大部分が天水起源であることが同位体比から明らかにされている．安定同位体は，2 つの鉱物間における同位体元素の分配に基づいて生成温度を推定することにも用いられ，これは**安定同位体地質温度計**とよばれている．

⑽ 流体包有物

鉱物成長時に周囲に存在した流体が鉱物中に取り込まれることがあり，**流体包有物**とよばれる（図 6.16）．流体包有物は気相と液相の 2 相からなることが多いが，しばしば鉱物や塩類の微結晶を包有している．液相と気相からなる流体包有物を熱すると，温度の上昇に伴い気相または液相が徐々に小さくなり，ある温度で液相または気相 1 相になる．このときの温度は**均質化温度**とよばれ，この流体包有物を包有する鉱物がこれより高い温度で生成されたことを示す（図 6.17）．また，流体包有物の液相の凝固点降下から塩濃度（NaCl 相当濃度）を知ることができる（図 6.18）．一般的に流体包有物中には，NaCl が最も多く含まれ，次いで KCl, $CaCl_2$ が多く溶解している．また，流体包有物の水を取り出し，酸素と水素の安

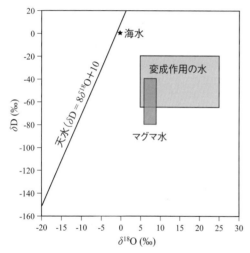

図 6.15 マグマ水，変成作用の水，海水および天水の $\delta^{18}O$ と δD 値

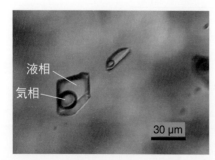

図 6.16 石英中の流体包有物の顕微鏡写真（茨城県高取鉱山，写真：円城寺守）

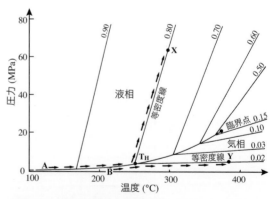

図 6.17 流体包有物の加熱変化（Shepherd ほか，1985 を改変）
密度 0.8 の流体包有物 A と密度 0.02 の流体包有物 B の加熱変化経路を示す．T_H：均質化温度．

6.3 鉱床の種類と成因

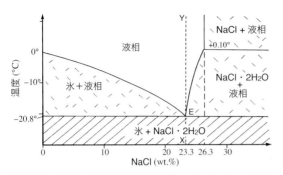

図 6.18 $H_2O-NaCl$ 系の相図 (Shepherd *et al.*, 1985 を改変)

NaClの増加に伴い水の凝固点は0℃から最大 −20.8℃ まで下がる.

定同位体比を測定することにより, 水の起源を探ることも可能である.

6.3.3 堆積作用による鉱床の生成

鉱床の生成過程において堆積作用が関与した鉱床を堆積鉱床とよぶ. 堆積鉱床は, 堆積機構により機械的堆積鉱床・化学的堆積鉱床・蒸発鉱床・有機的堆積鉱床・風化鉱床に分けられる.

(1) 機械的堆積鉱床

機械的堆積鉱床は, 岩石の風化によって分離した鉱物粒子が河川水などにより運搬され, 河川や海岸近くなどに堆積・濃集して生成された鉱床である. 砂状の鉱物粒子が集積した鉱床は, **漂砂鉱床**ともよばれる. 機械的堆積鉱床を形成する鉱物は, 比重が大きく, 機械的および化学的耐久性に優れた特性をもつ必要がある. 代表的な鉱物として, 錫石・クロム鉄鉱・磁鉄鉱・イルメナイト・ジルコン・コルンブ石・自然金・白金族鉱物・ダイヤモンド・コランダム (ルビー・サファイア)・灰重石・鉄マンガン重石・モナズ石・ゼノタイムがあげられる. 機械的堆積鉱床の大部分は新第三紀～現世にかけての比較的新しい時代に生成されている. 古い時代に生成された機械的堆積鉱床として, 南アフリカのウィットウォーターズランドの**礫岩型ウラン-金鉱床**があげられる. この鉱床ではウランが閃ウラン鉱 (UO_2) として存在するが, 現在のような酸素分圧の高い大気下において閃ウラン鉱は安定ではなく, すぐに酸化・溶解されてしまう. この鉱床は30～27億年前に生成されており, 当時の大気中にはまだ酸素がほとんどなかったことから閃ウラン鉱は安定なまま運搬され, 比重の大きな閃ウラン鉱が機械的堆積鉱床として濃集することができたのである.

(2) 化学的堆積鉱床

化学的堆積鉱床とは, 海水や地表水に溶けていた有用成分が物理化学的な環境の変化により沈殿・濃集して生成された鉱床である. このタイプに属する重要な鉱床には, **層状鉄鉱床, 層状マンガン鉱床, 砂岩・頁岩型銅鉱床, SEDEX型鉛・亜鉛鉱床**があげられる.

層状鉄鉱床の中で最も重要なものは先カンブリア時代の太古代から原生代初期にかけて生成された**縞状鉄鉱層**である. 縞状鉄鉱層は**アルゴマ型**と**スペリオル型**とに分けられ, 後者は世界の鉄資源の90％以上を供給している. アルゴマ型は35～29億年前のグリーンストーン帯 (安定地塊中で塩基性火成活動の活発であった場所) に産し, 海底火山活動に伴って生成されたと考えられ, 金を伴うのが特徴であり, スペリオル型と比べて規模が小さい. スペリオル型縞状鉄鉱層はアメリカ-カナダ国境のスペリオル湖地域に分布する鉱床から名付けられたもので, 赤鉄鉱または磁鉄鉱を主とした含鉄鉱物層とチャート層が数mm程度の間隔で互層をなしている (口絵6.2). アメリカのメサビ鉱床や西オーストラリアのハマースレイ鉱床などが有名である. スペリオル型縞状鉄鉱層は, 25～19億年前に生成され, 光合成を行うシアノバクテリアの出現と関連している. すなわち, シアノバクテリアによる光合成により酸素が発生し, 海水中の酸素濃度が上昇する. これにより海水中に溶けていた2価鉄が酸化され, 溶解度の低い3価鉄となり沈殿・堆積し縞状鉄鉱層が生成された. スペリオル型縞状鉄鉱層は, 連続性がよく, 規模がきわめて大きい. なお, 鉄の沈殿には, 鉄酸化細菌が関与しているといわれている.

大規模な**層状マンガン鉱床**は, スペリオル型縞状鉄鉱層と同様に浅海におけるマンガン酸化物あるいは炭酸塩鉱物の沈殿・堆積により生成されたものである. マンガンは鉄と比べて硫化物を生成しにくいことから, 鉄が硫化物として取り除かれた海水が上昇し, 浅海でマンガンが酸化されることにより沈殿・堆積した可能性や2価の鉄と比べて2価のマンガンがより酸化的な環境下で安定で

あることから，2価の鉄安定領域よりもさらに酸化的な環境に海水が上昇し，マンガンが3価や4価に酸化され沈殿・堆積した可能性が考えられている．このようなマンガンの酸化・沈殿においても細菌の関与の可能性が考えられる．南アフリカのカラハリやウクライナのニコポルの層状マンガン鉱床は世界におけるマンガンの重要な供給地となっている．

砂岩・頁岩型銅鉱床にはいくつかのタイプが存在し，そのうち，最も重要な鉱床がコンゴ民主共和国からザンビアにかけて分布する**カッパーベルト型鉱床**である．この鉱床は約9〜8億年前の海岸線近くの浅海堆積物中に存在している．銅は硫化物として存在し，海岸線から離れるに従い輝銅鉱→斑銅鉱→黄銅鉱→黄鉄鉱へと変化している．銅のほかにコバルトも伴われ，コバルトの重要な供給源でもある．

泥岩や頁岩などの堆積岩中に産する大型の鉛・亜鉛鉱床は，**SEDEX**（SEDimentary EXhalative）**型鉛・亜鉛鉱床**とよばれ，極細粒の亜鉛・鉛の硫化物を含有し，鉛・亜鉛の最も重要な供給源となっている．その成因としては，堆積岩の続成過程で100〜250℃程度に熱せられた地層中の高塩濃度の熱水に鉛・亜鉛が溶解し，このような熱水が断層等を通して海底に噴出した後，海底盆地に溜まり，鉛・亜鉛の硫化物を沈殿させた可能性が考えられている．このタイプの代表的な鉱床としてオーストラリアのマッカーサー鉱床，マウントアイザ鉱床，米国のレッドドッグ鉱床があげられる．

現世の深海底に見られる**マンガンノジュール**や**マンガンクラスト**も化学的堆積鉱床に分類される（図6.19）．マンガンノジュールは大洋底の水深3,000〜6,000 m のところに分布している．マンガンや鉄の酸化物・水酸化物を主成分とし，0.5〜1％程度のニッケル・銅・コバルトを伴い，多くは直径3〜10 cm の球粒状または団塊状を呈している．その断面は，岩石片，微化石の殻，サメの歯などを核とした同心円状を呈し，成長の様子を知ることができる．成長速度は，100万年あたり3〜10 mm 程度と見積もられている．マンガンクラストは，マンガンノジュールと同様な化学組成をもつが，マンガンノジュールより浅い水深800〜3,000 m のところに分布し，海山の山頂や斜面に数 cm〜数10 cm の厚さの海底被覆物として産する．マンガンクラストにはコバルトや白金が濃集する傾向があり，コバルトが特に濃集したものは，**コバルトリッチマンガンクラスト**とよばれる．莫大な量のマンガンノジュールおよびマンガンクラストが確認されており，ニッケル・銅・コバルトの将来有望な資源である．

近年，太平洋を主とした深海底に希土類元素

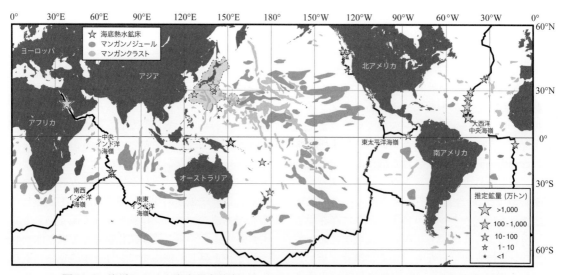

図6.19 海洋における海底熱水鉱床，マンガンノジュールおよびマンガンクラストの分布
臼井（2010）および Hannington ほか（2013）のデータを基に安川和孝氏が作成．

（レアアース）に富んだ堆積物が見つかっており，**レアアース泥**とよばれている．資源量が多く，酸を用いて容易に希土類元素を回収できるとともに重希土類元素に富むことから有望な資源として注目されている．

(3) 蒸発鉱床

蒸発鉱床は，潟や内陸湖の水が蒸発することによりその中に溶解していた成分が沈殿して生成された鉱床である．化学的堆積鉱床に分類されることもある．海水が蒸発した場合では，方解石・石膏・岩塩・カリ岩塩などの順に塩類が析出する．岩塩，カリ岩塩および石膏がこのタイプの鉱床からの重要な産出物である．

近年，携帯電話，ノートパソコン，電気自動車用の電池としてリチウムイオン電池が普及しており，これに伴いリチウム資源として塩湖のかん水が注目されている．このような資源の多くは南米のアンデス山脈にあり，チリのアタカマ塩湖やボリビアのウユニ塩湖などが代表的なものである．

(4) 有機的堆積鉱床

生物体あるいはその排泄物が堆積して生成された鉱床が**有機的堆積鉱床**である．重要な鉱床に，石灰岩・燐鉱床・石炭・石油がある．

石灰岩は，炭酸カルシウム質の殻や骨格をもつサンゴ・有孔虫・ウミユリ・貝類などの生物の遺骸が集積して生成された岩石であり，おもにセメント原料として使用される．石灰岩の一部には無機的な沈殿により生成されたものもある．日本には石灰岩が多く産出するが，その多くは海山の周囲で生成されたものであり，海山が海洋プレートに乗って移動し，日本列島に衝突・付加したものである．山口県秋吉台や栃木県葛生などの石灰岩はこのようにして生成されたものである．

堆積性の燐鉱床に**グアノ**がある．グアノは，海鳥の排泄物や死骸などが堆積して生成された燐鉱床であり，ペルーに大規模な鉱床が見られたが，現在はほぼ枯渇している．

石炭は，樹木などの植物が地層中に埋もれ，熱や圧力の影響で揮発性成分が減少し炭化することにより生成されたものである．炭化度が高くなるにしたがって，泥炭・亜炭・褐炭・亜瀝青炭・瀝青炭・無煙炭に分類される．世界的には古生代の石炭紀に生成された石炭が多いが，日本では古第三紀のものが多い．

石油・天然ガスは，堆積物中の生物の遺骸が熱や圧力によって化学変化を受け，液状あるいはガス状の炭化水素へと変化し，貯留層とよばれる多孔質な岩石（主として砂岩や石灰岩）中へ移動・濃集したものである．石油の根源物質は植物プランクトンであると考えられている．特に白亜紀には南太平洋スーパープルームの活動に伴って温暖化が進んだことによりシアノバクテリアが大繁殖し，これが石油の根源物質となったことが明らかにされている．温暖化に伴い両極で海氷が消え，冷たくかつ塩濃度が高くなった相対的に重い海水の沈降がなくなった．このことにより深層を含めた海洋大循環が弱まり，低酸素状態になった海底にシアノバクテリアが分解することなく堆積し，石油の根源物質となり多量の石油が生成されたと考えられている．世界の石油のおよそ60％がこの時期に生成されている．在来型の石油以外に高粘度の油が頁岩（シェール）や砂岩に含まれていることがあり，これらは**オイルシェール**，**オイルサンド**とよばれている．埋蔵量はそれぞれ石油の数倍あるといわれている．近年における石油・天然ガスの高騰と採掘技術の進展に伴い頁岩中の天然ガス（**シェールガス**）の経済的な採掘が可能となり，天然ガスの重要な供給源となりつつある．シェールガスの埋蔵量は，在来型天然ガスの埋蔵量の2倍以上であると推定されている．

最近では，大陸斜面の海底下に多量の**メタンハイドレート**が見つかっている．メタンハイドレートはメタンがかご状構造を形成する水分子の中に閉じ込められた固体で，海底では0℃で260m以深，10℃では760m以深で安定となる．安定同位体の研究から，このメタンは海底堆積物中の有機物が分解して生成されたことが明らかになっている．採掘技術が完成していないことと石油・天然ガスと比べて採掘コストが高くつくことからまだ採掘されていないが，メタンハイドレートの埋蔵量は，天然ガスの埋蔵量の10倍程度であると推定されており，石油・天然ガスに代わるエネルギー資源として有望視されている．メタンハイドレートは日本近海に多く埋蔵されており，将来，大変期待されるエネルギー資源である．しかしながら，これら化石燃料の使用は二酸化炭素の排出

を伴い，地球温暖化を引き起こすことからその利用を極力抑える必要がある．また，メタンガスそのものも二酸化炭素のおよそ20倍の温室効果をもつことから，その採掘と利用には注意が必要である．

(5) 風化鉱床

風化鉱床は岩石の風化過程に伴って生成された鉱床であり，風化残留鉱床と風化浸透鉱床とに分けられる．

風化残留鉱床は，岩石風化の際，溶脱されずにその場に有用成分が濃集して生成された鉱床である．そのうち，重要なものとしてニッケル，アルミニウムおよび希土類元素の鉱床がある．

超苦鉄質岩の主要構成鉱物であるかんらん石には，若干のニッケルが含有されている．かんらん石は風化を受けやすい鉱物であり，このかんらん石を主たる構成鉱物とした超苦鉄質岩の風化に伴いニッケルが風化生成物である蛇紋石や滑石などに濃集し（このような鉱石は珪ニッケル鉱あるいはガーニエライトとよばれる），鉱床を形成する．このタイプの典型的なニッケル鉱床が南太平洋のニューカレドニアに見られる．

アルミニウムの原料である**ボーキサイト**の多くは，高温・多雨の熱帯性気候下においてシリカに乏しい岩石が風化し，それに伴いアルミニウムが水酸化物として残留・濃集してできたものである．粘土分を含む石灰岩の風化によってもボーキサイトが生成され，前者はラテライト型ボーキサイト，後者はテラロッサ型（カルスト型）ボーキサイトとよばれる．

希土類元素に富む花崗岩の風化により生成された土壌中のカオリナイト，ハロイサイトやスメクタイト等の粘土鉱物に希土類元素が吸着されてできた**イオン吸着型希土類鉱床**が，カーボナタイト型鉱床と並んで重要な希土類元素の供給源となっている．中国華南地域にイオン吸着型希土類鉱床が多く見られる．

風化浸透鉱床は，岩石の風化に伴い有用元素が溶出・移動し，物理化学的環境の変化に伴い他の場所で沈殿・濃集して生成された鉱床である．この種の重要な鉱床としてウラン鉱床があげられる．現在の地表条件下では，ウランは溶解度の高い6価の状態が安定である．したがって，地表での岩石の風化に伴いウランは酸化され，6価のイオンとして溶出される．このような6価のウランが還元的な環境下にもたらされると溶解度の低い4価のウランとなり沈殿する．このような還元剤の役割を果たすものに植物化石などの炭質物があり，ウランが炭質物中に吸着・濃集されて鉱床が形成される．

6.3.4 変成作用による鉱物資源の生成

岩石が生成された温度・圧力条件とは異なる環境下におかれることにより構成鉱物が再結晶したり，あるいは，元の岩石とは異なる鉱物組合せや組織をもつようになる．このような作用を変成作用とよぶ（§2.4参照）．変成作用には，プレートの収束や衝突に伴って引き起こされる大規模な広域変成作用と，マグマの貫入に伴う局地的な接触変成作用とがある．一般的に変成作用においては，若干の水や二酸化炭素などの揮発性成分の移動を伴うが，他の成分の移動はほとんど伴わない．それゆえ，一般的には変成作用では金属元素の移動・濃集が起きず，金属鉱床は生成されない．ただし，海底噴気堆積鉱床の一種である別子型鉱床では変成作用を被ることにより鉱石鉱物の再結晶および濃集が生じている．

変成鉱床としては非金属鉱床が一般的であり，石灰岩の再結晶作用により生成される大理石，石炭や炭質物に富んだ堆積岩の変成作用により生成される石墨鉱床，アルミニウムに富む岩石の変成作用により生成されるらん晶石・紅柱石・珪線石鉱床，コランダム鉱床などがある．

7 地球表層の物質循環と地球環境問題

　地球温暖化，成層圏オゾン層の破壊，酸性雨問題などの地球環境問題が1980年代後半に顕在化した．このような地球環境問題を解決するためには，地球全体で物質がどのように移動しているのか，その動きを支配する原理は何かを理解することが大切である．自然界における物質循環は絶妙なバランスを保ちながら行われており，人類がそのうちの一部にでも手を加えると予期しない変化が生じ，変化が顕在化したときには手遅れになりかねない．私たちは自然界の物質循環を正しく理解し，自然界の物質循環を乱さないようにする必要がある．

7.1 地球生態系と物質循環
7.1.1 生態系の構造と機能
(1) 生物圏と生態系

　地球表層の生物が生息している領域を**生物圏**という．生物圏の範囲は深さ数千mの深海底から，高さ数千mの高山帯に及ぶが，地球半径の約6,400kmに比べると，ごくわずかな表層に過ぎない．生物圏では，生物体を構成する元素（**親生元素**）がきわめて速いスピードで循環し，物質代謝，エネルギー循環が絶え間なく行われ，物質循環のバランスが保たれている．

　生物圏はその場所に特有な植物や動物を含む**バイオーム**とよばれる領域に分けられ，バイオームはさらに多くの**生態系**に分けられる．生態系とは，動物，植物およびそれらの生産物などの生物的要素（群集）と，光，空気，水，土壌などの非生物的要素（環境）から構成されるシステムである（図7.1）．

(2) 生態系の構造

　生態系を構成する生物は**生産者**，**消費者**，**分解者**の3つに分類できる．生産者は**独立栄養生物**ともよばれる．植物や光合成細菌は，太陽光をエネルギー源として，光合成により水と二酸化炭素から有機物と酸素を生産する．

$$CO_2 + H_2O \underset{呼吸，分解}{\overset{光合成}{\rightleftarrows}} CH_2O（有機物）+ O_2$$

(7.1)

　光合成では，太陽光の可視光線のエネルギーが還元体である有機物に蓄えられる．呼吸と分解は有機物を酸化してエネルギーを取り出し，生命維持と繁殖に利用する過程である．

　消費者と分解者は自己の生命維持に必要な物質

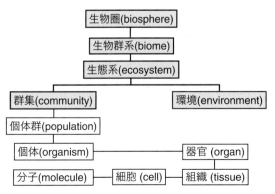

図7.1　生物の階層構造

を生産できないので，従属栄養生物ともよばれる．消費者は植物を食べる草食動物（一次消費者），一次消費者を捕食する肉食動物（二次消費者），二次消費者を捕食する肉食動物（三次消費者）などから構成される．分解者は微生物や菌類であり，生物の遺骸を二酸化炭素や水などの無機物と**栄養塩類**に分解して環境に戻す役割をしている．栄養塩類とは生命の維持に必要な元素のことである．特に，窒素，リン，カリウムは**三大栄養素**という．

生産者，消費者，分解者は食う食われるの関係にある．生態系では，植物，草食動物，肉食動物が「被食者」と「捕食者」という関係の中で，物質とエネルギーの受け渡しを行っている．この関係を**食物連鎖**という（図7.2）．実際の生態系では，食物連鎖は必ずしも直線的な関係ではなく，網目状に被食者—捕食者関係が成立しているため，**食物網**とよばれている（図7.3）．

(3) 生態系の特徴

生態系における生物の現存量を**バイオマス**という．地球全体のバイオマスは乾燥重量で1841 Pg（P＝ペタ＝10^{15}；炭素換算で560 PgC）であり，バイオマスの99.7%が陸上に存在している．陸上で最大のバイオマスを有するのは熱帯雨林であり，37%を占めている．

藻類や植物による生産は食物連鎖の起点となるので，**一次生産**とよぶ．動物による有機物の再生産は，二次生産，三次生産とよび，これらを高次生産と総称する．一次生産者によって生産される全有機物量を**総一次生産**，呼吸による消失量を差し引いた残りを**純一次生産**とよぶ．総一次生産の68%は陸上生態系が占めており，熱帯雨林および熱帯季節林（明瞭な雨期と乾期をもつ熱帯林）がその半分を占める．海洋の一次生産はほとんどが外洋で行われており，次いで大陸棚が重要である．

7.1.2　物質の地質学的循環と生物地球化学的循環

地球上の物質循環は2つに分けられる（図7.3）．1つは，生物圏内の物質循環であり，太陽エネルギーによって駆動する水循環と大気の運動が物質輸送の担い手である．水素，炭素，窒素，酸素，硫黄などの主要な親生元素の循環には生物活動が重要な働きをするため，**生物地球化学的循環**という．

もう1つは，マントル対流によって引き起こされる**地質学的循環**である．地質学的循環は火山活動による大気中への二酸化炭素の供給，海底火山の活発化による海面上昇など，地表に住む生物にとって重要な気候変動，大陸移動，海岸線の移動などの環境変化を引き起こす．

7.1.3　物質循環と滞留時間
(1) 定常状態

大気，海洋など環境中のある場所（**リザーバ**）における物質量の変化は，リザーバを出入りする物質量で表すことができる．図7.4(a)に示すように，リザーバからの流出がなく，供給されるだけの時はリザーバに物質は蓄積する．一方，リザーバへの供給量Dとリザーバからの流出量Eが等しい時には，リザーバの貯留量Mは一定となる（図7.4(b)）．このような状態を**定常状態**という．

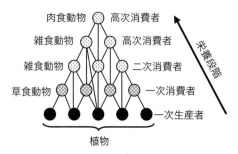

図7.2　食物網と生態系ピラミッド（南川・吉岡，2006をもとに作成）

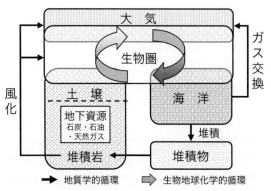

図7.3　地球規模の物質循環（南川・吉岡，2006をもとに作図）

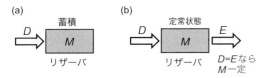

図 7.4 ボックスモデル

流出量 E がリザーバの貯留量 M に比例すると仮定すると次式が成立する．

$$\frac{dM}{dt} = D - kM \tag{7.2}$$

ここで，k は比例定数である．ある物質がリザーバに出現した瞬間を $t=0$ とすると，$t=0$ のとき $M=0$ となる．これを初期条件とすれば，微分方程式（7.1）式の解は次式で与えられる．

$$M = \frac{D}{k}(1 - e^{-kt}) \tag{7.3}$$

ここで，$t \to \infty$ とすれば，次式が成立する．

$$M = \frac{D}{k} \tag{7.4}$$

新たな発生源の出現により，リザーバへの供給量 D が増加したとすると，ある物質のリザーバ内での貯留量 M は新しい定常状態に達するまで増加し続ける．

(2) 平均滞留時間

リザーバ内のある物質の貯留量 M を，その成分の供給量 D で割った値を**平均滞留時間**という．平均滞留時間はある物質がリザーバ内に留まる平均時間のことであり，定常状態を仮定すると，次式によって平均滞留時間 τ が求められる．

$$\tau = \frac{M}{D} = \frac{1}{k} \tag{7.5}$$

リザーバから除去されやすいほど，また，反応性が高いほど，平均滞留時間は小さくなる．

表 7.1 におもな大気成分の平均滞留時間を示す．平均滞留時間が大きい成分は，大気中で混合する時間がかかるので空間変動が小さく，平均滞留時間が小さい成分は空間変動が大きい．たとえば，世界中でほとんど同濃度を示す窒素は 1,600 万年の平均滞留時間をもつが，濃度変化の大きな水蒸気はわずか 10 日である．表 7.2 には，海水のおもな成分の平均滞留時間を示す．海水中の主成分の平均滞留時間は大気中に比べて長く，100 万年から 1 億年の範囲にある．

表 7.1 おもな大気成分の平均滞留時間（松久・赤木，2005）

気体成分	平均滞留時間
窒素	1.6×10^7 年
ヘリウム	1×10^6 年
酸素	1×10^4 年
一酸化二窒素	150 年
クロロフルオロカーボン (CFC-12, 11)	80 年
メタン	9 年
二酸化炭素	4 年
オゾン	100 日
水	10 日
硫化ジメチル	17 時間

表 7.2 おもな海水成分の平均滞留時間（宗林・一色，2005）

成分	平均滞留時間
臭素	1×10^8 年
塩素	9×10^7 年
ナトリウム	6×10^7 年
カリウム	1×10^7 年
マグネシウム	1×10^7 年
カルシウム	1×10^6 年
ストロンチウム	5×10^4 年

7.2 輸送媒体の構成
7.2.1 大気
(1) 地球大気の熱収支

地球に到達する**太陽放射（日射，短波放射）**は $0.3 \sim 3.0\,\mu m$ の波長の短い放射であり，このうち可視放射（$0.38 \sim 0.77\,\mu m$）が 39 %，近赤外放射（$0.77 \sim 2.5\,\mu m$）が 53 %，近紫外放射（$0.2 \sim 0.38\,\mu m$）が 8 % を占める（図 7.5）．平均すると，太陽放射の 31 % が反射によって宇宙空間に逃げていく（図 7.6）．このうち，雲による散乱が 16 %，分子やエアロゾルによる散乱が 7 %，地表による反射が 7 % を占める．太陽放射の 20 % は上層大気のオゾンや，下層大気の雲と水蒸気によって吸収される．太陽放射の残りの 49 % は，地表に到達して地表を暖めるのに使われる．

大気と地表で吸収された太陽放射の 69 %（168 + 67 Wm^{-2}）は，**長波放射**（$3 \sim 100\,\mu m$，**地球放射**）として大気上層から宇宙空間に放出され（235 Wm^{-2}），地球全体としてエネルギー収支がとれている．大気について考えると，大気によって吸収された短波放射（大気吸収：67 Wm^{-2}，20

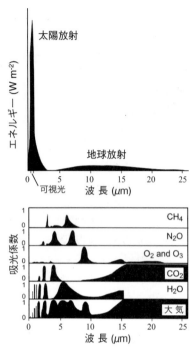

図 7.5 太陽放射と地球放射，温室効果ガスと大気全体の吸収スペクトル（Chapin III, 2000 原図）

%），地球放射のうち大気によって吸収された長波放射（350 Wm^{-2}，102 %），そして地上から大気への**潜熱**（蒸発散）および**顕熱**の合計（78 + 24 Wm^{-2}，30 %）は，大気から宇宙空間への長波放射（大気による放射：165 Wm^{-2}（48%）+ 雲による放出：30 Wm^{-2}（9 %））, 大気から地表面への長波放射 324 Wm^{-2}（背面放射：95 %）とつり合っている．地上について考えると，地表面に吸収された短波放射 168 Wm^{-2}，(49 %) と大気からの長波放射（背面放射）324 Wm^{-2}（95 %）は，地上から大気への長波放射（地球放射）390 Wm^{-2}（114 %），地上から大気への潜熱（蒸発散）および顕熱の合計 102 Wm^{-2}（30 %）とバランスしている．

　地球は太陽放射を吸収する一方で，地球放射により熱を失う．太陽放射と地球放射がつり合うと地球表面温度は 255 K となるが，実際の地表面温度は 288 K である．この差 33 K は，対流圏大気の**温室効果**によるものである．温室効果とは，地球放射の一部が**温室効果ガス**によって吸収され，地表に向かって放射されることにより，地表および下層大気の気温を上昇させる効果である（§7.3.1(2)参照）．温室効果ガスとは，地球放射の大部分が放出される 5〜50 μm の赤外放射（長波放射）を吸収する気体のことであり，水蒸気，二酸化炭素，メタン，一酸化二窒素，フロンがおもなものである．水蒸気は地球で最も重要な温室効果ガスであり，全体の 95 % を占めている．しかし，近年の人間活動の影響により，二酸化炭素，メタン，一酸化二窒素濃度が急激に上昇している（図 7.7）．

(2) 大気の化学組成

　窒素，酸素，アルゴンが地球大気の 99.9 %（体積比）を占める．次に多いガスは二酸化炭素であるが，わずか 0.04 % を占めるに過ぎない．これらのガスの割合は，平均滞留時間が長いことを反映して（表 7.1），高度 80 km までほぼ一定

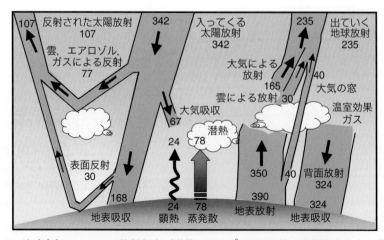

図 7.6 地球大気システムの放射収支（単位：W m^{-2}；IPCC 第 4 次報告をもとに作図）

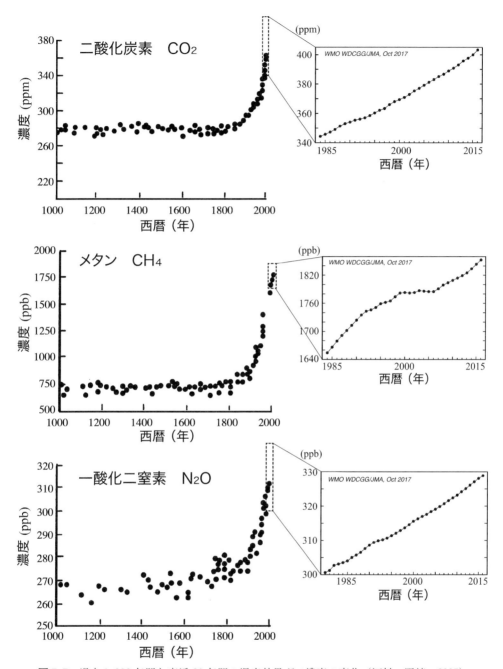

図 7.7 過去 1,000 年間と直近 30 年間の温室効果ガス濃度の変化（河村・野崎, 2005）

である．二酸化炭素は光合成に不可欠であり，**窒素固定細菌**は窒素ガスを大気中から土壌や水中に固定する．一酸化炭素，一酸化窒素，一酸化二窒素，メタン，テルペン類やイソプレンのような揮発性有機化合物などの微量ガス成分は，植物や微生物活動に伴う生成物である．

大気は**エアロゾル**も含む．エアロゾルとは大気中に浮遊している固体または液体の粒子であり，0.03～100 μm 程度の大きさを有する（図7.8）．粒径（直径）10 μm 以上の粒子は風によって上空に輸送されにくく，沈降速度が大きいために大気中での寿命は短い．土壌，海塩，火山噴火など地表面から粒子として放出されるエアロゾル粒子を**一次粒子**，地上からガスとして放出されたものが

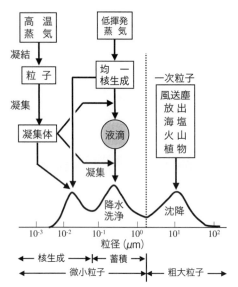

図7.8 大気エアロゾルの粒径分布（Seinfeld and Pandis, 2006, p.59 より作図）

の分類によると，$0.4\,\mu m$ 以下の粒子を**エイトケン粒子**，$0.4\sim2\,\mu m$ を**大粒子**，$2\,\mu m$ 以上を**巨大粒子**という．

図7.9は，都市大気，陸上大気，外洋大気の微小粒子の平均質量濃度と化学組成を示す．微小粒子の質量濃度は都市大気が最も高く，外洋大気が最も低いことから，都市大気では様々なエアロゾルが地上から放出または大気中で生成していることがわかる．平均組成をみると，都市大気および陸上大気では，**硫酸塩**（SO_4^{2-}）濃度と**有機炭素**（OC）濃度が高い．外洋大気ではこれらの割合は低く，**海塩粒子**（NaCl）の割合が高いことから都市活動の影響をあまり受けていないことがわかる．

海塩粒子や**硫酸アンモニウム**のような粒子には吸湿性があり，水蒸気が凝結して雲粒を生成することから**雲凝結核**という．雲は放射収支に対して複雑な働きをしている．すべての雲は比較的高い**アルベド**（反射率）を有しており，地球表層に比べて太陽放射をよく反射する．これは地球に対して冷却化効果である．しかし，一方で，雲は地球放射を吸収して，その大部分を地上に再放射する．これは温暖化効果である．これらの2つの効果のバランスは雲の高度による．太陽放射の反射は高い高度の雲で支配的であり，地球放射の吸収と地上への再放射は低い高度の雲で支配的である．

凝縮や化学反応などによって粒子となったものを**二次粒子**とよぶ．気体分子の典型的な大きさは $10^{-4}\sim10^{-3}\,\mu m$ の範囲であり，気体分子の**核形成**によって $10^{-3}\sim10^{-2}\,\mu m$ の超微小エアロゾルが生成され，さらに**凝結**（気体が粒子になる現象）や**凝集**（複数の粒子が衝突して結合する現象）によって成長する．凝結により生成するエアロゾル粒子は $0.1\sim2\,\mu m$ の範囲に累積する傾向があるため**累積モード**とよばれる．また，$0.1\,\mu m$ 以下の粒子を**核生成モード**という．なお，$2\,\mu m$ 以下の粒子を総称して**微小粒子**，$2\,\mu m$ 以上の粒子を**粗大粒子**とよぶ．この粒径分類は大気汚染関係でよく用いられるウィットビー（K. T. Witby）による分類であり，気象学関係ではユンゲ（C. Junge）の分類が使用されることが多い．ユンゲ

(3) 地球規模の大気循環と風系

a．大気流動の基礎：気圧傾度力と転向力

大気が暖められ上昇するところに**低気圧**が形成される．一方，大気が冷却されて下降するところには**高気圧**が形成される（図7.10）．高気圧と低気圧の間には気圧勾配（**気圧傾度力**）が生じ，高

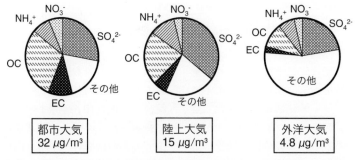

図7.9 微小粒子の平均質量濃度と平均化学組成（河村・野崎，2005）
OC＝有機炭素，EC＝元素状炭素．

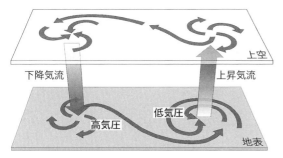

図7.10 低気圧と高気圧

図7.11 単位面積あたりの地表面が受け取る太陽放射の緯度による違い

気圧から低気圧に向かって大気の流れが生じる.

大気の流れには, 地球の自転に起因する**転向力**（**コリオリ力**）が働くが, これは緯度によって自転速度が違うことによって生じる. たとえば, 赤道付近は自転速度が速く（約 1,670 km/h）, 高緯度地方ほど自転速度が遅い（北緯35度では約 1,370 km/h）. 転向力は北半球では物体の進行方向を右向きに, 南半球では左向きに変化させる. 転向力の影響により, 北半球では大気は低気圧に向かって反時計回りに吹き込み, 反対に高気圧からは時計回りに吹き出す（図 7.10）. 南半球では転向力が進行方向に対して左向きに働く.

b. 大気大循環

地球は球形であるため, 地表面が単位面積当たりに受け取る太陽放射は低緯度地域ほど小さい（図 7.11）. したがって, 地表面での空気の上昇は赤道付近で最も強く, 空気が上空に運ばれて**対流圏界面**に達すると南北方向へと流れる. 空気はこの過程で熱エネルギーを失って, 北緯および南緯 30° 付近で下降して地表に沿って赤道に戻る. その結果, 赤道付近には**赤道低圧帯**, 北緯および南緯 30° 付近では**亜熱帯高圧帯**が形成され, **ハドレー循環**という大気循環が生じる（図 7.12）. 北極や南極では大気が冷却されて下降して**極高圧帯**を形成する. 下降した空気は赤道方向に移動し, 北緯および南緯 60° 付近で上昇し, **亜寒帯低圧帯**

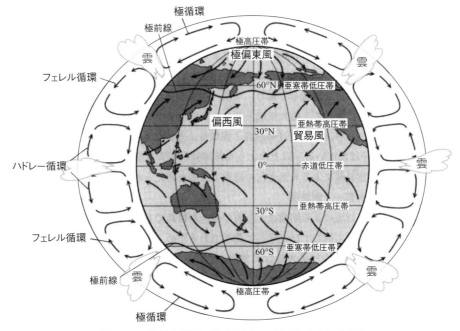

図7.12 大気大循環（松井ほか, 1996 をもとに作図）

を形成する．このため，極地方では**極環**，北緯および南緯30°～60°の間に**フェレル循環**が生じる．この大気循環によって風系がつくられる．

c．地球表層の風系

ハドレー循環によって地表に下降した空気は赤道に戻る．このとき，転向力を受けるため，北半球では南西に，南半球では北西に向かって進む．この風は**貿易風**とよばれる．北緯30°から高緯度に向かって吹く風は，転向力によってほぼ真東に向かって吹くようになり，地球を1周する大気の流れができる．この風を**偏西風**という．偏西風は高度とともに風速が大きくなり，対流圏界面の高度10 km付近で最大となり，**ジェット気流**とよばれている．風速は30～100 m/s程度であり，冬季ほど風速が大きい．一方，極地方から吹き出す風は右向きに進路を変え，貿易風と同様に北東から南西へと吹く風となる．これを**極偏東風**という．

大陸の熱容量は海洋に比べて小さい．このため，夏季に大陸は海洋より暖かく，冬季には冷たくなる．その結果，夏季には大陸大気は暖められて上昇して大陸上に低気圧が，冬季には大陸大気は冷やされて下降して大陸上に高気圧ができる．大陸と海洋のこの熱容量の差を反映して，ユーラシア大陸と太平洋の間に位置する日本列島の地表付近では，夏季に太平洋高気圧からユーラシア大陸上の低気圧に向かって南東風（湿潤）が吹く．他方，冬季にはユーラシア大陸上の高気圧から北太平洋上の低気圧に向かって北西風（乾燥）が吹く．大陸と海洋上空の気圧差によって生じ，季節毎に風向が異なる風を**季節風（モンスーン）**という．

7.2.2 海洋

(1) 海洋の構造

海洋は太陽光により表層部から暖められる．暖かい表層水の密度は，より深部の冷たい水の密度よりも小さいので鉛直方向に混合されにくい．海洋の鉛直構造は，**表層（混合層）**，**温度躍層**，**深層**に三分される．

海水の密度は塩分と温度によって決定される．中高緯度では海水の蒸発によって表層の塩分濃度が高くなるのに対して，高緯度では降水量が蒸発量を上回るために表層では塩分濃度は低くなる．一方，水温は一般に表層で高く，水深500～1,000 m付近で低下する．水温が低下するこの層を温度躍層といい，また密度も上昇することから密度躍層ともいう．表層は水深75～200 m程度であり，ここでは波浪，海流，風などにより十分に混合しているため，水温と塩分濃度はほぼ一定である．大部分の一次生産や分解は表層で起こる．深層は中緯度地域で水深約1,000 m以下の部分であり，海洋水の80％を占めている．

(2) 海洋の化学組成

海水の平均塩類濃度は3.5％であり，塩類の総量は約5.5兆トンである．海水中のおもな溶存イオン種はCl^-とNa^+である（表7.3）．次に多いイオン種はSO_4^{2-}，Mg^{2+}，Ca^{2+}，K^+，HCO_3^-であり，これらで海水中の塩類の99.7％を占めている．Ca^{2+}以外のイオン濃度比は世界中でほぼ一定である．海水中の陽イオンの起源は岩石風化である．陰イオンは岩石風化に加え，火山活動により放出されたガスの影響を受けている．

(3) 海洋循環と物質輸送

海洋の表層循環は，熱エネルギーを赤道から極地域まで運んでいる．海洋は赤道から極域への熱輸送の40％を担っており，残りの60％は大気によって輸送される．また，海洋の循環はさまざまな物質を輸送しており，栄養塩類の分布や拡散に多大な影響を及ぼしている．海洋の循環は温度躍層を境にして，**風成循環**と**熱塩循環**に大別される．

a．風成循環-表層水の循環

海水の表層では風の摩擦抵抗をうけ，**海流**が生じる（風成循環）．海流とは地球規模で生じる表

表7.3 海水の主成分濃度（松久・赤木，2005）

元素	濃度 (mg L^{-1})	主な存在形態
Cl	19,500	Cl^-
Na	10,770	Na^+
Mg	1,290	Mg^{2+}
S	905	SO_4^{2-}, $NaSO_4^-$
Ca	412	Ca^{2+}
K	380	K^+
Br	67	Br^-
C	28	HCO_3^-, CO_3^{2-}, CO_2
N	11.5	N_2, NO_3^-, NH_4^+
Sr	8	Sr^{2+}
O*	6	O_2
B	4.4	$B(OH)_3$, $B(OH)_4^-$, $H_2BO_3^-$
Si	2	$Si(OH)_4$

*水，イオンとして存在するものを除く

層水の水平方向の流れであり，広い範囲にわたって一定方向に定常的な大きな流速をもっている．北太平洋では，赤道北側の北赤道海流が黒潮に続き，北太平洋海流，カリフォルニア海流と続いて北赤道海流にもどる1つの循環系を形成している（図7.13）．これを**北太平洋亜熱帯循環**とよぶ．この亜熱帯循環は，南北太平洋，南北大西洋，南北インド洋にも存在し，転向力により北半球では時計回り，南半球では反時計回りの循環となっている．日本の近海には，世界でも有数の大海流である**黒潮**が流れ，その幅は100～200 km，表面流速は平均1.5 m/sである．黒潮はフィリピン付近から北上して日本の南岸に沿って流れ，福島県から宮城県の東方沖で，千島列島から北海道の東方沖を南下してきた**親潮**と衝突したあと，大きく蛇行しながら太平洋を東に向かう．

b．熱塩循環-深層水の循環

表層から深層におよぶ海水の循環は，温度と塩分濃度に起因する密度差によって生じ，**熱塩循環（海洋大循環，深層循環）**とよばれている．北大西洋のグリーンランド沖で冬季に海氷が生成するとき，低温度で高塩分の海水が生成する．この海水は高い密度をもち，深さ4,000 mの海底まで沈み込み，**北大西洋深層水**となり，大西洋西岸に沿って南下する．また，南極大陸周辺では**南極底層水**が形成され，北大西洋深層水と合流して，インド洋と太平洋を北上して湧昇流となって表層に表れる．この表層水は再びインド洋，大西洋を経

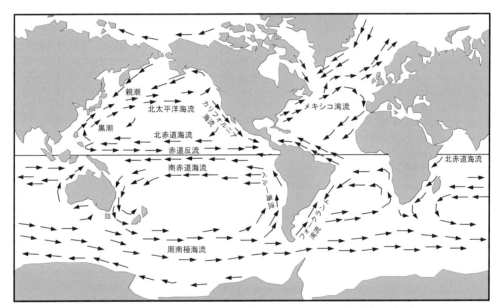

図7.13 世界のおもな表層海流（宗林・一色，2005をもとに作図）

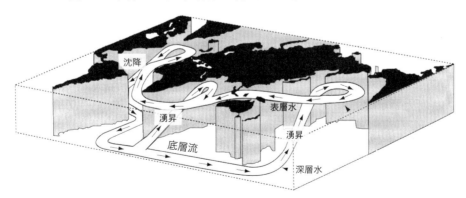

図7.14 海洋大循環（深層循環）（Chapin III, 2002より作図）
およそ1,500年かけて地球を1周するこの循環は，北極海で海水が凍ることにより始まる．

てアイスランド近海に戻る．これを**ベルトコンベアモデル**という（図7.14）．

7.2.3 河川
(1) 河川の形成と働き
　河川水の源は雨や雪などの降水であり，降水が集まってくる範囲を**集水域**あるいは**集水区域**という．河川水のある地点における集水域は，その地点までに河川に流出するすべての降水域のことをいう．集水域の地表面における降水は，**蒸発散**によって大気中にもどる量を除いた大半が河川に流出する．流出の形式には，降水が直接地表面を流下する**表面流出**，降水が地中に浸透した後に地表にごく近い層を移動して流出する**中間流出**，地下水面まで達してから地表に出てくる地下水の**基底流出**がある（図7.15）．隣り合う流域の境界を**分水界（流域界）**という．河川は水を流すだけでなく，流水が侵食を行って，砂礫やその他の様々な物質を輸送する．河川水の流速が弱まれば砂礫など堆積する（第2章参照）．

(2) 河川水の化学組成
　日本の河川の総塩分量は，世界の河川水と比較して少ない（表7.4）．日本では降水量が多いこと，地形が急峻であり水の流れが速いこと，流出距離が短いために蒸発による濃縮が少ないことなどがその原因と考えられる．日本の河川水では，カルシウムイオンとマグネシウムイオン濃度が低く，溶存珪酸（SiO_2）濃度が高い．また，アルカリ度（HCO_3^-）は低い．これは日本では石灰岩地域が少なく，火山岩地域が広く分布しているという地質特性に由来する．日本は周囲を海洋に囲まれていることから，総塩分量に対する海水起源のナトリウムイオンおよび塩化物イオンの割合が高い．

(3) 河川による物質輸送
　河川水は**溶存物質**と**懸濁物質**（粒子状物質）を海に運び込む．流量が多く流れが速いほど輸送できる粒子の粒径は大きくなる．世界河川の年間流量は$3.74×10^{16}$L，河川水の総塩分量（TDS）は89.2 mg/L，懸濁物質濃度は400 mg/Lである．したがって，年間輸送量は溶存物質が3.3 Pg，懸濁物質が15 Pgであり，合計すると18 Pgとなる．溶存物質としては，海塩粒子と岩石の風化に由来する成分が重要であるが，人間活動に由来する物質も含まれている．懸濁物質は岩石の風化で生じた粒子状物質が主成分であり，土壌粒子も含まれている．懸濁物質の有機物量を平均10 %と仮定すると，無機懸濁物質の輸送量は年間13 Pgとなる．この輸送量は大気経由の土壌粒子の輸送量0.5～0.8 Pgよりも一桁大きく，河川水による物質輸送が重要であることを示している．

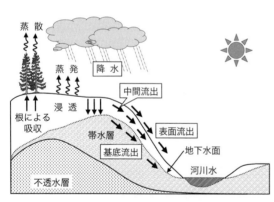

図7.15 河川水の形成過程

表7.4 大陸別河川水の主要溶存成分濃度（河村・野崎，2005）

大陸	河川水中濃度 (mg/ℓ)									流量
	Ca^{2+}	Mg^{2+}	Na^{2+}	K^+	Cl^-	SO_4^{2-}	HCO_3^-	SiO_2	TDS	(10^3 km^3/y)
アフリカ	5.3	2.2	3.8	1.4	3.4	3.2	26.7	12.0	45.8	3.41
アジア	16.6	4.3	6.6	1.6	7.6	9.7	66.2	11.0	112.5	12.47
南米	6.3	1.4	3.3	1.0	4.1	3.5	24.4	10.3	44.0	11.04
北米	20.1	4.9	6.4	1.5	7.0	14.9	71.4	7.2	126.3	5.53
欧州	24.2	5.2	3.3	1.1	4.7	15.1	80.1	6.8	133.5	2.56
オセアニア	15.0	3.8	7.0	1.1	5.9	6.5	65.1	16.3	104.3	2.40
全球	13.4	3.4	5.2	1.3	5.8	8.3	52.0	10.4	89.2	37.4
日本	8.8	1.9	6.7	1.2	5.8	10.6	31.0	19.0	66.0	

7.3 物質循環と地球環境問題

人間活動は産業革命以降，地球表層における物質循環を劇的に変えてきた．特に，**化石燃料**の燃焼によって，二酸化炭素，窒素酸化物および硫黄酸化物の排出量を増加させた．また，鉱業や農業活動も炭素，窒素，リン，硫黄の利用と移動を変化させた．これらの**生物地球化学的循環**の変化は，地球気候システムを変化させ，水循環を加速した．これらの変化はさまざまなスケールで生態系に影響を与えている．

ここでは，地球環境問題に関連の深い炭素，窒素，硫黄，水の地球規模での循環に着目する．そして，炭素循環の攪乱が**地球温暖化**問題や成層圏**オゾン層破壊**を，窒素と硫黄循環の攪乱が**酸性雨**問題を，また，地球温暖化に伴う気候変動による水循環の攪乱が，**洪水**，**干ばつ**，**砂漠化**などの災害を地球規模で引き起こしていることを述べる．

7.3.1 水循環と地球温暖化
(1) 地球規模の水の分布と循環

水の循環量は地球表層の化学物質の中で最も大きい．大気を通じた水の移動は地球上の降水量分布を決定するとともに，蒸発と降水を通じて熱エネルギーを熱帯から極域に輸送する．降水量が蒸発散量を上回る陸地では流出が起こり，流出によって風化生成物を海洋に輸送する．また，陸上における降水量は植物の成長を決める最も重要な要因である．したがって，地球規模の気候変動により水循環に変化が生じると，植物成長パターン，岩石風化速度，生物地球化学循環に直接的な影響を及ぼす．

海水は地球表層水14億 km³ のうち 97 % を占め，海洋の平均深度は 3,500 m である（図 7.16）．極地の氷冠と氷河が次に大きいリザーバである．人類社会はわずか 0.01 % にも満たない淡水（淡水湖と河川水）に依存して生活している．一方，地下水は飽和した**帯水層**（§8.1.2参照）の淡水であり，$4.2×10^6 \sim 15.3×10^6$ km³ と見積もられているが，人間活動を除くと生物圏にとってはほとんど利用できない淡水である．大気中の水存在量はきわめて小さく 0.001 % であるが，多量の水が大気を通じて移動している．

海洋から水の年間蒸発量は $425×10^3$ km³/y であり，このうち $385×10^3$ km³/y が降水として海洋に戻る．残りの $40×10^3$ km³/y は陸地に輸送される．陸地には，降水として $111×10^3$ km³/y の水がもたらされる．このうち，植物の蒸散と土壌からの蒸発により $71×10^3$ km³/y を大気に戻す．陸地に降った降水量のうち蒸発散量以上の $40×10^3$ km³/y に相当する水が流出して海洋に戻る．水の循環量は地域差が大きく，たとえば，海洋からの蒸発量は一定ではなく，熱帯域の 4 mm/day から極域の 1 mm/day 以下まで幅がある．熱帯雨林では降水量が蒸発散量を大幅に上回り降水量の 50 % が流出するが，砂漠では降水量と蒸発散量はほぼ等しく流出が見られない．このような水

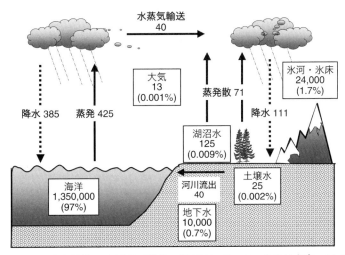

図 7.16 地球規模の水循環（単位：貯留量 10^3 km³，輸送量 10^3 km³/y）

循環量の地域差が，洪水と干魃を引き起こすことになる．

(2) 地球温暖化

更新世（約260万年前から約1万年前）後期の今から40万年前までの間に，ギュンツ・ミンデル・リス・ウルムの4回の**氷期**があった（図7.17d）．氷期とは**氷河期**の中で寒い時期であり，暖かい時期を**間氷期**という．一般に，氷河期は北アメリカおよびユーラシア大陸に氷床が広がった寒冷期を指す．図7.17dを見ると，気温変動は10万年周期を示しており，氷期から間氷期への遷移は急速に起こっていることがわかる．

また，4万年および2万年の周期もみられる．このような周期性は，気温以外にも，南極やグリーンランドに存在する氷床コアに含まれる気泡（大気）中の二酸化炭素およびメタン濃度などの温室効果ガスについても認められる．この周期性は，地球軌道変動（地軸の傾き・歳差運動，および公転軌道の離心率の変動）に起因する北半球夏季日射量の周期変動が原因とされており，提唱者の名前をとって**ミランコビッチサイクル**とよばれている．最終氷期のウルム氷期が終わり，完新世（最終氷期の約1万年前から現在まで）に入ると，気温は上昇して約7,000年前から5,000年前に最も暖かい時期を迎えた（図7.17c）．この時期を気候最適暖期とよび，国内では海面が今より3〜5m高かった縄文海進の時期に相当する．このとき以降，2,000年前くらいまで気温は低下した．

過去1,000年間では気温はわずかに低下傾向にあるが，産業革命以降に急激に上昇している（図7.17b）．最近の100年間（1918年から2017年）でみると，地球表層の平均気温はおよそ1.2℃上昇した（図7.17a）．この50年間の温暖化速度は，この100年間の2倍近い．最も高い気温が観測されたのは20世紀最大のエルニーニョが起こった1998年であったが，上位6位までの高温は西暦2000年以降に観測されている．**エルニーニョ**とは，太平洋赤道域の東部から南米沿岸にかけて海面水温が平年より高くなる状態が1年程度継続する現象であり，低くなる現象を**ラニーニャ**という．両方をあわせてエルニーニョ／ラニーニャ現象（**エルニーニョ・南方振動**）というが，このときには世界中の気温や降水量に大きな影響を与える．た

とえば，エルニーニョではインドネシアで大規模な森林火災を引き起こしたり，台風の発生数が平常時より少なく，発生場所が平常時よりも南東にずれ傾向がある．ラニーニャでは，台風の発生場所が平常時より北西にずれる傾向にある．

この100年間の温度変化を地球全体でみると，温暖化の傾向がみられる地域が大半である．北アメリカ大陸の高緯度地方，ユーラシア大陸の内陸部では特に温暖化の傾向が顕著である．一方，アメリカのメキシコ湾沿岸やグリーンランド沖海上の

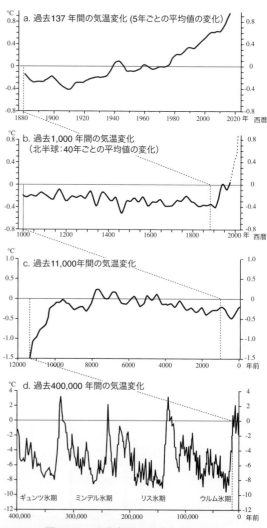

図7.17 地球表層の平均気温の変化
a. 過去140年，b. 過去1,000年（以上2つの図はIPCCホームページより），c. 過去11,000年（完新世：Global Warming Artホームページより），d. 過去40,000年（南極ボストークにおけるアイスコアのδDによる温度変化曲線：Petit *et al.*, 1999 原図）．

ように，寒冷化の傾向にある地域もある．

日本の平均気温は，この100年間で約1℃上昇している．東京などの大都市では，**ヒートアイランド現象**により100年間で2～3℃の温暖化が起こっている．ヒートアイランド現象とは，道路のアスファルト化に伴う蓄熱と打ち水効果（土壌からの水分蒸発に伴う潜熱吸収）の減少，自動車やビルの空調設備からの廃熱などに起因する異常な高温現象のことである．

(3) 地球温暖化が水循環に及ぼす影響

地球温暖化が水循環に及ぼす影響としては，**海面上昇**，洪水，干ばつ，大気中水蒸気量の増加，降水量と流出量の増加，海洋循環の変容などが指摘されている．

過去100年間で1～2 mm/yの海面上昇，最近の衛星観測では1993～2003年の間に3.1±0.7 mm/yの海面上昇が観測されている．21世紀中に18～59 cmの海面上昇が予測されている．海面上昇の原因として，氷河，棚氷，氷床の融解（図7.18）と海水温度の上昇による海水の膨張が指摘されている．1961～2003年の期間で表層から700mまでの海水温度は0.10℃上昇したこと

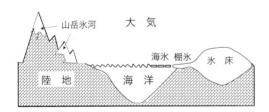

図7.18 山岳氷河・氷床・海氷（IPCC第4次報告書より作成）

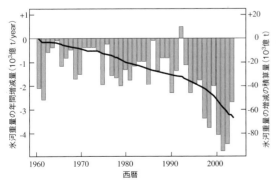

図7.19 山岳氷河の重量変化（IPCC第4次報告書より作成）
棒グラフは年間増減量，折れ線グラフは増減積算量．

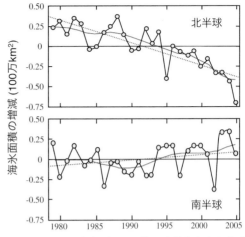

図7.20 海氷の変化（IPCC第4次報告書より作成）
太い実線は10年ごとの平均値の推移，点線は回帰直線

が観測されている．一方，図7.19は山岳氷河重量の増減量を，図7.20は海氷面積（年平均値）の経年変動を示す．南極の海氷面積に減少傾向は認められないが，北極域の海氷面積と山岳氷河重量が減少していることがわかる．

図7.21には，世界各地の観測所で観測された年平均降水量の1981～2010年の30年間の平均値からの差の経年変化を示す．太線は偏差の5年間移動平均である．1980年以降，北半球で顕著な長期的変化傾向はみられないが，2000年代には降水量の増加がみられる．世界全体や南半球では長期的に増加傾向にある．降水量分布は地域差が大きく，北緯10°～30°では1900年から1950年代までは増加したが，1970年以降は減少傾向にある．一方，熱帯地域では降水量は減少している．北アメリカおよび南アメリカ東部，北欧，北および中央アジアでは降水量は増加したが，サヘル（アフリカ北部の半砂漠地域），中東，アフリカ南部，東南アジアでは降水量が減少している．サヘルのように，降水量が減少した地域では干ばつが深刻化している．また，1990年代半ばから，北大西洋で発生する熱帯低気圧の増加が指摘されている．日本の年平均降水量はわずかに減少傾向にあるが，2010年以降は増加傾向にある．また，年々変動が大きくなっている．

気温および海水面上昇に伴って，大気はより多くの水蒸気を含むようになる．空気が含むことができる水蒸気量（飽和水蒸気量）は，気温ととも

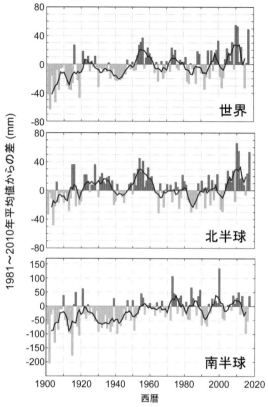

図 7.21 世界の平均降水量の変化（1901〜2017 年）
棒グラフ：各地点での年降水量の基準値からの偏差を領域平均した値
太線：偏差の 5 年移動平均（気象庁ホームページより）

に指数関数的に増加する．前述したように，水蒸気は最大の温室効果ガスであるので，大気中水蒸気量の増加は地球放射をより多く吸収して温暖化を促進することになる．世界の中緯度西海岸，たとえば，北アメリカ西海岸，ヨーロッパ西部，アフリカ北部の西海岸では冬期に大規模な洪水や甚大な土砂災害が発生している．このような洪水を引き起こす原因は，高度 1.6 km 付近に広がり，長さ数千 km，幅数 km 程度の大規模な水蒸気輸送である．これは"大気の川"とよばれる．大気の川は，ミシシッピ川の十数倍に相当する水量を熱帯から中緯度に向けて輸送する重要な水循環過程であるが，山地に衝突すると上昇し，積乱雲を急速に発達させて豪雨をもたらす．近年では，朝鮮半島から日本列島上空を通過する"大気の川"が東アジアにおける水循環の観点から注目されている．地球温暖化による海水温度の上昇により，大気の川によって輸送される水蒸気量は増加する．

7.3.2 炭素循環と地球温暖化

炭素は生物の重要な構成物であり，乾燥重量の約 50% を占めている．植物は太陽エネルギーを利用して二酸化炭素を有機物として固定し，大気中に酸素を放出する．光合成の過程で太陽エネルギーは化学エネルギーに変換され，自然生態系の食物連鎖を支えている．

(1) 地球規模の炭素の分布と循環

地球には約 10^8 PgC の炭素が存在し，その大部分は堆積岩中に含まれ，有機体炭素として 1.56×10^7 PgC，炭酸塩として 6.5×10^7 PgC が知られている．地球表層を循環する炭素量は 4.0×10^4 PgC であり，重要なリザーバは大気，海洋，化石，陸上生態系（植生と土壌）である（図 7.22）．

大気中炭素はおもに二酸化炭素（CO_2）として存在している．大気はリザーバとしては小さいが循環速度は速く，局地的な汚染の影響を受けてい

コラム 7.1　地球温暖化問題とノーベル賞

2007 年 10 月 12 日，ノーベル賞委員会は"人為的に起こる地球温暖化の認知度を高めた"という理由で，アル・ゴア氏（前アメリカ副大統領）と IPCC（気候変動に関する政府間パネル）にノーベル平和賞を授与すると発表した．地球環境問題に対するノーベル賞としては，1995 年に"オゾン層破壊のメカニズムを解明した"ことに対して，ローランド，モリーナ，クルッツエンの 3 博士が化学賞を受賞して以来のことである．しかし，今回の受賞は受賞者数と受賞理由としては異例ではないだろうか．IPCC は 130 カ国を越える 2,500 人以上の科学者が関与している．また，科学的問題でありながら，受賞は科学的「発見」に対してではない．これは地球温暖化問題の複雑さを物語っている．地球温暖化が科学的に「発見」されたと認められるのはいつになるのであろうか．このあたりは，「温暖化の〈発見〉とは何か」（スペンサー・R・ワート，みすず書房）に詳しい．

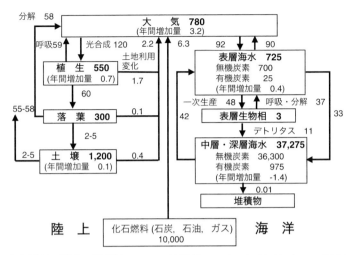

図 7.22 地球規模の炭素循環（単位：貯留量 PgC, 輸送量 PgC/y）（Schlesinger, 2005, p. 475 をもとに作成）

ない地点ではほぼ等しい年変動を示す．2000年における地球規模での平均CO_2濃度は368 ppm（0.0368 %）であり，これは780 PgCに相当する．大気中炭素の微量成分としてメタン（CH_4），一酸化炭素（CO），非メタン炭化水素が存在するが，これらのガスは地球大気の化学特性および放射特性を変化させることから重要である．メタン濃度は約1.7 ppmであり，メタンは5～10年の平均滞留時間をもつ．また，メタンは重要な温室効果ガスの1つである．一方，一酸化炭素濃度は約0.1 ppmであり，平均滞留時間はわずか2～3ヶ月である．一酸化炭素は温室効果ガスではないが，化学反応性が高いことからオゾンとメタンの存在量に大きな影響を及ぼす．

地殻中の炭素はわずかであるが，生物にとっては不可欠である．陸上生態系の**有機炭素**は植物，動物，微生物，落葉，土壌腐植物質など様々な形態で存在している．陸上植物中には550±100 Pgの炭素が含まれ，土壌表層部に1,200～2,000 PgCの炭素が含まれている．陸上炭素の大部分は森林生態系に含まれる．

海洋中の炭素は溶存有機炭素，溶存無機炭素，粒子状炭素として存在する．溶存無機炭素は37,000 PgCであり，有機炭素は約1,000 PgCである．有機炭素のうち海洋生物は3 PgCであり，陸上植物（550 PgC）に比べてわずかである．粒子状炭素は生物の遺骸からなる．海洋炭素の大部分は中層および深層海水に存在している．表層海水の炭素はわずか700～1,000 PgCであるが，大気と直接相互作用をする．海洋–大気間の分配を考えると，二酸化炭素は水溶性が高いことから98.5 %が海洋に存在している．一方，酸素はわずか0.1 %しか海洋に存在しない．溶け込んだ二酸化炭素の大部分は炭酸水素イオンであり（87.5 %），残りの大部分は炭酸塩（10.5 %）として存在している．溶存二酸化炭素（炭酸）は無機炭素の0.5 %に過ぎない．海洋堆積物は6,000 PgCの炭素を含むが，堆積物と海洋との交換速度は遅いために短期間の炭素循環には影響しない．ただし，長期間の大気中および海洋中二酸化炭素濃度を決定する上では重要である．

化石炭素（石炭，石油，天然ガス）の**可採埋蔵量**は5,000～10,000 PgCでああり，深層海水についで大きい．1850年代まで，化石炭素は生物地球化学的循環では問題とならなかったが，産業革命以降に化石燃料の使用量の増大に伴って大幅に変化した．

(2) **自然の炭素循環**

大気は光合成と呼吸によって陸上生態系と毎年120 PgC/yの炭素を交換している．光合成による炭素吸収は**総一次生産**（GPP）であり，少なくともGPPの約半分は植物の呼吸（**独立栄養呼吸**）によって大気中にCO_2が戻される．**純一次生産**（NPP）は約60 PgC/yである．大部分のNPPは，動物による消費や土壌中の微生物による分解によって消費される（**従属栄養呼吸**）．独

立栄養呼吸と従属栄養呼吸を合わせて**生態系呼吸**という．また，森林火災によって，一部の炭素が大気中に放出される（約 4 PgC/y）．

大気–海洋間の正味交換速度は緯度によって大きく異なり，表層海水中の二酸化炭素に依存する．すなわち，高緯度の冷たい海水は二酸化炭素を吸収するのに対して，低緯度の暖かい海水は二酸化炭素を放出する．地球全体でみると，海洋は大気から 92 PgC/y の炭素を吸収し，90 Pg/C の炭素を放出している．すなわち，表層海水の正味炭素吸収量は 2 PgC/y である．海洋表層の生物相による光合成速度（一次生産）は 48 PgC/y であり，そのうち 77 % にあたる 37 PgC/y が呼吸と分解によって表層海水に戻され，23 % にあたる 11 PgC/y が有機物（デトリタス：生物遺体や生物由来の物質破片）として中層・深層海水に沈降する（図 7.22）．さらに，海洋大循環によって，表層海水から中層・深層海水へ 33 PgC/y が輸送される．一方，中層・深層海水から 42 PgC/y が再び表層海水へ輸送されるので，表層海水から中層・深層海水への正味輸送量は 2 PgC/y となり，表層海水についてみると炭素収支が合っている．

(3) 炭素循環の人為的変化

a．化石燃料燃焼由来の炭素放出

産業革命（始まりは 1760 年代イギリス．ヨーロッパに広がったのは 1830 年代）以降，化石燃料の消費量が指数関数的に増加し，1850 年から 2000 年までに 275 PgC の炭素が大気中に放出された．年間炭素放出量は 1980 年代では 5.4 PgC/y であったが，1990 年代には 6.3 PgC/y となった．この放出量が大気中に蓄積すると仮定すると，大気中炭素量は 780 PgC であるから 0.8 %/y の増加になる．実際の大気中二酸化炭素の増加量は 0.4 %/y（1.5 ppm/y，3.2 PgC/y）であることから，化石燃料の燃焼による放出量の 51 % が大気中に残ったことになる．残りの 32 %（2 PgC/y）は海洋に溶け込み，19 %（1.2 PgC/y）は陸上生態系に吸収される．

化石燃料の構成比率も変化しており，1960 年代までは石炭が大気中 CO_2 の主要な発生源であったが，1973 年までに石油と天然ガスの消費量が急増した．地域別の化石燃料排出量も変化している．アメリカ，西ヨーロッパ，日本，豪州などの先進諸国の排出比率は 1925 年には全世界排出量の 88 % を占めていたが，1950 年までには 71 %，1980 年までには 48 % に減少した．一方，発展途上国の排出比率は 1925 年の 6 % であったが，急激に増加しており，2020 年までには全世界の半分を占めるようになると推定されている．

b．大気中二酸化炭素とメタン

グリーンランドと北極のアイスコアの分析結果から，産業革命が広まった 1850 年以前の大気中二酸化炭素濃度は 275 ppm から 285 ppm の間であったと推定されている．1957 年に，アメリカ人化学者チャールズ・キーリングによりハワイのマウナロア（図 3.15）で大気中二酸化炭素濃度の測定が開始された．大気中二酸化炭素濃度は 1958 年には 315 ppm であったが，2000 年には 368 ppm，2005 年には 379 ppm，2016 年には 404 ppm に達し，産業革命以降は指数関数的に増加している（図 7.7）．前述したように，1850 年以降の化石燃料燃焼由来の炭素放出量は 275 PgC であり，土地利用の正味変化（森林伐採と植林の差）による炭素放出量は 155 PgC である．大気中二酸化炭素の平均増加速度は 1850 年から 2000 年までの 150 年間で 0.6 ppm/y であるが，1995 年から 2005 年までの 10 年間では 1.9 ppm/y に増加している．

メタンは 1 分子当たりの温室効果が二酸化炭素の 20 倍であり，成層圏オゾンや水蒸気量にも影響を及ぼす．成層圏オゾンや水蒸気を除いた温室効果に占めるメタンの寄与は約 21 % である．大気中メタン濃度も二酸化炭素と同様に増加しており，バックグランドレベルの 0.8 ppm から 2000 年には 1.75 ppm まで急増した（図 7.7）．大気中メタンの増加速度は 1700 年から 1900 年の間は 1.5 ppb/y であったが，1980 年代には 15 ppb/y に増加した．1980 年以降の増加速度は減少し，2016 年の大気中メタン濃度は 1.87 ppm である．

メタンの自然起源発生量は 160 $TgCH_4$/y（炭素換算にすると 120 TgC/y，T = テラ = 10^{12}），人為起源発生量は 375 $TgCH_4$/y（281 TgC/y）である．自然起源のおもな発生源は湿地であり，おもな人為起源は化石燃料利用，廃棄物埋立地，牛の腸内発酵，バイオマス燃焼，水田などがある．地球温暖化により，多量のメタンが蓄積されている

永久凍土の融解に伴う放出の急増も危惧されている．大気中メタンのおもな消失源はヒドロキシラジカルとの反応であり（メタン消失源の85%），一部は成層圏への輸送と土壌への沈着によって除去される．**ヒドロキシルラジカル**（OHラジカル）は，水蒸気と励起された酸素原子との反応よって生成する活性酸素の一種であり，大気中でさまざまな物質を酸化する働きがある．ラジカルとは最外殻に不対電子をもつ化学種と定義され，不対電子をもつため高いエネルギーをもっているので反応性が高い．

なお，大気中一酸化炭素濃度も増加しているが，炭素循環に及ぼす影響はきわめて小さい．

7.3.3 窒素循環と環境問題

(1) 環境中窒素の存在状態

窒素原子は，-3(NH_3, NH_4^+)，0(N_2)，$+1$(N_2O)，$+2$(NO)，$+4$(NO_2)，$+5$(NO_3^-)と多様な酸化状態をもつため，窒素循環はきわめて複雑である．酸化数0の窒素分子（N_2）は安定であり，窒素固定細菌や根粒植物しか利用できない．生体は主に酸化数-3のアンモニア（NH_3），アンモニウムイオン（NH_4^+）を利用して，アミノ基の形でタンパク質として取り込む．酸化数$+1$のN_2Oは重要な**温室効果ガス**である．一酸化窒素（NO）と二酸化窒素（NO_2）（両者を総称してNO_X）はおもな大気汚染物質であり，対流圏オゾンの生成に関与している．酸化数$+5$の硝酸（HNO_3）は**酸性雨**の原因物質である．

(2) 地球規模の窒素の分布と輸送

地球上には約5×10^9 TgN が存在しており，そのうちの80%は大気中に存在している（図7.23）．残りの大部分は堆積岩に存在しており，海洋，土壌，生物中には1%も存在しない．大気中では大部分が窒素（N_2）であり，微量ガス成分（N_2O, NO, NO_2, HNO_3, NH_3）や微小粒子（NH_4NO_3や$(NH_4)_2SO_4$）として存在している．これらの微小粒子は吸湿性が高いため雲凝結核として重要である．土壌中の窒素は主に有機態窒素，硝酸イオン（NO_3^-），アンモニウムイオン（NH_4^+）として存在している．

大気中の窒素（N_2）は，**窒素固定**により土壌や水中に固定され，生物的に利用可能な形態に変換される．自然生態系による年間窒素固定量は不確かであるが，陸上生態系で90〜190 TgN/y，海洋生態系では40〜200 TgN/y と見積もられている．陸上生態系の窒素循環量は1,200 TgN/y であり，大気中からの窒素固定量の9倍大きい．海洋生物と表層海水間の窒素循環量は8,000 TgN/y であり，窒素固定量の80倍にも達する．一方，**脱窒**によって，陸上生態系および海洋から大気へ窒素（N_2）が放出される．脱窒とは，硝酸イオ

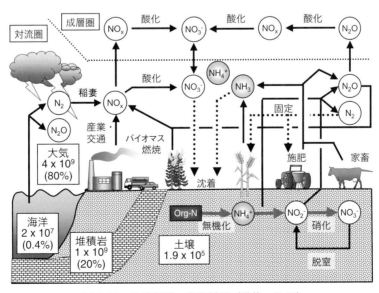

図 7.23 地球規模の窒素循環（単位：TgN）

ン（NO_3^-）の還元過程であり，窒素（N_2），一酸化二窒素（N_2O）が大気中に放出される．

(3) 窒素の大気大循環と環境影響
a．窒素分子
現在，人間は工業的窒素固定（ハーバー・ボッシュ法）と窒素固定作物の栽培によって，自然界の窒素固定量に匹敵する窒素（N_2）を生物的に利用可能な窒素へと変換している．工業的窒素固定量は 2000 年には 80 TgN/y である．大豆，アルファルファなどの豆科植物による年間窒素固定量は 32〜53 Tg/y であり，陸上生物による自然窒素固定量の 20〜40 % を占めている．

b．一酸化二窒素
一酸化二窒素は二酸化炭素の 200 倍の温室効果を有し，温室効果の 6 % に寄与している．また，成層圏で分解されてオゾン層を破壊する（§7.3.5 参照）．現在，大気中一酸化二窒素濃度は 0.2〜0.3 %/y で増加しており，2017 年には 330 ppb に達した（図 7.7）．おもな自然起源は海洋および熱帯土壌での硝化と脱窒であるが，農業肥料の使用による人間活動が地上から大気への一酸化二窒素放出量を約 2 倍にした．硝化とは，微生物がアンモニウムイオンを硝酸イオンに酸化してエネルギーを得る好気的過程である．農業肥料以外の一酸化二窒素の人為的な発生源としては，家畜，バイオマス燃焼，様々な工業活動がある．

c．アンモニア
陸上から大気へのアンモニア排出量は，人間活動によって約 3 倍に増大した．家畜が最も大きな排出源であるが，家畜を含めた農業活動全般で全排出量の 60 % を占めている．アンモニアは大気中の主要な塩基性物質であり，次式のように，酸性物質を中和してアンモニウム塩（エアロゾル）を形成する．

$$NH_3(g) + HNO_3(g) \leftrightarrow NH_4NO_3(p) \quad (7.6)$$
$$2NH_3(g) + H_2SO_4(p) \leftrightarrow (NH_4)_2SO_4(p) \quad (7.7)$$

アンモニウム塩は吸湿性であることから雲凝結核として雲粒を形成し降水として地上に戻る．また，雨滴の落下過程でアンモニアも雨滴に吸収される．

d．窒素酸化物
化石燃料の燃焼により，人間活動による大気中

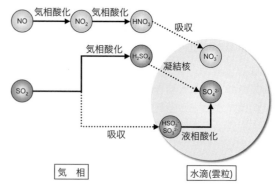

図 7.24　酸性雨の生成機構

への窒素酸化物（NO_X）放出量は 6〜7 倍になった．硝化は一酸化窒素（NO）の最も大きな自然起源であるが，肥料の使用により硝化の寄与は大きくなっている．窒素酸化物は反応性が高いので，大気中でさまざまな反応に関与している．窒素酸化物濃度が高いと，窒素酸化物が触媒となって，一酸化炭素，非メタン炭化水素，メタンの酸化を通じてオゾンやヒドロキシルラジカルなどの酸化剤（オキシダント）を生成する．このように，窒素酸化物は大気中の酸化剤濃度に影響を及ぼし，間接的に多くのガス成分濃度に影響する．また，窒素酸化物は水に溶けにくく，気相で酸化（気相酸化）されて最終的に硝酸（HNO_3）になる．

e．硝酸
硝酸（HNO_3）はきわめて水に溶け込みやすく，また，強酸であることから，雨滴や雲粒に容易に溶け込んで降水を酸性化する（図 7.24）．日本全国の雨水平均 pH は 4.8 であり，酸性雨被害が報告されている欧米諸国と同程度である．雨水に比べて，霧（雲）水の pH は低く，露水では pH が高い．都市近郊山間部では pH 2〜3 の酸性霧が頻繁に発生していることから，森林生態系に及ぼす影響が懸念されている．また，過剰の窒素が供給されることによって生じる**窒素飽和**は，森林生態系からの NO_3^- の流出とそれに伴う土壌・渓流水の酸性化，森林生産性の減少，さらには樹木の枯死を引き起こす．

7.3.4 硫黄循環と酸性雨問題
(1) 環境中の硫黄の存在状態
硫黄は酸化数 −2 から酸化数 +6 までの酸化状態をもち，微生物による酸化状態の変換によっ

て循環している．酸化数−2または−1の硫黄は金属硫化物として存在しており，重要な金属鉱床を形成する．最も多い硫化物は黄鉄鉱（FeS_2）である．微生物により硫化水素（H_2S），二硫化炭素（CS_2），硫化ジメチル（CH_3SCH_3：DMS），二硫化ジメチル（CH_3SSCH_3），硫化カルボニル（COS），メチルメルカプタン（CH_3SH）などの還元態硫黄が放出される．酸化数＋4の二酸化硫黄（SO_2）は主要な大気汚染物質の1つであり，化石燃料の燃焼により大気中に放出される．酸化数＋6の硫酸（H_2SO_4）は酸性雨の主原因物質である．

(2) 地球規模の硫黄の分布と輸送

地球表層の硫黄の総量は $2.2×10^{10}$ TgSであり，海水（$1.3×10^9$ TgS），海洋堆積物（$3×10^8$ TgS），堆積岩（$2×10^{10}$ TgS）がおもなリザーバである（図7.25）．大気中の硫黄は微量ではあるが，重要な役割を果たしている．

地表から大気へ自然起源の放出は，火山噴火（9 TgS/y），海塩粒子（140 TgS/y），生物活動（15 TgS/y）などさまざまであるが，このうち海塩粒子の放出量が多い．火山由来の硫黄の大部分は二酸化硫黄であり，微量成分として硫化水素と硫化ジメチルが含まれる．海塩粒子は硫酸塩を含む．微生物は酸化数＋6の硫酸を体内で代謝して有機態硫黄に還元する．一部はタンパク質として生体構成要素になるが，多くは還元硫黄ガス（H_2S，DMS，CH_3SSCH_3，COS，CH_3SH）として大気中に放出されるか，水中で硫化物として沈殿する．放出された還元態硫黄ガスは大気中で酸化されて二酸化硫黄となり，最終的には硫酸塩となる．化石燃料中の硫黄は，燃焼過程において90％以上は二酸化硫黄として放出され，残りは硫酸塩である．化石燃料燃焼と鉱石精錬による人間活動によって，硫黄循環量は2倍となっている．

(3) 硫黄の大気大循環と環境影響

大気中に放出された硫黄の寿命は短く，すぐに硫酸に酸化される（図7.24）．また，二酸化硫黄は比較的水に溶け込みやすいので，水滴中でも硫酸に酸化される（**液相酸化**）．硫酸は蒸気圧が低いので直ちに凝結して**硫酸ミスト**を生成し，その一部は周囲のアンモニアに中和されて硫酸アンモニウムとなる．硫酸ミストおよび硫酸塩エアロゾルは，**雲凝結核**として作用して雲粒を生成する．硫酸塩エアロゾルは，直接的および間接的に地球放射収支に影響を及ぼすため，地球温暖化の将来予測においてきわめて重要である．**エアロゾル直接効果**とは太陽放射を散乱することにより，地球温度を下げる働きである．一方，吸湿性エアロゾルが雲凝結核として働いて雲粒を生成することにより，太陽光を反射したり，あるいは地球放射を吸収して放射収支に影響する．これを**エアロゾル間接効果**という．雲凝結核の密度と雲粒径は，**雲アルベド（反射率）**を決定する．雲アルベドに対

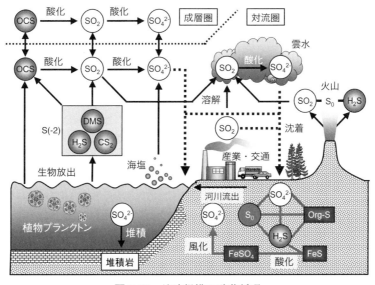

図7.25 地球規模の硫黄循環

して，硫酸エアロゾルは正負のどちらに影響するのか，また，その影響の大きさがどの程度かについて不明な点が多い．現在，硫酸塩エアロゾルは温室効果ガスによる温暖化を部分的に相殺していると考えられている．

硫酸ミストが雲粒に取り込まれると，硝酸と同様に液滴を酸性化する．硫酸ミストが取り込まれた雲粒が成長して雨滴となり，その落下過程で硫酸ミストや二酸化硫黄が取り込まれると雨滴はさらに酸性化する（図7.24）．化石燃料の燃焼などによって二酸化硫黄が大気中に放出されると，降水はますます酸性化することになる．このため，現在では化石燃料中の硫黄分をあらかじめ除去したり，排煙脱硫を行って二酸化硫黄が大気中に排出されないような対策がとられている．

7.3.5 塩素循環と地球環境問題
(1) 大気中でのオゾンの分布

大気中オゾン（O_3）は90%以上が成層圏に存在する．地表面から約20 kmの高度を中心としてオゾン濃度が特に高濃度となる領域が存在し，これを（成層圏）**オゾン層**とよんでいる（図7.26）．オゾン層生成のメカニズムは，1930年にイギリス人物理学者チャップマン（S. Chapman）によって提唱され，**チャップマンメカニズム**として知られている．

オゾン生成　$O_2 + h\nu \rightarrow O + O$　（$\lambda < 240$ nm）
　　　　　$O_2 + O + M \rightarrow O_3 + M$

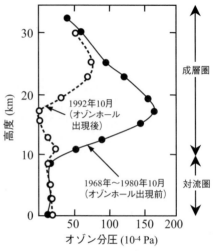

図7.26　南極昭和基地上空の10月のオゾン高度分布
（小倉義光，1999をもとに作図）
1992年10月には20 km付近のピークがなくなり，ほとんどオゾンが消失している．

オゾン消失　$O_3 + h\nu \rightarrow O_2 + O(^1D)$
　　　　　　　　　　　　　　　（$\lambda < 320$ nm）
　　　　　$O(^1D) + M \rightarrow O + M$
正味：　　$O_3 + h\nu \rightarrow O_2 + O$

ここで，λ：光の波長　h：プランク定数　ν：光の振動数，M：反応の第3体（N_2など）である．

大気中の酸素分子（結合エネルギー：489 kJ/mol）が太陽光中の紫外線（$\lambda < 240$ nm）で解離して生じた酸素原子が，他の酸素分子と反応して

コラム7.2　富士山は地球環境を監視する「目」

　富士山は我が国の最高峰（3,776 m）である．その山頂にある富士山測候所では，気象観測だけではなく，二酸化炭素，オゾン，二酸化硫黄，雲水などさまざまな大気化学観測が行われてきた．富士山は独立峰であり，その広がりに対して高度が高く，「4,000 m級の観測塔」（気象研究所・五十嵐康人主任研究官，高橋宙研究官）とみなすことができるからである．このような海抜3,000 mを超える高所観測ステーションは世界的にみても数カ所に限られる．現在，アジア諸国の経済発展が目覚ましく，ここから排出される汚染物質が地球大気環境に及ぼす影響が懸念されている．日本は近隣のアジア諸国ばかりではなく，偏西風によって欧州から長距離輸送される大気汚染物質の影響も受ける（大陸間輸送，半球大気汚染）．地球環境を守るためにも，また日本の自然環境を越境大気汚染から守るためにも，富士山測候所は大気環境を監視する「目」として重要である（口絵7.1）．しかし，富士山測候所は2004年に無人化され40年の歴史に幕を閉じた．現在，NPO法人「富士山測候所を活用する会」が富士山測候所を借り受け，数10名の研究者有志が力を合わせて夏期のみではあるが大気化学観測を続けている．

オゾンが生成する．一方，オゾン分子の結合は酸素分子の結合よりも弱いため，よりエネルギーの低い320 nm未満の紫外線を吸収して消失する．このようにして，高度約20～25 km付近でオゾンが高濃度になる領域が存在しており，成層圏オゾン層とよんでいる．

(2) フロンと成層圏オゾン層の破壊

オゾンは紫外線を吸収するため，破壊されると地表に到達する紫外線が強くなり，皮膚がんや白内障などを生じさせる．O_3は上述した紫外線以外にも，以下のように塩素原子，ヒドロキシルラジカル，一酸化窒素などの微量化学種の存在によって分解される．

$$O_3 + R \rightarrow O_2 + RO \quad R = Cl, OH, NO$$
$$RO + O \rightarrow R + O_2$$

成層圏のヒドロキシルラジカルは水蒸気やメタンの酸化，一酸化窒素は航空機による大気中窒素の酸化，塩素原子は**フロン**（クロロフルオロカーボン，CFC）の分解によって生じる．フロンは炭化水素の水素を塩素やフッ素などで置き換えた物質の総称であり，冷蔵庫やエアコンの冷媒（冷却剤）や半導体製品の洗浄剤などに使用されてきた．フロンは安定な物質なので対流圏では分解されないが（表7.1），成層圏まで達すると紫外線によって分解して塩素原子を放出する．塩素原子は触媒となり，塩素原子1個でオゾン分子約10万個を連鎖的に分解する．その結果，オゾン濃度が極端に薄くなった**オゾンホール**が生じる（図7.27）．なお，オゾンホールとはオゾン全量が220ドブソンユニット（DU）未満になった状態のことである．ドブソンユニットとは，地表から大気圏上限までの気柱に含まれるオゾンを標準状態（1気圧，0℃）の地表に集めたと仮定した時の厚さを意味する．100 DU＝1 mmに相当する．

このようなフロンによる成層圏オゾン消失の可能性は，1974年にモリーナ（M. Molina）とローランド（F. S. Rowland）によって指摘された．その後，1982年に成層圏オゾン濃度が極端に減少する現象が観測によって実証された．これを受けて，1995年にモリーナとローランドは，クルッツェン（P. Crutzen）とともにノーベル化学賞を受賞した（コラム7.1参照）．1987年に採択されたモントリオール議定書によりフロン類の製造，消費および輸入が禁止され，2000年以降，成層圏オゾン層は回復傾向にあることが報告された（Solomon et al., 2016）．しかし，最近になって，モントリオール議定書に反して，トリクロロフルオロメタン（CFC-11）の新たな放出による濃度増加が報告されており，地球環境問題の難しさを示している（Montzka et al., 2018）．

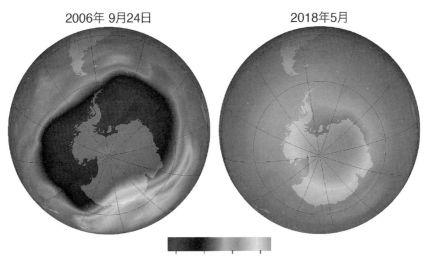

図7.27 観測史上最大の南極上空のオゾンホール（2006年9月24日）と最新のオゾンホール（2018年5月）
出典：NASA: https://ozonewatch.gsfc.nasa.gov./monthly/

7.4 持続可能な循環型社会の構築に向けて

地球の資源・エネルギーおよび環境容量（環境変化に対して環境が自然に元に戻れる範囲）は有限であることから，1992年の地球サミット（国連環境開発会議）において**持続可能な開発**あるいは発展が提唱されるようになった．持続可能な開発とは，"将来の世代の需要を満たす能力を損なうことなく，現在の世代の需要を満足させる開発"のことである．このような社会を現実のものとするため，2015年9月の国連サミットでSDGs（Sustainable Development Goals；持続可能な開発目標）が採択され，国連加盟国193ヶ国が2016年〜2030年の15年間で達成する目標として17項目が掲げられた．このうち，「13. 気候変動に具体的な対策を」，「14. 海の豊かさを守ろう」，「15. 陸の豊かさも守ろう」の3項目は地球環境問題に係わる．

持続性を達成するためには，**循環型社会**の構築が不可欠である．循環型社会とは，"製品などが廃棄物とならないように必要以上の生産や消費を行わず（reduce），安易に焼却や埋設処分を行わずにできる限り再使用し（reuse），製品としての価値が低下した場合には再資源化して新たな製品などの原料として利用する（recycle）社会"である．本章で概説したように，自然界では物質が循環することは"自然"であり，循環型社会とは自然界の**物質循環**を妨げることのない社会にほかならない．

8 自然と人間活動の調和をめざして

人類が農耕・牧畜など生産活動を開始してからおよそ1万年が経過する．そのなかでも産業革命以降の人間活動は自然への影響が最も強烈であり，地球上の環境破壊の大部分はこのときに生じている．また，火山噴火や地震などの自然災害は人間生活と密接に結びついており，その災害内容も時系列的に変化している．本章では，人間と自然のかかわりあいの歴史に基づいて，今後の両者の共生への道筋を探る．"Think globally, act locally" の精神における「地域」という点に重点をおき，日本における過去の環境・災害問題をふりかえる．具体的には，人間活動による自然への影響が強烈であったために地圏に起こっている問題に焦点をあてる．さらにローカルな場における環境の変遷を地質学的な手法により明らかにした事例や，地球上のおよそ1割の地震と活火山が集中する日本列島の自然災害を紹介する．最後に地史学上における人間活動の位置づけを明確にし，人類の歩むべき道を模索したい．

8.1 環境破壊と人間活動

人間が自然に働きかけるとき，その働きかけによって利益を受ける側と不利益を被る側が生じることがある．この状態を調整しながら社会にとって最適な状況に向かわせることは重要であり，ここには「人と自然の関係」だけではなく「人と人との関係」も併在する．

自然への働きかけが自然の有する均衡を崩し，その自浄・回復能力を超えるような場合，あるいは働きかけが大きな欠陥を有する場合には，自然環境さらには自然の一部でもある人間に対して悪い影響を及ぼすこととなる．この影響が生産現場に現れた場合は，**労働災害**あるいは**職業病**としてとり扱われることが多い．産業活動によって環境が破壊されることから生じる社会的な災害は**公害**とよばれる．日本の**環境基本法**（1993）では，公害を「環境の保全上の支障のうち，事業活動その他の人の活動に伴って生ずる相当範囲にわたる大気の汚染・水質の汚濁・土壌の汚染・騒音・振動・地盤の沈下および悪臭によって，人の健康または生活環境に係る被害が生ずること」と定義している．

日本における公害問題は，1960〜70年代前半に頻発した「産業公害」であり，被害者は病弱者・老人・子供・主婦などに集中した．それを受けて，1970年に開かれた国会では公害関係法案が次々と成立する一方，公害の原因者を問う裁判では被害者側の勝訴が続いた．しかし，1973年の**第1次石油ショック**を境に社会・経済状態が安定低成長へと向かうとともに，国は「産業公害は沈静化した」とする見解を示した．そのような流れのなかで，それまでの公害論は環境論へと変化していった．さらに2000年には**循環型社会形成推進基本法**が成立し，環境に対する捉え方も時代

とともに変貌している.

ここでは人間の自然への過度の働きかけによって生じた地圏の環境問題について,歴史を追いながらみていくことにする.

8.1.1 足尾鉱毒事件

明治時代,鉱山業は日本における近代国家形成の基幹産業であった.そのため生産の集中度は高く,さらに鉱山という性質上,環境問題が生じても移転などの措置はとれなかった.このように日本における初期の大きな産業公害問題は鉱山を主原因とするものであり,**鉱害**とよばれた.ここでは日本の公害問題の原点ともいわれる**足尾鉱毒事件**に焦点をあてる.

栃木県の山間部にある足尾鉱山の精錬所跡地周辺の山肌は,今でも草木が根つかずはげ山となっている.鉱山操業時,鉱石を焼いたときの煙に含まれる**亜硫酸ガス**や**亜砒酸**が山肌の樹木を枯渇したからである.山肌に草木がないと,降雨時には表土が流され,岩肌が露出してくる.この岩肌の細かい亀裂に水がしみ込み,それが冬季には凍り亀裂の拡大を促した結果,現在の脆弱な山肌となってしまった.緑を再生させようと植樹などが試みられてきたが,効を奏すまでにはいたっていない(図8.1).そのような脆弱な山肌に対して落石止め,沢には砂防ダムが多数設置されているのが現状である.

鉱山周辺の地質はジュラ紀付加体を構成する砂岩・泥岩・チャートと白亜紀~古第三紀の酸性火山岩類を基盤とし,それを中新世の流紋岩類が覆っている.鉱床は鉱脈鉱床と塊状交代鉱床であり,おもな鉱石鉱物は黄銅鉱である.鉱床は16世紀半ばに発見され,17世紀後半には第1次の操業最盛期を迎えたが,その後生産量は低下の一途をたどった.19世紀後半,積極的な探鉱活動や鉱山技術の開発,新しい機械の導入により産銅量は急増した.しかし時を同じくして,周辺環境の破壊や鉱毒被害が顕在化し,それが拡大していった.

鉱毒問題についてふれよう.足尾鉱山の鉱石中には黄銅鉱($CuFeS_2$)・黄鉄鉱(FeS_2)・硫砒鉄鉱($FeAsS$)が含まれており,鉱石処理過程で,鉱石に含まれる硫黄は亜硫酸ガス,砒素は亜砒酸として煙突から自然界へと放出され,草木を枯らした.また,ズリ捨て場,鉱滓の沈殿池や濾過池では豪雨のたびに有害な元素を含む鉱毒水が流出し,渡良瀬川下流域における水質汚染や周辺農地の汚染を招いた.この被害が甚大になったのは19世紀後半の大規模採掘が引き金となっている.その直後から渡良瀬川に住む魚の大量死,流域住民の健康被害,農地の鉱毒汚染などが顕著となった.しかし鉱山が鉱害の主原因であると考えられたにもかかわらず,鉱業主や政府はその責任を認めようとせず,社会問題としておよそ20年間くすぶり続けた.その間に,被害民が操業停止を求めて**請願示威運動**(押出し)を3回起こしている.1904年渡良瀬川の氾濫防止対策として遊水池を造る案が県議会を通過した.その裏には,この遊水池に鉱毒を沈殿させようという意図がみられ,鉱毒問題は治水問題にすりかえられてしまったといえる.同じ年に日露戦争が勃発し,鉱山側は被害者との再度の協定を「諸般の事情のため」という理由で拒否した.同じような取り扱いは,日本各地のそれ以後の公害問題でもしばしば起きている.

8.1.2 地盤沈下と地下水汚染

日本の高度経済成長期に生じた公害現象は**典型七公害**(大気汚染・騒音・振動・水質汚濁・悪臭・地盤沈下・土壌汚染)とよばれる.このなかで大気汚染・水質汚濁などの公害は,住民が比較的早期に感覚(視覚や臭覚)で捉えることが可能である.しかし,地盤沈下はゆっくりと進み沈下

図 8.1 足尾鉱山周辺のはげ山における植樹の試み

量が累積した後に被害として顕在化してくる．地下水汚染も井戸水の着色や悪臭，健康被害が現れるまで社会問題となりにくく，各地で問題となるまでにすでに長い年月が経過していることが多い．

ここでは地圏に関連した環境問題として，**地盤沈下**と**地下水汚染**に焦点をあてる．地盤沈下は地下水の過剰揚水といった量的問題，地下水汚染はその質的問題であることから，本項ではまず地下水学の基本について説明する．

(1) 地下水学の基礎

堆積層はいわゆる砂礫や土粒子とそれらの間の空隙から構成される．一般にこれらの空隙は空気あるいは水で満たされている．この水が**地下水**であり，これらは生活用や産業用の水資源として，また災害を誘引する因子として人間活動と密接に結びついてきた．地下水を利用する面で，過度の揚水は地盤沈下や海浜部での**塩水化**問題を引き起こし，汚染物質の地下浸透は地下水の汚染問題となる．また，地すべりや斜面崩壊，地震時における地盤の液状化，人間による自然改変に伴う**酸欠**などの災害にも，地下水は大きく関与する．

a．地下水の容れもの

「水は方円の器にしたがう」という．地下水を理解する基本はここにある．地下水にとって「地下の地質や構造」は方円の器を意味し，これらを明らかにすることは地下水を理解することにつながる．そのためには，地中に浸透した水が地下に賦存していく状態を理解することが重要となる．堆積層は，水を通しやすい層（**透水層**）と水を通しにくい層（**難透水層**）の重なりから形成されている．透水層のなかで水が飽和した地層を，特に**帯水層**とよぶ．帯水層は**不圧帯水層**と**被圧帯水層**に区分される（図8.2）．不圧帯水層を形成する地層では，地下水面より上の間隙は空気で満たされていることが多く，このゾーンを通気帯とよぶ．通気帯のなかに断片的に粘土などの薄層が存在すると，その薄層の上位に地下水体を形成することがあり，これを**宙水**とよぶ．

このように地下では透水層と難透水層が重なりあいながら，地下水の容れものを形成している．この容れものの概観はおおきな盆状となっていることが多いことから**地下水盆**ともよばれる．地下水盆の大きさはさまざまであるが，1つの地下水

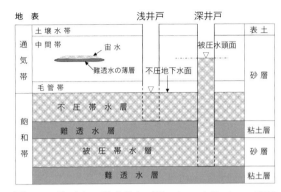

図8.2 地下水の垂直分布（Heath and Trainer, 1968を一部改変）

盆には必ず**涵養域**と**流出域**が存在する．水の通りやすさ（透水性）からみれば，礫や砂からなる層は透水性がよいゾーンに区分され，シルトや粘土からなる層は透水性がわるいゾーンに区分される．このように地下水盆では地下水の透水性や貯留性に着目した層区分がなされる．そして層区分の1ユニット（透水層と難透水層の組合せ）を**帯水層単元**とよぶ．

b．地下水の流れかた

「水は低きにつく」というのが基本である．すなわち，不圧地下水は標高の高いほうから低いほうへ，被圧地下水は水圧の高いほうから低いほうへと流れる．地下水盆中の流動については，トゥース（J. Töth）の1963年のモデルに基づくシミュレーションが開発されてきた．地下水は地層中をどのくらいの速度で流れているのだろうか？これは下に記したダルシーの式により簡単に算出できる（図8.3）．

$$Q = A \cdot k \cdot \Delta h / l \cdots\cdots\cdots\cdots (8.1)$$

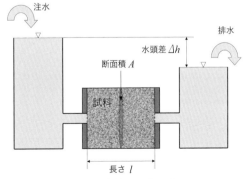

図8.3 試料中の水の流れ

Q：パイプを流れる水の量（cm³/sec or min）
A：パイプの断面積（cm²）
k：透水係数（cm/sec or min）
$\Delta h/l$：パイプの両端における地下水位の勾配

ここで k は**透水係数**とよばれ，地層ごとの水の通しやすさの度合を表す係数である．これは(8.1)式において水温 15℃，水位勾配 1：1 のときの単位断面積を流れる水の量から求められる値である．透水係数は，細礫や砂の場合 10^{-1}〜10^{-3} cm/sec，ごく細かい砂からシルトにかけては 10^{-3}〜10^{-5} cm/sec を示す．

(2) 地盤沈下
a．歴史
地下水を過剰に汲み上げると地盤の沈下が生じる．和達・広野（1942）は，地下水位変動と地盤沈下速度に顕著な相関性を見いだし，地盤沈下は地下水位低下による軟弱粘土層の収縮で起こるものと考えた．そして人為的な地下水の汲み上げが地盤沈下の主要因であることを，大阪平野における地盤沈下観測結果から実証した．

また，東京の下町地域（特に現在の江東区付近）では，大正時代初期から地盤沈下が顕在化した（図 8.4）．その後第二次世界大戦の一時期を除いて 1970 年頃まで，沈下量および沈下区域が拡大し続けた．江東区南砂二丁目にある水準基標は，1918〜1982 年の間に 4.57 m も沈下している．東京では，1956 年と 1963 年に地下水の揚水に関して規制が強化され，江東地区では 1965 年ごろから地下水位は上昇に転じたが，地盤沈下は依然として続いた．そこで規制地域の拡大と基準の強化が図られ，1973 年になると東京の下町地域の

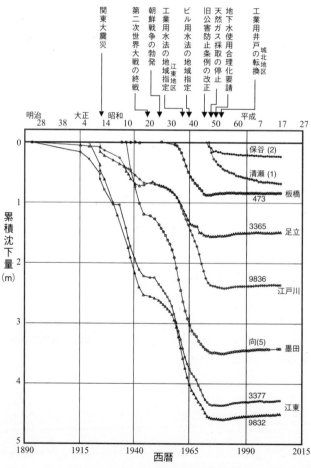

図 8.4　東京都における主要水準点の累計変動量（東京都土木技術研究所，2005）
数字は各観測地点の水準基標番号．

地盤沈下は急速に減少し，その後ほぼ沈静化した．

また地下水の揚水ばかりでなく，南関東や新潟地域では**水溶性天然ガス**採取に伴う地盤沈下も生じている．これらの大量揚水による障害としては，地盤沈下，地下水の枯渇や自噴停止，地下における酸欠被害，沿岸部における地下水への塩水侵入などがあげられる．

b．地盤沈下のメカニズム

地層は土粒子と間隙からなる．間隙は地下水面より下方であれば一般に水で満たされている．このような地層に上方から荷重が加われば，土粒子自体はほとんど圧縮されず，間隙が縮小する．このとき間隙にある水や空気は排出され，地層は収縮する．荷重によって土中の水分が排出され土が収縮する現象を**圧密**という．

粘土層は砂層に比べて間隙が微細であるために，水の排出速度が小さく，粘土層の沈下は長期間にわたる．圧密による粘土層の沈下の量と速度は，層の**圧縮性**と**透水性**に関係する．その圧密の過程は，テルツアギ（Terzaghi and Peck, 1967）の理論に基づくと図8.5に示すモデルによって説明できる．このモデルの円筒の中には水を満たしてあり，水面にあるピストンには数カ所に小孔があいている．さらにピストンにはばねが取り付けられている．すなわち，ばねが土粒子からなる土の骨格に，円筒内の水が土中の間隙水に該当する．ピストンの小孔の数は土の透水性に関係する．このモデルのピストン上に荷重P(kg/cm^2)がかけ

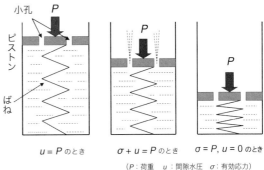

図8.5 圧密モデル（阿部，1981をもとに作図）

られたときのモデル全体の動きを時系列的にみてみよう．

1) この荷重を円筒内の水とばねが支えることになるが，荷重をかけた瞬間には水だけで支えられる．このときに水に生じる圧力は土中の**間隙水圧**（u）に対応し，この値は荷重Pに等しい．

$$u = P$$

2) 時間経過とともに円筒中の水分は小孔から排出され，荷重Pは間隙水圧とばねで支えられることになる．ばねに生じる応力，すなわち，土粒子の骨格に生じる応力を**有効応力**（σ）とよぶ．

$$\sigma = P - u$$

3) さらに時間が経過すると円筒内の圧力を受けた水分は排出されて，荷重Pはばねだけで支えられる．このときの間隙水圧は0となる．

$$\sigma = P, \quad u = 0$$

実際に水で飽和した粘土の圧密過程も，この現

コラム8.1 地盤沈下の激しさを記録する生き証人

写真の井戸は，東京の葛飾区新小岩で昭和13年に掘られ，昭和21年には地下60mの硬い地盤まで掘りさげられた．この地域では，「洪積層」というしまった地層の上に，「沖積層」という軟弱な地層が厚く重なる．このような場所で地下水が過剰に揚水されると，軟弱な地層部分は収縮し，その結果地表面が沈下して，その分だけ管が露出してくる．いわゆる抜け上がり現象である．写真の露出した管にはその当時の地表面が白ペンキで記されており，沈下現象の推移を読みとることができる．

井戸の抜け上がり現象

象と類似の過程をたどるものと考えられる．ただし，この圧密理論にはさまざまな条件が付随し，理想化された状態に対してのみ成り立つものである．このように，地盤沈下は一般に軟弱粘土層の収縮で起こる．地下水が過剰に揚水されると，被圧水頭の異常低下が生じ，粘土層において脱水と圧密が生じる．すなわち粘土層の収縮が起こり，それが地表に影響を及ぼすと地表面の低下となるわけである．

c．地盤沈下の対策

地盤沈下対策として，まず地下水の適正揚水があげられる．また，軟弱地盤では圧密現象が長期間にわたるとともに，構造物の載荷などによって地中にすべりや**パイピング現象**（砂層から砂と地下水の混合流体が噴出する現象）が生じ，構造物の基礎の破壊や，長大構造物においては不等（不同）沈下が発生する．これらへの対策として，構造物の重量軽減，地盤を構成する土の置き換え，**地盤改良**などが行われてきた．粘土質土からなる地盤の改良では，間隙水の強制排除により圧密を促進する種々の方法が開発されており，砂質土の場合には地盤に振動を与えて締め固める方法などがある．これらは一般に地盤上に構造物を施工する前に実施される．

(3) **地下水汚染**

a．地下水汚染の歴史

地下水は本来水質良好で美味なものである．しかし，その水質がおもに人間活動の影響により悪化することがある．特に近年問題になってきたのは，化学物質や重金属による地下水の汚染である．

アメリカでは，このような地下水汚染が1970年頃から頻繁に報告されるようになった．なかでもニューヨーク州**ラブ・カナル**の汚染は歴史上特筆されるものである．ラブ・カナルは掘削を中止した古い運河である．1950年ごろ化学会社が農薬や可塑剤などの生産工程から排出される廃材を投棄する場所としてこの運河を使用した．投棄終了後，表面は覆土されて市に譲渡され，小学校や住宅が建設された．1970年代後半になり，過去に投棄された**有害化学物質**が地下室などへしみ出し始めたことから，州は住民に立ち退きを命じて，大規模な浄化対策を実施した．また，1982年には，半導体産業・軍需産業およびその関連工場が集まるカリフォルニア州**シリコンバレー**で有機塩素系溶剤ほか化学物質による大規模な汚染が見つかり，住民の健康への顕著な影響が観察された．

このような地下水汚染に対して，アメリカでは1980年に包括的環境対策・補償・責任法（CERCLA）と1986年にスーパーファンド修正および再授権法（SARA）が制定された．2つの法律を合わせて，**スーパーファンド法**とよぶ．これらの法律では，汚染浄化費用を有害物質にかかわる潜在的責任当事者すべてが負うといった点に特徴がある．

アメリカに遅れて1980年代前半から，日本でも前述のような化学物質による地下水汚染が社会問題となり始めた．1989年には水質汚濁防止法を改正して地下への廃液の浸透を禁止したほか，2002年には**土壌汚染対策法**を制定し，汚染の未然防止および早期対策の実施を総合的に推進した．

日本における地下水の汚染問題をもう少し詳しくみてみよう．このような問題が表面化したのは江戸時代にさかのぼる．当時人間の排泄物は汲み取り式の便所に蓄積されていた．それらの汚物が地中へと浸透して地下水を汚し，井戸を利用していた住民に伝染病が蔓延するもととなった．これらの汚染物質は**大腸菌**などの細菌類である．明治時代になるとこのほかに重金属類が加わってきた．これはその当時の富国強兵策に基づく産業振興に影響されたものであり，これには鉱山開発が深いかかわりをもつ．**重金属**には毒性および発がん性があり，それらが生体内に取り込まれるとわずかしか代謝されずに体内に留まり，重篤な病気を発症することとなる．過去に問題を引き起こしたおもな重金属は水銀・カドミウム・**砒素**である．昭和時代中期以降になると汚染物質の種類も増え，**廃油・有機塩素化合物・内分泌攪乱物質**などが加わった．これらの物質はおもに工場などで使用され，その廃液の一部は地下浸透された．また，農業生産拡大のための土壌への大量施肥や農薬散布が主原因である汚染も顕在化した．

b．日本における過去の地下水汚染の具体例

地下水汚染には，1) 人間がその活動のなかででた物質を地中へと投棄・埋め立て・注入あるいは浸透したことによって生じた人為的な汚染と，2) 自然地層に含まれている物質が土壌環境基準値を

超え，これが地下水へ溶出した汚染とがある．

1) 地下水の人為的汚染

細菌・油・重金属・窒素化合物による汚染：細菌による汚染は，都市域で地下水を飲料水として多量に利用していた1970年頃まで多発した．汚染細菌はおもに大腸菌である．油による汚染は昭和時代中期以降国内各地で報告されており，その出どころは米軍基地・機関区・給油所・企業研究所・法律制定以前の廃棄物処分サイトなどであった．米軍の立川基地や横田基地周辺でも家庭用井戸水への油の混入がしばしば報告され，いずれも基地内における航空燃料の漏洩が原因と推定された（郷原・豊田，1953；菊地，1953；細野，1967）．

シアンや**6価クロム**などの重金属による汚染は鍍金工場の廃液の地下浸透がおもな原因であり，1970年代に頻発した．アンモニア性窒素や亜硝酸性窒素などの**窒素化合物**による汚染は畑や水田が広がる農業地域周辺の地下水中から現在でも頻繁に報告されており，これらは水田や畑への過剰施肥，畜産や生活廃水の地下浸透が原因とされる．また肥料ばかりでなくBHCなど**農薬**による汚染も発生している．

有機塩素化合物による汚染：有機塩素化合物は強い洗浄力と揮発性を有する溶剤であり，一方で不燃性である．しかも無害とみなされていたことから，1970年代には半導体工場・電気工場・クリーニング工場などで盛んに利用され，廃液の一部は地下浸透されることも多かった．1982年にWHO（**世界保健機構**）は有機塩素化合物に発がん性の疑いを認め，飲料水としての暫定基準値を公表した．これを受けて日本でも環境庁が全国主要15都市で地下水汚染の実態調査（環境庁，1983）を行った．この調査における総検体数は1,499箇所（浅井戸1,083，深井戸277，河川139）である．検出率の高かった有機塩素化合物は，トリクロロエチレン（TCE），テトラクロロエチレン（PCE），クロロホルムであり，いずれも測定箇所の20%を超えていた．そのうちWHOの暫定基準値（TCE：0.03 mg/l，PCE：0.01 mg/l）を超えた井戸は，TCEで40本，PCEで53本であった．その後もこの種の溶剤による地下水汚染は各地で頻発している．調査および汚染浄化対策の面から考慮しなければならない有機塩素系溶剤の特徴は，ⅰ）揮発性が高い，ⅱ）水より重く動粘性係数が小さい，ⅲ）水に難溶，などである．これらの特性は汚染拡散に強く影響する．

廃棄物や残土による汚染：廃棄物や残土による地下水の汚染も深刻である．日本の高度経済成長期に埋め立てられた産業廃棄物から有機溶剤を含む廃油や環境ホルモン様化学物質などが流出し，地層および地下水や河川水などを汚染した事例が各地で発生している．また，埋め立て廃棄物からの汚染も多発している．汚染物質としては，油・有機溶剤・シアン・砒素・鉛などがある．

建設工事に伴って生じる汚染例もある．近年，日本では市街地に存在していた工場が郊外へと移転し，その跡地にマンションなどが建設されることが多い．建設工事に伴って発生した土砂はおもに郊外へと運搬され，谷部へと埋め立てられる．この土砂が工場からの廃棄物や廃液で汚染されていた場合，埋め立て地周辺に新たな汚染を生じることになる．おもな汚染物質として，6価クロム・有機塩素化合物・廃油・砒素などが確認されている．

2) 重金属による地下水の自然汚染

人為的原因以外に地層中に元来含まれる物質が地下水を汚染させている例もみられる．たとえば，房総半島南部の嶺岡山地周辺で1978年に発覚した6価クロムによる湧水の汚染がある．その最高汚染濃度は0.24 mg/l（現環境基準値0.05 mg/l）であった．調査により，この汚染は蛇紋岩起源の6価クロムが地下水へと混入したために生じたことが判明したが，幸いにも，この湧水を長い間飲用していた付近の住民に特別な健康被害は生じていない（千葉県嶺岡帯六価クロム調査班，1978）．

このほか，地層中に含まれる砒素も各地で問題となっている．関東平野や大阪平野の土台は海成層からなる．これらの地層を形成する細粒堆積物の多くには1 mg/kg以上の砒素が含まれており，その含有は地層堆積時の環境に影響されたものである．たとえば，房総半島中部から北部にかけての深井戸ボーリングコアから採取した試料の砒素濃度をみる（東関東圏有害地質調査チー

ム, 1998) と, 三浦層群・上総層群・下総層群下部といった堆積当時外洋に面していた時期の地層は5～15 mg/kg 程度の砒素を含有している. しかし, 古東京湾の堆積物である下総層群上部の地層には, 54 mg/kg といった高い値を示す部分もあれば, 2 mg/kg といった低い値を示す部分もある. これらの試料はいずれも浅海内湾性のものであるが, 前者は海成の粘土であり, 後者には陸水の影響が強く認められる. また, 沖積層中の海成粘土は5～10 mg/kg の砒素を含むことが多い. 一方, 環境基準を超える砒素濃度を有する地下水は下総層群最上部から沖積層にかけてストレーナを設置した井戸からのものに多い. 大阪層群でも泥質堆積物を中心に分析が行われ, 一般に海成粘土層への砒素の濃集と, 浅層堆積物である淡水成層において高濃度の砒素の検出が報告されている (益田・三田村, 1998).

c. 地下水汚染の調査および浄化対策

地下水汚染の調査・浄化対策を考えるとき, 汚染されている場がどのような地質から構成されているかをまず考えなくてはならない. 変動帯に属する日本の地質は大陸とは異なるので**汚染メカニズム** (図8.6) も異なり, その結果として浄化方法も異なってくる. 一方, この種の問題ではデータの公表方法といった点も重要であり, 付近の住民に不安を与えないような適切な措置が望まれる.

汚染メカニズムの解明には地質学的な取り組み姿勢が主軸をなし, 浄化対策には地質学・化学・生物学・農学・工学など多様な知識が必要となる. 日本における汚染サイトの多くは都市域に分布しており, その土台をなす地下には厚い堆積層が存在する. これらの多くは幾層もの帯水層単元に区分され, このような地下水の汚染調査には次のような視点が重要となる. それらは, ①帯水層単元の確立, ②**地下水流動系**の解明, ③汚染流動経路の解明, である. 汚染メカニズムが解明された後, 浄化対策が実施される.

地表部近傍の通気帯ゾーンの汚染に対しては汚染地層の掘削・除去, 地下水の汚染に対しては揚水処理などが行われることが多い. また, 揮発性をもつ有機塩素系溶剤による汚染に関しては, 通気帯ゾーンに存在する汚染空気を吸引する方法も

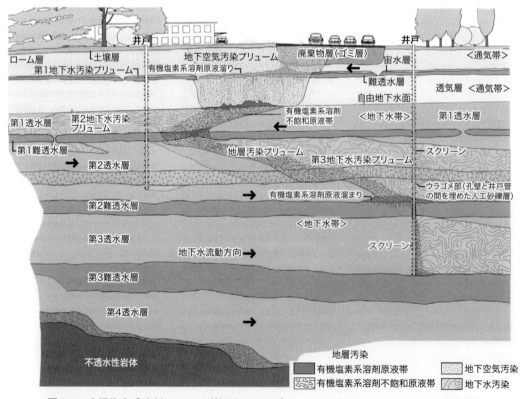

図8.6 有機塩素系溶剤による地質汚染メカニズムの概略 (楡井ほか, 1991を一部改変)

実用化されている．そのほか汚染された場の地質に応じて，地層を人為的に固化する方法や地中に内在する細菌などを利用する方法などが開発されている．実施にあたっては，二次汚染を引き起こさないように細心の注意が必要である．

8.2 自然災害と人間生活

昔から人間は自然が引き起こす災いを回避する術を身につけている．たとえば，大切な神社などは地盤のしっかりした小山の上に建てられ，「鎮守の森」とよばれてきた．また，海岸平野の集落などは砂丘堆の上に帯状に発達している．これらは地震の多い日本において，人々が地震被害を回避するために体得してきた知恵である．また富士山をはじめとして，日本人の心の片隅には火山がつくりだした風景に対する畏敬の念が宿るようである．このように日本人はときとして多くの人命を奪う自然現象と深いかかわりをもちながら暮らしてきた．そして人間活動が活発になるにつれて，これらの現象から生じる災害の種類や規模も多様化してきた．この節では，地震・火山と人間のかかわりという面から考えてみよう．

8.2.1 地震災害

大きな地震で大地が揺れると，地表や地中ではさまざまな変化が起こる．地下には破断や食い違いが生じ，地表面では山崩れや地すべり（§8.2.3参照）・地層の液状化などがみられ，人命や人工構造物などへの被害も生じる．これらの現象は**地震災害**とよばれる．この災害に対処していくためには，地震による被害を詳細に調べることが重要となる．なぜなら，地震動と地質環境あるいは人間社会とのかかわりあいが，それまでは思いもかけなかった現象を引き起こしている場合があるからである．このように大地震のたびに私たちは大きな教訓を与えられてきた．ここでは地震災害を考える基礎となる事項を記したうえで，日本における過去の地震災害をふり返る．

(1) 地震の規模

地震はおもに断層運動に伴う岩石の破壊によって起こる．地震発生時に地下の岩石が破壊された領域を**震源域**といい，そのなかで最初に地震波を発生した地点を**震源**，その地表への鉛直投影地点を**震央**とよぶ．地震の規模は**マグニチュード**という数値で表され，各地点にどのくらいの大きさの揺れが届いたのかは震度という数値で示される．マグニチュードとは，地震が発するエネルギーの大きさを示す指標である．マグニチュード（M）と地震のエネルギー（E：単位はジュール）には次の関係がある．

$$\log_{10}E = 4.8 + 1.5M$$

すなわち，マグニチュードが1増えるとエネルギーは約32倍となる．マグニチュードは1935年にアメリカの地震学者リヒター（C. Richter）が考案したもので，このマグニチュード（ローカルマグニチュード）（M_L）はウッド・アンダーソン型地震計の最大振幅（単位：μm）を震央からの距離100 kmのところの値に換算したものの常用対数を用いている．M_Lは近地地震において有効であるが，遠地地震には適用できない．そこで，周期20秒前後の表面波の最大地動振幅を用いる**表面波マグニチュード**（M_S），実体波の最大地動と振幅と周期を用いる**実体波マグニチュード**（M_b）が考案された．これらのマグニチュードは，大きな地震ではそれに比して大きくならず頭打ちになる傾向がある．これを避けるために，**モーメントマグニチュード**（M_w）が提案された．M_wは断層面の面積，変位の平均量，断層付近の岩石の剛性率から算出することから，断層運動を定量的に評価する指標である．日本で使われている「気象庁マグニチュードM_j」は，変位マグニチュードと速度マグニチュードの組合せで算出している．しかし，変位マグニチュードはモーメントマグニチュードと系統的にずれる傾向を有することから，2003年に計算方法の改訂が行われている．

同じ地震でもこれらのマグニチュードの間には若干の相違があり，たとえば1995年の兵庫県南部地震の場合，気象庁マグニチュードでは7.3，表面波マグニチュードでは6.8，モーメントマグニチュードでは6.9と算出されている．20世紀以降でモーメントマグニチュード9以上の地震は，1952年のカムチャッカ地震（9.0），1957年のアリューシャン地震（9.1），1960年のチリ地震（9.5），1964年のアラスカ地震（9.2），2004年のスマトラ沖地震（9.0），2011年の東北地方太平洋沖地震（9.0）の6地震のみであり，これ

らはすべて環太平洋地域で起きている.

(2) 日本における地震災害の歴史

日本の地震災害の特徴は次の3つに大別される.1)木造家屋が多いことから火災が起こりやすい,2)国土が海に囲まれていることから津波の被害が多い,3)国土が狭いことに起因する被害が多い.なぜなら,平野部は著しく開発されるとともに山間部まで人間が暮らしている.そのため地層の液状化,山崩れ,地すべりなどの地質現象による被害が多い.特に近年では,比較的小さな地震でも人工的に造った地盤(海浜埋立地・内陸造成地)の上で大きな被害が発生している.

ここでは,人間社会との関係で特筆すべき地震災害をふり返ってみる.

a. 濃尾地震(1891年10月28日 M8.0)

この地震は日本の内陸部で発生した最大級の地震であり,岐阜市の北方を震源とする.根尾谷断層に沿って80kmにわたる明瞭な地震断層が生じ,根尾谷の水鳥(みどり)付近では落差6m,水平方向のずれ8mの断層が生じ(口絵8.1),小藤文次郎の論文によって世界的に有名になった.ここを訪れると,この天然記念物に指定された断層を見学することができる.死者7,000名以上,全壊家屋約14万戸に及び,さらに内陸の地震であったことから,山崩れや地すべりによる被害も多く生じた.この地震を契機として震災予防協会が設置され,日本において地震学や地震災害防止の取り組みがスタートしたといえる.

b. 大正関東地震
(1923年9月1日 M_w 7.9~8.2)

近年に首都圏を襲った最大級の地震である.震源は相模湾北部といわれ,死者約10万人,全壊家屋約13万戸という大惨事を引き起こした.この地震ではいくつかの大きな地変が生じている.関東南部では地震により最大1.8mの隆起現象が生じ,逆に東京から甲府にかけては沈降した.また,山崩れや地すべりが頻発したほか,津波の被害も甚大であった.熱海では地震発生後約5分で津波が来襲し,その波高は湾奥で約12mに達した.また,三浦半島突端にある三崎では約6m,房総半島の洲崎では約8mの津波を記録した.東京では火災が各所に発生し,焼失面積3,830ha,延焼速度は18~820m/時であったと

いわれている.東京下町にある被服廠跡の火災被害は甚大であり,ここでの死者は約44,000人に達した.

また地震被害のなかにはいくつかの注目すべき現象が生じた.1つは地震による家屋の被害分布であり,その特徴は下町では木造家屋に,山の手では土蔵に被害が集中したことである.これは表層地盤を構成する地層の性質が地盤の揺れ方に影響を与え,この揺れとその上にある建造物の揺れが同期した結果生じたものと解釈されている.もう1つは,鉄筋コンクリート造りの建物は耐震性があり,煉瓦造りの建物は地震に弱いということである.東京における構造物の被害率(全壊・半壊・大破を含む)は,鉄筋コンクリートは1割以下,煉瓦造りや石造りでは8割以上であった.また,この地震災害をきっかけに,1925年東京大学に地震研究所が付置された.

c. 新潟地震(1964年6月16日 M_w 7.6)

震源は日本海粟島付近とされる.この地震では,信濃川河口の砂丘およびデルタ地域に発達した新潟市街地という特徴を反映した地盤災害である液状化現象(図8.7)が生じた.この被害を契機として,この現象は深く研究され始めた.そのほか,石油タンクの火災事故が頻発した.**長周期地震動**とタンク内油面の揺れの周期が同期することにより,油面の揺れが増幅し,タンクの上面にある浮き屋根の周囲から油が漏れて引火したことによる.この現象は**スロッシング**とよばれ,石油タンクの**耐震性**のあり方に問題を投げかけた.

図8.7 新潟地震時の液状化による川岸町県営アパートの傾動・転倒(新潟日報社提供)

e. 千葉県東方沖地震
　　　　　　（1987年12月17日　$M_w 6.7$）
　関東地震以後首都圏を襲った最大震度の地震であるが$M_w 6.7$と規模は小さい．それがかえって，限りなく発展を続けてきたこの地域の地質的な弱点を露呈した．液状化現象発生地域の分布がそれらを鮮明に反映しており，震央からの距離に影響されずに，被害発生地域は海浜埋立地・盛土地など人工的に造られた地盤に集中した（図8.8）．

f. 兵庫県南部地震（1995年1月17日　$M_w 6.9$）
　阪神・淡路地域を襲った**直下型地震**であり淡路島では震源断層である**野島断層**が地表に現れた（図3.31）．この地震で多大な被害を受けた神戸市を中心とする地域は，段丘堆積層〜沖積層の分布する，東西約25km，南北約3kmの帯状の地帯であり，前面には大阪湾，背後には花崗岩からなる六甲山系が存在する．しかも海岸域には埋立地，沖合いには大きな人工島が存在する現代都市である．家屋倒壊・火事・地すべり崩壊などによって，死者6,000名を超える大惨事となった．また，海岸地域における液状化被害，10階建て前後のビルの中層階におけるパンケーキ状崩壊，道路や鉄道の高架橋部分の倒壊・落下などさまざまな被害が生じた．余震の震央を連ねた列より南に外れて帯状に分布した震度7の地域（**震災の帯**：図8.9）については，地質学や地震工学の観点から多くの議論がなされた．その結果，この現象は地下構造と地震波の相互作用に影響されていることが判明した（武村，1998）．

図8.8　液状化現象の発生状況（千葉県，1989を一部改変）

d. 宮城県沖地震（1978年6月12日　$M_w 7.5$）
　震源は宮城県沖である．この地震では，仙台市において，従来の地震ではほとんどみられなかったような被害が生じた．それらは**都市型災害**という用語で報道された．東北地方の中心都市として開発・発展してきた仙台市では，人口の集中により，居住区域が市街地周辺部にある軟弱な地盤や丘陵地域へと拡がった．このような新興住宅地域で上下水道・都市ガス・電気など**ライフライン**の被害やブロック塀の倒壊などが多く生じた．さらに，丘陵部の造成地では盛土部の沈下・地すべり・崩壊といった地盤災害が注目された．

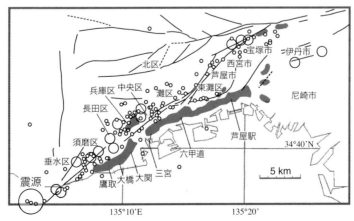

図8.9　兵庫県南部地震による震度7の領域（震災の帯）と余震の震央および活断層の分布（吉川・伊藤，1995より作図）

図 8.10 津波被害の例
(a) 津波により陸地へ打ち上げられた船舶（釜石市，2011.5.14 撮影）．
(b) 山裾にある家屋は津波により倒壊しているが，山腹の家屋は無被害である（大船渡市，2011.5.15 撮影）．

g．東北地方太平洋沖地震
　　　　　　　　（2011 年 3 月 11 日 $M_w9.0$）

　明治時代以降，わが国で観測された最大規模の地震である．東日本各地に大きな被害をもたらしたことから，「東日本大震災」とよばれている．宮城県牡鹿半島の東南東沖約 130 km の海底下を震源としており，その断層破壊域は南北約 500 km，東西約 200 km に及ぶ．岩手県から茨城県にかけての太平洋岸一帯と北海道の太平洋岸の一部に 3 m を超える大津波が襲来した．とくに，福島県相馬市，岩手県宮古市や大船渡市では 8 m を超える巨大津波が押し寄せている．死者・不明者は 18,000 人に達し，三陸海岸沿いの街並みはほぼすべて津波にのみ込まれた（図 8.10）．さらに福島第一原子力発電所が津波に襲われて損壊し，周辺地域に重大な放射能汚染を引き起こした．そして，地震当初，これらの津波現象に対して，「想定外」という言葉が頻繁に使われた．しかし，その後，さまざまな視点からの研究が行なわれ，過去にも類似の津波は発生している事実が示されるようになった．自然の脅威に対して，人類の知恵が到達していなかった点からみれば，まさに「想定外」ということになる．また，震源から数 100 km 離れた関東地方の東京湾沿岸埋立地や内陸造成地において大規模な液状化現象が発生したことも特筆される．

h．熊本地震
　　　　（2016 年 4 月 14 日 $M_w6.2$；16 日 $M_w7.0$）

　4 月 14 日の地震は日奈久断層帯北端部の活動，16 日の地震は布田川断層帯の活動によるもので，隣接する 2 つの断層帯が連動することで発生した連動型地震と推定されているがまだ不明な点も多い．一方，これらの断層の活動により最大震度 7 が 2 度観測されたことも特筆される．また，断層帯は，別府湾から久住・阿蘇を経て島原半島に到る延長約 200 km，幅 20〜30 km の「別府‒島原地溝」内に存在し，余震分布もこの地溝沿いにほぼ分布する．一方，これら断層帯においてトレンチなどによる調査が実施され，断層による地震発生の頻度が，従来の 8,000 年〜26,000 年から，2,000〜3,000 年程度と大幅に短縮された．地震被害としては大規模な斜面崩壊や土石流，地すべりが特筆され，熊本城の石垣も随所で崩壊した．

(3) 津波

　日本は島弧上に位置する．そして，古来より，大きな地震が起きると各地に津波が襲来し，甚大な被害が起きてきた．津波は，島国「日本」を象徴する地震災害といえる．そのような背景から 'TSUNAMI' は世界的に通用する用語となっている．

a．津波の発生メカニズム

　津波はどのようにして生じるのであろうか？最も一般的な例は，地震の震源が海底下にある場合である．地震動を引き起こす地下の断層の上下方向のずれが，海底面まで達してそこに食い違いが生じると，その変位は海水を媒体として海面へと伝播する．その水位変動がうねりとなり津波となる．また，火山の爆発や海底地すべりに起因して起こる波もあり，それらも津波に含まれる．地震による津波の発生は，地震のマグニチュードや震源の深さと関係しており，海域で M6.0 以上の地震が発生すると津波が発生する可能性が高くなる

表8.1 明治時代以降大きな津波被害を生じた地震

地震名称	発生年	規模(M)	震源	特徴
明治三陸地震	1896	8.25	釜石市東方沖200km	地震動による被害は軽微．津波の遡上高：大船渡約38m．大津波による死者不明約22,000人．流失家屋など10,000戸以上．
関東地震	1923	7.9	相模湾	様々な地震被害発生．津波の遡上高：熱海約12m，三浦半島三崎約6m，房総半島洲崎約8m．死者不明者100,000人以上（津波被災者は少ない）．
昭和三陸地震	1933	8.1	釜石市東方沖200km	地震動による被害は軽微．津波の遡上高：大船渡29m．死者不明者3000人以上．
東南海地震	1944	7.9	尾鷲市沖20km	熊野灘沿岸一帯に壊滅的な被害．津波の遡上高：熊野灘沿岸6〜8m．死者不明者1200人以上．
南海地震	1946	8.0	潮岬南方沖78km	中部〜九州太平洋側各地に被害．津波の遡上高：高知・三重・徳島沿岸で6m．死者不明者1300人以上．
チリ地震	1960	9.5	チリ国バルデイビア近海	北海道南岸，三陸沿岸，志摩半島で被害甚大．津波の遡上高：三陸沿岸5〜6m．死者不明者140人以上．
日本海中部地震	1983	7.7	能代市西方沖80km	津波の遡上高：つがる市で約15m，男鹿半島で約6m．津波警報発令以前に津波到達個所あり．地震による死者104人中，津波による死者100人．
北海道南西沖地震	1993	7.8	奥尻島北方沖	津波の遡上高：奥尻島青苗で約10m．地震発生後約5分で奥尻島に津波到達．死者不明者200人（ほとんどが津波による被災）．
十勝沖地震	2003	8.0	襟裳岬東南沖80km	北海道と東北地方太平洋沿岸に最大4mほどの津波襲来．
東北地方太平洋沖地震	2011	9.0	牡鹿半島東南東沖130km	津波の遡上高：宮城県女川約43m，岩手県宮古約40m．北海道から関東地方太平洋沿岸部に壊滅的被害をもたらす．死者不明者18,000人以上．

といわれている．そのほか，津波の大きさは，海底の地形，震源断層の傾斜，潮の状況などにも影響される．

b．津波の被害

明治以降，わが国各地に大きな津波被害をもたらした地震の概要を表8.1に示す．陸地での地震動による被害が少ないからといって津波被害も少ないかというと必ずしもそうとはいえない．過去に東北地方の三陸沿岸を襲った津波にはこのような事例が多い．1896年の明治三陸地震（M8.2〜8.5）や1960年のチリ地震（M_w9.5）はその典型である．前者は，陸地から約200km離れた海底下を震源とする地震であり，震害は軽微であった．しかし，地震発生の約30分後に津波が来襲し，死者約22,000人，流失家屋約9,900戸という大惨事をもたらした．後者の震源は，地球上で日本の真裏に位置する．この地震による津波が，地震発生から約22時間後に，三陸沿岸を襲った．津波の最大遡上高は6.1mで，死者142名，建物被害46,000戸という大きな被害であった．

その一方，陸地に近い海底下を震源とする地震に起因する津波では，陸地への到達時間が地震発生後10分以内ということも多く，警報の伝え方，避難誘導の仕方等が長年の懸案事項となっている．

(4) **地層の液状化**

地層の**液状化**とは，大きな地震が発生したとき，地下水や未固結な砂層などが流動性を帯びることで，これらが地面の割れ目から噴き出し，その結果，地盤の支持力が著しく低下する現象である．新潟地震においてはこの現象が顕著に発生し，この地震を契機として液状化に関する研究が進んだ．しかし昔でも大地震時には液状化現象は生じていたはずである．1703年の房総沖を震源とする**元禄関東地震**では「寺の堂塔が地中に没する」といった古文書の記述が残っているが，これなどは液状化によるものであろう．また1891年の濃尾地震，1923年の関東地震，1995年の兵庫県南部地震でも広い地域で液状化現象が生じている．

a．液状化の発生条件とそのメカニズム

過去の調査結果からみると，液状化の発生は地震動の強さとその継続時間およびその場の地質条件に大きくかかわっている．統計的には，液状化を発生させた地震の規模はマグニチュード5以上であり，液状化発生地域における揺れの強さは気象庁震度階で5以上であったと推定されている．液状化が発生する場は埋立地や沖積低地，扇状地など，地層形成年代の新しい，軟弱な砂優勢の地層からなる場合が大部分である．しかし近年内陸

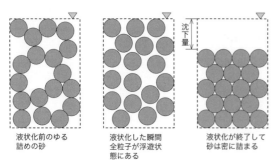

図 8.11 液状化の起こるメカニズム（吉見，1980を一部改変）

の盛土造成地や火山山麓地域など，従来液状化災害に対してあまり考慮されていなかった地域にも生じることがわかってきた．また地下水位が地表から浅いレベルにあることも，重要な発生要因と考えられる．液状化の発生メカニズムは工学的には図 8.11 のように説明される．

b．液状化による被害

液状化は地盤内部が液体状になり，その支持力がなくなる現象である．すなわち基礎が十分でない構造物は沈下・傾斜・転倒などを生じ，浄化槽やガソリンスタンドのタンクなどの地下埋設物は浮き上がる．また液状化した地層は高所から低所へと流動することも多く，地下埋設のライフラインや杭の損傷，斜面や盛土の流動的な崩壊をもたらすこともある．特に人工埋立地からなる港湾地域は液状化の被害を受けやすく，護岸や埠頭における崩壊が甚大となる．また液状化を生じた地域は地盤が沈下する．

c．液状化の防止

液状化が発生する要因は，一般に，①砂地盤であること，②地下水位が高いこと，③大きな地震動に襲われること，である．このうちの一要因でも削除できれば，液状化被害を回避・軽減が可能となる．ただし，③の要因は人間の技術力では対応不可能である．そこで①あるいは②の要因に焦点をあてた防止技術が研究開発されてきた．①に関しては，地盤を構成する土の性質を変えることであり，土の置き換え，セメントなどの強化物質との混合処理，土の締め固めなどが考えられた．②に関しては，地盤の有効応力の増大，間隙水圧の消散，剪断変形の抑制など，**応力変形条件**を変えることで対応している．

8.2.2 火山による災害と恩恵

(1) 火山災害

日本における火山の多くは爆発的な噴火をする特徴がある．20 世紀に噴煙柱が成層圏まで達する規模の火山噴火は，日本で 6 回発生した．それらは，桜島（1914），北海道駒ケ岳（1929），十勝岳（1962），有珠山（1977），伊豆大島（1986），三宅島（2000）である．また，2014 年には長野県と岐阜県の県境に位置する御嶽山が噴火した．当時，噴火警戒レベルは 1（平常）であったことから，火口付近にいた登山者ら 58 名が死亡した．わが国における戦後最悪の火山災害である．

大規模な**火山災害**に共通するのは各種の流動現象であり，いずれも被害範囲が広域に及ぶ．高温の流動現象には，砕屑物が高速で斜面を流下する火砕流や高温ガスを主とした高速の流れである火砕サージなどがあり，低温の流動現象には泥流・土石流・山崩れなどがある．このほか**火山性津波**も大規模な災害となりやすい．ここでは火山災害を引き起こすこれらの現象についてその特徴を理解しよう．

火砕流は高温の火山灰や溶岩片などが一団となって山体斜面を高速で流下する現象であり，熱雲ともよばれる．火砕流の温度は数 100℃に達し，流下速度は時速 100 km を超えることもある．また，その勢いにより斜面を上昇することもあり，最も危険な火山現象の 1 つである．**火砕サージ**は気体を主とした高温の流動現象であり，火砕流・水蒸気爆発・岩屑なだれに伴って発生することが多い．このほか溶岩流も高温の流動現象であるが，流下速度は火砕流や火砕サージに比べて遅い．溶岩流の場合，人々の避難は比較的容易であるが，流下する途中の住宅や農地に対しては壊滅的な被害を与える．1983 年の三宅島の噴火では，阿古地区の大半が溶岩流に埋没した．

次に低温の流動現象である土砂災害をみてみよう．火山の爆発により大規模な山崩れ（山体崩壊）（§8.2.3 参照）が生じることがある．崩壊により山体斜面を大量の土砂が流下する現象は**岩屑流（岩屑なだれ）**とよばれる．1888 年に起こった磐梯山の水蒸気爆発では，山体崩壊により生じた膨大な量の岩屑なだれが多くの集落を埋没させるとともに，川をせき止めて檜原湖をはじめと

する多くの湖を形成した．この岩屑流の流下速度は時速40〜70 kmと見積もられている．また，火山噴火によって山腹斜面に火山灰が堆積していると，降雨が引き金となり**土石流**が発生する場合がある．土石流は大きな岩石を巻き込みながら，ときには時速50〜60 kmといった速さで流下する．1990年の雲仙普賢岳噴火においても火砕流により大量の土砂や岩石が山腹に厚く堆積したことから，その後の降雨でそれが土石流となり，多数の家屋に被害をもたらした．また，火山噴火のときに山肌の積雪を高温の火砕流が融かして**泥流**（ラハールともよばれる）が発生する場合もある．この泥流には細かい土砂が多く含まれ，土石流に比べて含水量も高い．そのために，流下速度は土石流よりも速いことが多く，到達距離も長くなることから，大規模な災害となりやすい．1926年の十勝岳の噴火時には，大量の残雪が融けて，大規模な泥流が発生し，死者144名という大災害となった．

(2) 噴火予測

20世紀後半では，大量避難，警戒期の長期化，社会・経済的影響の広域化に対処するため，正確な**噴火予測**に対する社会の期待が集まった．噴火の予測は，①過去の噴火履歴から求めた噴火サイクルやマグマの供給システムに基づく長期予測（数年〜10年程度），②地球物理学的および地球化学的現象の観測によって行う数カ月から数年程度の予測，③噴気活動・地形変化・動物や植物の変化などの観測による短期予測，などに分類される．

火山の噴火予測では，対象とする火山の基礎研究を行ってきた研究者集団が大きな役割を果たしている．たとえば，1977年の有珠山噴火では研究者も加えた現地総合観測班により情報開示が積極的になされた．1986年の伊豆大島噴火では研究者の噴火予測をもとに全島民の避難が行われた．1991年雲仙普賢岳噴火では，研究者の予測に基づいて事前予測・危険区域指定・住民避難が行われたが，危険区域内で火砕流による多数の犠牲者が発生し，危機管理体制の問題が残された．2000年有珠山噴火では，火山噴火の詳細な予測，火山情報に基づく防災対策・危険域予測・終息判断への助言などが，研究者グループにより行われ，犠牲者はゼロであった（岡田，1997）．

図8.12 火山ハザードマップの一例 （壮瞥町ホームページより抜粋）

将来起こりうる火山災害の規模・様相・影響範囲・対策などを予測して図示した資料を火山の**ハザードマップ**（図8.12）とよぶ．これらは自治体や関係諸機関などにより作成され，インターネットなどで公開されている．ハザードマップは，①噴火の際の生命や財産の保全，②土地利用計画，③住民における防災意識の向上，④観光や地域振興に対するデータ提供，などに利用される．

(3) 火山による恩恵

「火山」というと，私たちはまず災害を思い起こす．それほど，日本は火山によって多くの被害を経験し，今日に至っている．しかし，噴火などの活動を休止しているときには，火山は実に多くの恩恵を与えてくれるものである．

火山の周囲には，溶岩流や土石流による土砂供給により，広くなだらかな山麓，風光明媚な地形や湖沼がつくりだされる．またそのような地域には温泉が湧出する．これらはともに日本独特の観光資源となっている．また降り積もった火山灰は時間をかけて肥沃になり，林業や農業の下地をつくる．さらに溶岩流や火砕物質からなる地層は間隙が豊富であり，そこには地下水を多量に蓄えることができ，水資源の宝庫ともなる．火山は硫黄などの鉱物資源の提供者でもあり，地熱はエネルギー資源として利用される．

雲仙普賢岳や有珠山など，いくつかの火山周辺では「火山を生かした町づくり」が実践されている．たとえば有珠山のエコミュージアム構想は火

山や温泉，過去の噴火で被害を受けた道路や建物など地域全体を野外の自然博物館として保存し，住民や観光客の防災意識向上を促すことを企画している．雲仙や有珠山などの地域は，国内初の**ジオパーク**（コラム 8.2 参照）として 2009 年に世界ジオパークネットワークに登録された．

このように，火山による被害と恩恵は，表裏一体の関係にあり，そこから，その土地特有の産業や観光，協調感・諦観・宗教観・芸術など，すなわち文化の根幹を形成してきたといっても過言ではない．災害集積度の高い日本にあって，地震・台風・津波などとともに，火山のもたらす影響は非常に大きい．

8.2.3 地すべりと崖崩れ
(1) さまざまな斜面災害

日本における**斜面災害**としては地すべり・山崩れ・崖崩れなどが特徴的である．これらの間の相異については，これまでに多くの見解がだされてきた（申，1989）が，決定的といえるものはない．たとえば，従来報告されてきた一般的な差異は表 8.2 のようにまとめられる．

地すべりは，斜面を構成している物質が団塊をなしてゆっくりと断続的に滑動する現象といわれる．過去数万年間にわたって滑動を継続している

図 8.13　1984 年長野県西部地震による御岳火山南西斜面の崩壊

地すべりもあり，地面の慢性的な動きともいえる．

一方，斜面の崩壊現象はさまざまであるが，斜面の物質が急速に滑落する点においては類似の現象である．一般に山地斜面の崩壊は**山崩れ**（**山体崩壊**），崖部の崩壊は**崖崩れ**とよばれる．また地すべりと区別できないような崩壊現象もあり，これらは**崩壊性地すべり**とよばれることもある．

さらに大雨や融雪などにより大量の水が斜面上の岩塊・岩屑・土砂などをまきこみ，高密度の流れとなって谷を流下する現象は土石流とよばれる．1984 年の長野県西部地震では地震動が引き金となり，御岳火山の南西斜面で崩壊が起こった（図 8.13）．$3 \times 10^7 \mathrm{m}^3$ におよぶ岩塊や岩屑が平均時速

コラム 8.2　ジオパーク

　ジオパークの活動は，2004 年よりヨーロッパや中国から始まり，「大地の公園」と訳される．国内では 2008 年に 7 地域のジオパークが発足し，2009 年にそのうち 3 地域が世界ジオパークに認定された．その後急速に日本ジオパークが増え，10 年経過した 2018 年 9 月の段階では 44 地域の日本ジオパークが認定され，それらのうちの 9 地域が世界ジオパーク（2018 年段階で 35 か国，127 地域存在）に認定されている．2015 年にはユネスコの正式事業（ユネスコ世界ジオパーク）となり，国内では中学校の理科の教科書にも掲載されるようになった．ジオパークの意義として，地質や地形（ジオ）の上に生態（エコ）および文化や歴史（ヒトの活動）が成り立っていることを気づかせ，大地と人との関わりを学び楽しむ場所であることが重要である．ジオパークの活動は，その基盤にジオサイト（地質や地形の見所）の保護・保全活動があり，その上に教育・研究活動，さらにガイド養成を含むジオツーリズム（観光活動）を行うことにより，地域の持続的発展を目標としている．従って，ジオパークに認定されても，4 年に 1 度の再認定審査があり，ジオパークとしての活動や，ネットワークに参加して情報交換を行う活動が継続していないと，認定が取り消される場合もある．ヨーロッパと違い，国内では地震，火山，水害，地滑りや山崩れなどの様々な自然災害が多いことから，自然の営みを学ぶ場としても，ジオパークの活用が期待されている．ジオパークの詳細については，日本ジオパークネットワークのホームページを参照されたい．

表8.2 地すべりと崖くずれの差異（渡・小橋, 1987）

	地すべり	崖くずれ
地質	特定の地質または地質構造のところに多く発生する	地質との関連は少ない
土質	主として粘性土をすべり面として滑動	砂質土の中でも多く発生する
地形	5～30°の緩斜面に発生し，特に上部に台地状の地形をもつことが多い	30°以上の急傾斜地に多く発生する
活動状況	継続性，再発性	突発性
移動速度	0.01～10 mm/日のものが多く，一般に速度は小さい	10 mm/日以上で速度はきわめて大きい
土塊	土塊の乱れは少なく原型を保ちつつ動く場合が多い	土塊は撹乱される
誘因	地下水による影響が大きい	降雨，とくに降雨強度に影響される
規模	1～100 haで規模が大きい	規模が小さい
兆候	発生前に亀裂の発生，陥没，隆起，地下水の変動などが生じる	兆候の発生が少なく，突発的に滑落する
すべり面勾配	10～25°	35～60°

80 kmで谷を約10 kmにわたって流下し，途中の温泉地を埋没させた．

以上のような地すべり・崩壊・土石流など斜面上を物質が下方へと移動する現象を統括して，**マス・ムーブメント**とよぶこともある．

日本において地すべり現象を災害面だけで捉えることは不十分である．なぜなら，地すべり現象は広大な山地斜面を形成することもあり，山村の発達と密接に結びついているからである．小出（1973）は，「山村の生活は地すべり現象の中に溶け込んでいる」とまで言及している．そこで，日本において人間生活と密接に関係している地すべりについて詳しくみてみよう．

(2) 地すべり

a. 地すべり変動体

藤田（1990）は，「地すべりとは，斜面を構成するある一群の物体がもともとは連続体であった斜面と完全に分離し運動すること」と定義している．そして不動体である斜面の面上を滑動する独自の物体を地すべり変動体とよんだ．

地すべり変動体が斜面上で滑動した範囲は変動域とよばれ，それらは発生域・移動域・堆積域の3つに区分される（図8.14）．しかし，発生域，堆積域の両方で変動体は滑動していることが多く，

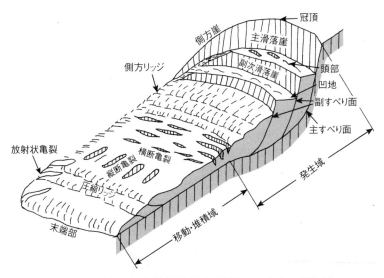

図8.14 地すべり変動体模式図（藤田, 1990を一部改変）

独立した移動域は一般に存在しない．地表面の特徴は，発生域においては冠頭部における滑落崖とその前面の緩斜面である．滑落崖は馬蹄形を示すことが多い．堆積域では滑動状況によって特徴ある地形が形成される．一般的に堆積域上部では横断亀裂が卓越するほか，土塊の押し出し部分となる先端部では圧縮リッジ（構造性の高まり）や放射状亀裂が発達し，末端部には隆起現象がみられる場合もある．

b．地すべり発生の要因

地すべりの発生には，発生する場の因子（素因）と発生の引き金となる因子（誘因）がかかわりあっている．素因としては，基盤となる物質（岩体）の性質や構造の変化，たとえば風化が進むことによる粘土化や破砕があげられる．そのほか地形条件として，斜面の傾斜，隆起運動などによる起伏量，集水面積などが発生に大きく関与する．誘因としては，降雨・融雪・地震・火山活動など自然に由来する因子のほか，近年では土木や建設など人間活動が発生の引き金となるケースもある．さらに岩盤地すべりなど大規模な地すべりになると，その誘因が明確にわからない場合も多い．

また，地すべり発生の要因には，その素因と誘因の双方に，地下水が大きな影響を及ぼしていることがある．たとえば，岩石の化学的風化の促進，すべり面における間隙水圧の増加に伴う剪断抵抗の減少などが，地すべりの発生しやすい条件をつくりだしている．

c．日本における地すべり災害の分布

日本の地すべり多発地域では，それらの分布図が公表されている場合が多い．しかし，古い時代に滑動して現在は安定している変動体までを示した分布図は少ない．この原因には調査の進み具合のほか，社会的要素も加わる．地すべり災害の可能性を示すことで，土地に対する評価（たとえば地価）が下がるといった懸念もその一因である．日本における地すべりの分布は全国一様ではない．おもな多発地帯としては，①新潟県南西部〜長野県北部にかけた信越地域および北陸地域，②四国中央部〜紀伊半島〜中部地方の天竜川にかけての地域，があげられる．①は新第三系の分布するいわゆる「グリーンタフ地帯」であり，②は中央構造線に沿った変成岩分布地域である．

近年では，2004年新潟中越地震を誘因とした斜面災害が特筆される．この地震では，山古志村を中心に1,600カ所を超える地すべりや斜面崩壊が起こった．このうちのいくつかは，**大深度地すべり**とよばれるもので，河川をせき止め，家屋の水没や土石流災害を引き起こした．これらの地

コラム8.3 芦ノ湖の逆さ杉

地すべり変動体に存在する木が，立ったまま移動することが知られている．箱根火山の噴火でつくられた芦ノ湖の湖底では，地震による地すべり活動の化石を見ることができる（下図）．これは湖底に立っている巨大古代木の林であり，古くから「逆さ杉」とよばれてきた．これらの林は，巨大地震のたびにカルデラ壁に育っていた巨大木が地すべりによって立ったまま湖底に滑り込んでいったものである（大木・袴田，1980）．

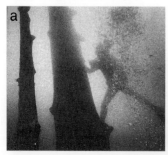

図：芦ノ湖の逆さ杉（大木・袴田，1980）
a．湖底にたつ杉，b．魚群探知機による逆さ杉のイメージ．

域には中新世〜鮮新世の砂岩および泥岩が分布しており，この層が地すべりや斜面崩壊にかかわったと考えられている（新潟大学中越地震調査団，2005）．

一般に，地すべりや山崩れは山間部で起こることが多いため，人の注意を引くことは少ない．しかも，発生場所の地質条件がそれぞれ異なること，規模が大きいこと，急峻な地形であることなどから，系統だった調査や対策は難しい．この種の災害が起こると，その発生原因・崩壊メカニズム・すべり面・地下水の影響などについて詳しい調査が行われる．しかしこれらを技術力で防ぐには限界がある．過去の地すべりや山崩れなどの履歴や地質条件を解析してハザードマップ（災害予測図）を作成し，今後の対策や予測，地域計画の作成に役立てることがまず重要なことである．

8.3 地質学と近年の人間活動

ローカルな環境変化は地質学的な方法で調べることができる．その一例を日本の農業において重要な役割を果たしている「溜め池」や周囲に都市域の広がる内湾の水底堆積物（**底質**）からみてみよう．

8.3.1 堆積物に記録された環境汚染史

人間活動は自然環境に対してさまざまな負荷を与えてきたが，その負荷量が急激に増加したのは産業革命以降である．その負荷は地球表層の堆積物に記録されている．特に河川の流入や流出のない溜め池や水流の穏やかな内湾の底質は，環境汚染史を時系列的に捉える格好の試料である．なぜなら，底質の下層から上層へと各時代の環境を反映した物質が堆積しているからである．

図 8.15 は東京湾の湾央部海底から採取した泥試料のなかに含まれる各種元素の濃度の鉛直分布である（松本・斉藤，1984）．この図には ^{210}Pb 法によって測定された堆積年代が付記されている．これによると，東京湾において，銅・鉛・亜鉛・クロム・水銀などの重金属汚染は 1900 年頃から始まり，1940 年を過ぎるとその速度を増し，1970 年頃にピークに達している．一方，全炭素・窒素・リンは 1980 年過ぎまで増加の一途をたどっている．重金属の汚染は産業活動に影響されたものであり，後者の汚染は生活排水によるものと推測される．

吉川（2000）は都市域における溜め池の底質堆積物の柱状試料を採取して，それらを薄層に切断し，各試料中の含有重金属を分析した．そして

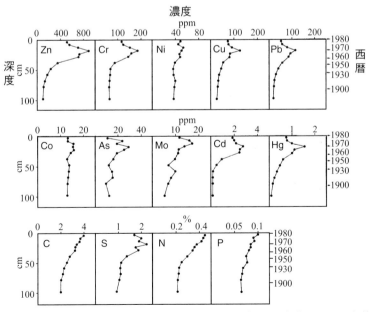

図 8.15 東京湾湾央部の堆積物中の元素の鉛直分布（松本・斉藤，1984 より抜粋）
右側の数字は鉛 ^{210}Pb 法による堆積年代

銅・鉛・亜鉛の含有量の鉛直変化が顕著であることを見いだし，これらの濃度は1930年代から高くなり始め，1950〜60年頃に急激に増加していることを示した．このとき柱状試料に対応する時間軸は，試料中に含まれる^{210}Pb・^{137}Csなどの**放射性同位体**元素を調べることによって決定されている．そして，重金属の濃度変化は大気汚染や自動車の排気ガスと関連すると結論した．

底質堆積物中の水銀濃度も人間活動による環境変化を示すよい指標である．これは，古くは金の精錬であり，最近では水銀を使用する工業生産や農薬の利用に関連している．特に1953〜1967年に水稲の**イモチ病**対策で水銀を含有する農薬が大量に散布された事実は，底質堆積物から明瞭に読み取ることができる．そのほか，堆積物に含まれる**環境の変遷**を解明するための指標として，含まれる**炭素粒子**の量や形状なども使われている．

8.3.2 地史学からみた人間活動

地質学における時代区分を地球の歴史でみると，生物（特に動物）の進化段階に基づいて，古生代・中生代・新生代に区分される．新生代は哺乳類の発展で特徴づけられる．さらに，およそ500万年前の鮮新世以降は新しく出現したヒト（人類）で特徴づけられる時代であり，**人類紀**ともよばれる．この時代に人類は手や道具を使って自然環境を改変してきた．地球の歴史上，ある動物種がこれほど自然に影響を及ぼした時代はない．この現象は産業革命以後特に顕著となった．たとえば地層の形成に焦点をあてた場合，上部更新統や完新統のなかにみられる人為層（趙・那須，1991）や，おもに20世紀に造られた**人工地層**はそれまでの地層形成とは異なる人間活動の産物である．地史学的視点から人工地層を自然地層と比較してみると，人工地層は**生物擾乱**に近いもの（熊井，1991）と考えられ，人間活動に伴う地球上の産物はこの分類に入るものと考えられる．

8.4 自然を考える人間活動の原点

本章で述べてきたように，日本における環境破壊は，1960年代に始まった高度経済成長期に至る前はおもに鉱業活動によるものであった．しかし，この期に入ると，環境破壊現象は急増かつ多様化し，これらは「公害」とよばれた．その特徴としては，①産業活動が主原因，②行政と企業の不透明な関係，③3大都市圏における公害の集中，などがあげられる（高橋，1994）．その後，公害を告発する住民運動が活発となり，公害対策関係諸法が整備・強化されるとともに，企業では排水処理や排煙脱硫などの公害防止施設が整備された．これらによりいわゆる「公害問題」は沈静化の道をたどった．第1次石油ショック以後は，省エネルギー政策が推進され，自動車排ガス規制の目標達成などで環境問題は好転した．しかし1970年代後半になると，自動車排気ガス中の窒素酸化物による大気汚染や都市化に伴う生活排水による水質汚濁など，新たな問題が生じてきた．また，窒素酸化物の環境基準が大幅に緩和されたこと，汚染物質として新たに出現した有機塩素系溶剤やアスベストに対する環境基準の設定が遅れたことなどは，環境問題に対する意識の低下ともみられた．

この頃を境に，「公害論」から「環境論」へと風潮が変化してきた．これまでの公害という用語は対象が明確であるが，環境という用語は人により捉え方が異なる．また，地域の汚染よりも地球規模の汚染（第7章参照）に焦点が移る傾向や，公害や環境破壊の原因を科学技術発達そのものに帰する論評など，問題の焦点が不明瞭となる傾向が強くなったことは否めない．

しかし，自然を利用しながら人間社会の発達を考えるといった視点は，人間の歴史の原点である．今後，自然の利用をめぐる「人と人の関係」が重要な意味をもってくるであろう．この関係こそ，地域の環境を考えるうえでも，人類生存への危機的状況である地球そのものの環境を考えるうえでも，真正面から取り組まなければならない問題である．

参考図書

第1章
兼岡一郎，1998，年代測定概論．東京大学出版会
唐戸俊一郎，2000，レオロジーと地球科学，東京大学出版会
川勝　均 編，2002，地球ダイナミクスとトモグラフィー，朝倉書店
熊沢峰夫・丸山茂徳 編，2002，プルームテクトニクスと全地球史解読，岩波書店
酒井治孝，2003，地球学入門，東京大学出版会
日本気象学会 編，1988，気象学事典，東京書籍
Hirose, 2006, Postperovskite phase transition and its geophysical implications. Reviews of Geophysics 44, RG3001, 1-18, AGU.

第2章
円城寺　守 編著，2004，地球環境システム，学文社
円城寺　守，2018，美しい石，実業之日本社
内田悦生，2012，岩石・鉱物のための熱力学，共立出版
岡田　清，1990，セラミックス原料鉱物，内田老鶴圃
海洋出版，2000，花崗岩研究の最前線，月刊地球，号外 No.30，海洋出版
唐戸俊一郎，2017，地球はなぜ「水の惑星」なのか，講談社
久野　久，1976，火山及び火山岩，第2版，岩波全書
黒田吉益・諏訪兼位，1983，偏光顕微鏡と岩石鉱物，第2版，共立出版
国立天文台編，2018，理科年表，平成30年，第91冊，丸善出版
坂　幸恭，1993，地質調査と地質図，朝倉書店
酒井哲弥・斉藤文紀・増田富士雄，1995，シーケンス層序学入門，地質学論集，No. 45
佐藤　暢，2013，地球の科学─変動する地球とその環境，北樹出版
周藤賢治・小山内康人，2002，記載岩石学-岩石学のための情報収集マニュアル，共立出版
周藤賢治・小山内康人，2002，解析岩石学，共立出版
西川有司，2018，岩石の科学，日刊工業新聞社
杉村　新・中村保夫・井田喜明 編，1988，図説地球科学，岩波書店
平　朝彦，2007，地質学2　地層の解読，岩波書店
平　朝彦・徐　垣・鹿園直建・廣井美邦・木村　学，1997，地殻の進化，岩波講座地球惑星科学9，岩波書店
地学団体研究会 編，1998，鉱物の科学，東海大学出版会
中島　隆・高木秀雄・石井和彦・竹下　徹，2004，変成・変形作用，フィールドジオロジー7，共立出版
日本地質学会 訳編，2001，国際層序ガイド　層序区分・用語法・手順へのガイド，共立出版．
濱田隆士，1996，固体地球，放送大学教育振興会
坂野昇平・鳥海光弘・小畑正明・西山忠男，2000，岩石形成のダイナミクス，東京大学出版会．
藤岡換太郎，2017，三つの石で地球がわかる，講談社
ピッチャー，W. S.，1997，花崗岩の成り立ち　第2版，田中久雄・沓掛俊夫（訳），愛智出版
水谷伸治郎・斎藤靖二・勘米良亀鈴 編著，1987，日本の堆積岩，岩波書店
都城秋穂・久城育夫，1972，岩石学Ⅰ　偏光顕微鏡と造岩鉱物，共立全書，共立出版
都城秋穂・久城育夫，1975，岩石学Ⅱ　岩石の性質と分類，共立全書，共立出版
都城秋穂・久城育夫，1977，岩石学Ⅲ　岩石の成因，共立全書，共立出版
山中高光 編，1995，宇宙・地球：その構造と進化，学術図書出版会
ウイリアム，J. フリッツ・ジョニー，N. ムーア（原田憲一 訳），2005，層序学と堆積学の基礎，愛智出版
Bucher, K. and Frey, M., 1994, Petrogenesis of Metamorphic Rocks, Springer Verlag
Chernicoff, S. and Whitney, D., 2007, Geology－An Introduction to Physical Geology－, 4th Ed., Pearson Prentice Hall
Hall, A., 1996, Igneous Petrology, 2nd Ed., Longman
Hamblin, W. K. and Howard, J. D., 2005, Exercises in Physical Geology, 12th Ed., Pearson Prentice Hall
Klein, C. and Hurlbut, Jr., C. S., 1993, Manual of Mineralogy, John Wiley & Sons, Inc.
Mason, B. and Berry, L. G., 1968, Elements of Mineralogy, W. H. Freeman & Company
Octavian, C., 2006, Principles of sequence stratigraphy, Elsevier
Philpotts, A. R., 1990, Principles of Igneous and Metamorphic Petrology, Prentice Hall
Sen, G., 2001, Earth's Materials: Minerals and Rocks,

Prentice Hall

Tarbuck, E. J. and Lutgens, F. K., 2011, Earth − An Introduction to Physical Geology−, 10th Ed., Pearson Educ. Inc.

第3章

上田誠也, 1989, プレートテクトニクス, 岩波書店

唐戸俊一郎, 2000, レオロジーと地球科学, 東京大学出版会

川勝 均 編, 2002, 地球ダイナミクスとトモグラフィー, 地球科学の新展開1, 朝倉書店

熊沢峰夫・丸山茂徳, 2002, プルームテクトニクスと全地球史解読, 岩波書店

酒井治孝, 2003, 地球学入門, 東海大学出版会

平 朝彦・徐 垣・鹿園直建・廣井美邦, 1997, 地殻の進化, 岩波講座地球惑星科学9, 岩波書店

第12回「大学と科学」公開シンポジウム組織委員会編, 1998, マグマと地球, クバプロ

巽 好幸, 1995, 沈み込み帯のマグマ学, 東京大学出版会

西村祐二郎・鈴木盛久・今岡照喜・高木秀雄・金折裕司・磯﨑行雄, 2010, 基礎地球科学(第2版), 朝倉書店

第4章

阿部豊, 2015, 生命の星の条件を探る, 文芸春秋社

川上紳一, 2003, 全地球凍結, 集英社新書, 集英社

熊澤峰夫・伊藤孝士・吉田茂生 編, 2002, 全地球史解読, 東京大学出版会

熊澤峰夫・丸山茂徳 編, 2002, プルームテクトニクスと全地球史解読, 岩波書店

酒井 均, 1999, 地球と生命の起源, ブルーバックス, 講談社

丸山茂徳・磯﨑行雄, 1998, 生命と地球の歴史, 岩波新書, 岩波書店

丸山茂徳, 2016, 地球史を読み解く, 放送大学教育振興会

丸山茂徳, 2016, NHKカルチャーラジオ科学と人間「地球と生命の46億年史」, NHK出版

丸山茂徳・ジェームス・ドーム, ビック・ベーカー, 2008, 火星の生命と大地46億年, 講談社

松井考典・田近英一・高橋栄一・柳川弘志・阿部豊, 1996, 岩波講座地球惑星科学1「地球惑星科学入門」, 岩波書店

松井孝典・永原裕子・藤原 顕・渡邊誠一郎・井田 茂・阿部 豊・中村正人・小松吾郎・山本哲生, 2000, 岩波講座地球惑星科学12「比較惑星学」(第2刷), 岩波書店

平 朝彦・阿部 豊・川上紳一・清川昌一・有馬 眞・田近英一・箕浦幸治, 1998, 岩波講座地球惑星科学13「地球進化論」, 岩波書店

Beatty, J, K., Petersen, C. C. and Chaikin, A., 1999, The New Solar System, 4th Ed., Cambridge University Press

Lunine, J. I., 1999, Earth: Evolution of a Habitable World, Cambridge University Press

Taylor, S. R., 2001, Solar System Evolution, A New Perspective, 2nd Ed., Cambridge University Press

McBride, N. and Gilmore I. (ed.), 2003, An Introduction to the Solar System. The Open University, Cambridge University Press

Condie, K. C., 2005, Earth as an Evolving Planetary System. Elsevier Academic Press

第5章

北里 洋・松岡 篤・松岡敷充, 1998, 原生生物界, 速水 格・森 啓(編), 古生物の総説・分類(古生物の科学1), p.76-84.

田近英一, 2009, 凍った地球—スノーボールアースと生命進化の物語, 新潮社. 東京.

速水 格・森 啓・棚部一成・池谷仙之・瀬戸口烈司・鎮西清高・小澤智生・植村和彦, 古生物の科学(普及版) 1 〜 5, 2011, 朝倉書店, 東京.

Benton, M., Harper, D. A. T., 2009, Introduction to Paleobiology and the Fossil Record, Wiley, New Jersey.

Crowley, T. J., and Burke, K. C., 1998, Tectonic boundary conditions for climate reconstructions, New York, Oxford University Press.

Levin, H. L., King, D. T., 2016, The Earth Through Time, Wiley, New Jersey.

Stanley, S. M. and Luczaj, J. A., 2015, Earth System History, W. H. Freeman, New York.

Zimmer, C., and Emlen, D. J., 2016, Evolution: Making sense of life. W.H. Freeman, New York.

第6章

飯山敏道, 1998, 地球鉱物資源入門, 東京大学出版会

エネルギー・資源学会 編, 1997, エネルギー・資源ハンドブック, オーム社

佐々木昭・石原舜三・関陽太郎, 1979, 地球の資源/地表の開発, 岩波講座地球科学14, 岩波書店

資源地質学会 編, 2003, 資源環境地質学 地球史と環境汚染を読む, 資源地質学会

平 朝彦・徐 垣・鹿園直建・廣井美邦, 1997, 地殻の進化, 岩波講座地球惑星科学9, 岩波書店

立見辰雄 編，1977，現代鉱床学の基礎，東京大学出版会

谷口正次，2005，入門・資源危機 国益と地球益のジレンマ，新評論

西山 孝，1993，資源経済学のすすめ，中公新書，中央公論社

西山 孝，2009，レアメタル・資源 −38元素の統計と展望，丸善

西山 孝・前田正史 編，2012，鉱物資源データブック，オーム社

Mason, B. and Moore, C. B., 1982, Principles of Geochemistry. John Wiley & SONS

Meadows, D. H., Meadows, D. L., Randers, J. and Behrens III, W. W., 1972, The limits to growth. A report for THE CLUB OF ROME's project on the predicament of mankind. Universe Books.

Rindley, J., 2013, Ore Geology, Cambridge University Press

Robb, L., 2005, Introduction to Ore-Forming Processes, Blackwell Publishing

第7章

河村公隆・野崎義行 編，2005，地球化学講座6，大気・水圏の地球化学，日本地球化学会(監修)，培風館

酒井治孝，2003，地球学入門，東海大学出版会

ジェイコブ，D. J.，2002，大気化学入門，近藤 豊(訳)，東京大学出版会

松久幸敬・赤木右，2005，地球化学概説，地球化学講座1，日本地球化学会(監修)，培風館

南川雅男・吉岡崇仁 編，2006，地球化学講座5，生物地球化学，日本地球化学会(監修)，培風館

宗林由樹・一色健司 編，2005，海と湖の化学，藤永太一郎(監修)，京都大学出版会

和田英太郎，2002，環境学入門3，地球生態学，岩波書店

Montzka, S. A., Dutton, G. S., Yu, P., Ray, E., Portmann, R. W., Daniel, J. S., Kuijpers, L., Hall, B. D., Mondeel, D., Siso, C., Nance, J. D., Rigby, M., Manning, A. J., Hu, L., Moore, F., Miller, B. R, Elkin, J. W. (2018) An unexpected and persistent increase in global emissions of ozone-depleting CFC-11, Nature, 557, 413-417.

第8章

阿部泰夫，1981，土木基礎シリーズ—土質工学，彰国社

宇井忠英 編，1997，火山噴火と災害，東京大学出版会

火山防災用語研究会 編，2003，火山に強くなる本，山と渓谷社

加藤碩一・香村一夫，1996，地震と活断層を学ぶ，愛智出版

香村一夫・名古屋俊士・大河内博 (2012)，東日本大震災と環境汚染，早稲田大学出版部，105p

小出 博，1973，日本の国土(下)，東京大学出版会

申 潤植，1989，地すべり工学—理論と実践，山海堂

地学団体研究会 編，1994，自然と人間，新版地学教育講座16，東海大学出版会

地下水問題研究会 編，1991，地下水汚染論—その基礎と応用，共立出版

地質調査総合センター，2016，平成28年熊本地震及び関連情報「第一報」「第二報」「第三報」，地質ニュース，5，no.5，137-148

東京新聞 (2011.7.3)，「大津波」

日本地質学会環境地質研究委員会 編，1998，砒素をめぐる環境問題，東海大学出版会

藤田 崇，1990，地すべり—山地災害の地質学，共立出版

水収支研究グループ 編，1993，地下水資源・環境論—その理論と実践，共立出版

吉見吉昭，1991，砂地盤の液状化 第2版，技報堂出版

渡 正亮・小橋澄治，1987，地すべり・斜面崩壊の予知と対策，山海堂

Heath, R. C. and F. W. Trainer, 1968, Introduction to Ground Water Hydrology, John Wiley & Sons, Inc.

Terzaghi, K. and Peck, R. B., 1967, Soil mechanics in engineering practice, 2nd Ed., John Wiley & Sons, Inc.

索　引

あ

IPCC（Intergovernmental Panel on Climate Change）　*162*
アイスランド（Iceland）　*68*
アイソグラッド（isograd）　*41*
アイソクロン（isochron）　*3*
アイソスタシー（isostasy）　*10*
IOCG 型鉱床（Iron oxide-copper-gold deposit）　*139, 143*
Ｉタイプ（花崗岩類）（I-type（granitic rock））　*34*
アカスタ片麻岩（Acasta gneiss）　*102*
亜寒帯低圧帯（subpoler low pressure belt）　*155*
足尾鉱毒事件（Ashio mining pollution（incident））　*172*
アーキア（古細菌）（archaea）　*110*
アセノスフェア（asthenosphere）　*64*
圧縮性（compressibility）　*175*
圧電性（piezoelectric effect）　*24*
圧密（作用）（compaction）　*50, 175*
圧力溶解（pressure solution）　*50*
亜熱帯高圧帯（subtropical high pressure belt）　*155*
亜砒酸（arsenious acid）　*172*
亜硫酸ガス（sulfur dioxide gas）　*172*
RNA ワールド（RNA world）　*110*
アラゴナイトオーシャン（aragonite ocean）　*120*
アルカリーシリカ図（total alkali-silica diagram）　*34*
アルカリ岩（alkaline rock）　*29*
アルカリ岩系列（alkaline（rock）series）　*29*
アルゴマ型（Algoma-type）　*145*
アルプス造山運動（Alpine orogeny）　*78*
アルベド（albedo）　*154*
安山岩（andesite）　*35, 74*
安山岩質マグマ（andesitic magma）　*35*
アンチフォーム（antiform）　*55*
安定大陸（craton）　*78*
安定同位体（stable isotope）　*95*
安定同位体地質温度計（stable isotope geothermometer）　*144*
安定同位体比（stable isotope ratio）　*143*
アンモナイト（ammonite）　*119*
アンモニア（ammonia）　*166*

い

硫黄（sulfur）　*166*
硫黄循環（sulfur cycle）　*166*
イオン吸着型希土類鉱床（ion adsorption type REE deposit）　*148*
イオン半径（比）（ionic radius（ratio））　*22*
伊豆-小笠原弧（Izu-Ogasawara（Bonin）arc）　*82*
一次鉱物（primary mineral）　*31*
一次生産（primary product）　*150*
一次粒子（primary particle）　*153*
一変反応線（univariant reaction）　*42*
一酸化二窒素（dinitrogen monoxide）　*166*
遺伝子水平伝播（horizontal gene transfer）　*113*
糸魚川-静岡構造線（Itoigawa-Shizuoka Tectonic Line）　*79*
イモチ病（rice blast）　*190*
イリジウム（iridium）　*127*
イルメナイト系（花崗岩類）（ilmenite-series（granitic rock））　*33, 141*
色指数（color index）　*31*
隕石（meteorite）　*92*
隕石重爆撃（cataclysmic bombardment, heavy bombardment）　*91*
隠微晶質（cryptocrystalline）　*29*

う

ウィルソンサイクル（Wilson cycle）　*66, 105*
ウェッジマントル（wedge mantle）　*35, 103*
ウェーブリップル（wave ripple）　*49*
宇宙の元素存在比（space abundance of elements）　*15*
ウラン-鉛法（uranium-lead dating method）　*3*
運搬作用（transportation）　*47*

え

エアロゾル（aerosol）　*153*
エアロゾル間接効果（aerosol indirect effect）　*167*
エアロゾル直接効果（aeorosol direct effcet）　*167*
ALH84001　*111*
エイトケン粒子（Aitken particle）　*154*
栄養塩類（nutrient salts）　*150*

索引

Aタイプ（花崗岩類）（A-type (granitic rock)） 34
液状化（liquefaction） 183
液状化流（liquefied flow） 50, 52
液相酸化（aqueous oxidation） 167
液相線（liquidus） 36
エクロジャイト（eclogite） 42
Sタイプ（花崗岩類）（S-type (granitic rock)） 33
S波（S wave） 7
エディアカラ生物群（Ediacara biota） 114
Mタイプ（花崗岩類）（M-type (granitic rock)） 34
エルニーニョ（El Niño） 160
エルニーニョ・南方振動（El Niño-Southern Oscillation, ENSO） 160
塩水化（groundwater salinization） 173
エンスタタイトコンドライト（enstatite chondrite） 90

お

オイルサンド（oil sand） 147
オイルシェール（oil shale） 147
横臥褶曲（recumbent fold） 77
オウムガイ（nautiloids） 116
黄鉱（yellow ore） 142
応力変形条件（state of strain） 184
沖浜（offshore） 50
押しかぶせ断層（overthrust） 57, 77
汚染メカニズム（mechanism of pollution） 178
オゾン層（ozone layer） 4, 168
オゾン層破壊（depletion (destruction) of the ozone layer） 159
オゾンホール（ozone hole） 169
オッド＝ハーキンス則（Oddo-Harkins' law） 15
オフィオライト（ophiolite） 9
親潮（Oyashio current） 157
オールトの雲（Oort cloud） 88
オルドビス紀生物大放散事変（Great Ordovician Biodiversification Event） 117
温室効果（greenhouse effect） 152
温室効果ガス（greenhouse gas） 152, 165
温室地球（greenhouse Earth） 122
温度-圧力-時間経路（temperature-pressure-time path） 40
温度躍層（thermocline） 156

か

海塩粒子（sea salt particle） 154
外核（outer core） 11
外気圏（exosphere） 5
海溝（trench） 70
海進面（transgression surface） 54
海水準（sea level） 84
海成層（marine deposit） 177
海成段丘（海岸段丘）（coastal terrace） 84
海底噴気堆積鉱床（submarine exhalative sedimentary deposit） 139, 141
海底熱水鉱床（submarine hydrothermal deposit） 142
回転軸（rotation axis） 25
カイパーベルト（Kuiper belt, Edgeworth-Kuiper belt） 88
回反軸（inversion axis） 25
壊変定数（decay constant） 2
海面上昇（sea level rise） 161
海洋循環（ocean circulation） 156
海洋大循環（global ocean circulation） 157
海洋地殻（oceanic crust） 9
海洋底拡大（seafloor spreading） 62
海洋底変成作用（ocean floor metamorphism） 38, 104
海洋無酸素事変（oceanic anoxic event） 125
海流（ocean current） 156
海嶺（ridge） 67
海嶺変成作用（ridge metamorphism） 38
化学合成独立栄養細菌（chemoautotrophic bacteria） 143
化学進化（chemical evolution） 110
化学的堆積鉱床（chemical-sedimentary deposit） 145
化学的沈殿岩（chemical sedimentary rocks） 45
化学的風化（chemical weathering） 46
鍵層（marker bed） 53
核形成（nucleation） 154
角閃岩（amphibolite） 42
崖崩れ（landslide） 186
花崗岩（granite） 33
花崗岩質層（granitic layer） 9
花崗岩質マグマ（granitic magma） 35
火砕サージ（pyroclastic surge） 184
可採埋蔵量（recoverable reserves） 163
火砕流（pyroclastic flow） 184
火山ガラス（volcanic glass） 30
火山岩（volcanic rock） 30
火山岩塊（volcanic block） 34
火山災害（volcanic disaster） 184
火山砕屑岩（pyroclastic rock） 34
火山性塊状硫化物鉱床（volcanogenic massive sulfide deposit） 141
火山性津波（volcanic tidal wave） 184

火山前線（火山フロント）(volcanic front)　73
火山弾 (volcanic bomb)　34
火山島 (volcanic island)　29
火山灰 (volcanic ash)　34
火山礫 (lapilli)　34
火成岩 (igneous rock)　27
火成鉱床 (magmatic deposit)　136
火成作用 (igneous activity)　27
河成段丘（河岸段丘）(fluvial terrace)　84
化石燃料 (fossil fuel)　134, 159
河川水 (river water)　145
仮像（仮晶）(pseudomorph)　23
カタクレーサイト (cataclasite)　39
活火山 (active volcano)　71
活断層 (active fault)　82
カッパーベルト型鉱床 (copper belt-type deposit)　146
ガーニエライト (garnierite)　148
カーボナタイト (carbonatite)　138
カーボナタイト型鉱床 (carbonatite deposit)　138
ガラス質 (vitric, glassy, hyaline)　29
ガラス包有物 (glass inclusion)　37
カリウム-アルゴン法 (potassium-argon dating method)　3
軽石 (pumice)　34
カルクアルカリ岩系列 (calc-alkaline (rock) series)　29
カルサイトオーシャン (calcite ocean)　116
カレドニア造山運動 (Caledonian orogeny)　78
カレントリップル (current ripple)　49
カロン (Charon)　91
環境基本法 (Basic Environment Law)　171
環境の変遷 (environmental change)　190
間隙水圧 (pore water pressure)　175
含水層状珪酸塩鉱物 (hydrous phyllosilicate mineral)　47
岩屑流（岩屑なだれ）(debris avalanche)　184
岩相 (lithofacies, rock facies)　52
岩相層序単元 (lithostratigraphic unit)　53
岩相変化 (lithofacies change)　53
関東地震（大正関東地震）(1923 Great Kanto earthquake)　85, 180
貫入岩 (intrusive rock)　30
干ばつ (drought)　159
間氷期 (interglacial epoch)　160
カンブリア爆発 (Cambrian explosion)　115
涵養域 (recharge area)　173
かんらん岩 (peridotite)　33
寒冷化 (cooling)　107

き

気圧傾度力 (pressure-gradient force)　154
機械的堆積鉱床 (detrital deposit)　145
気圏 (atmosphere)　4
基質 (matrix)　51
季節風 (monsoon)　156
北大西洋深層水 (North Atlantic deep water)　157
北太平洋亜熱帯循環 (Subtropical North Pacific Circulation)　157
基底流出 (base flow)　158
揮発性有機化合物 (volatile organic compounds)　153
キプロス型鉱床 (Cyprus-type deposit)　142
逆断層 (reverse fault)　57
キャップ炭酸塩岩 (cap carbonate)　106
級化構造 (graded bedding)　50
キュリー温度 (Curie temperature)　59
凝結 (condensation)　154
凝集 (cohesion)　154
共生 (paragenesis)　28
共存 (association, coexistence)　28
鏡面 (mirror plane)　25
共融系 (eutectic system)　36
共融点 (eutectic point)　36
ギヨー (guyot)　61
恐竜 (dinosaurs)　123
極高圧帯 (polar vortex)　155
極循環 (polar circulation)　156
極偏東風 (polar easterlies)　156
巨大火成岩岩石区 (large igneous province)　124
巨大粒子 (giant particle)　154
キンクバンド (kink band)　55
均質化温度 (homogenization temperature)　144
均質集積モデル (homogeneous accretion model)　90
キンバーライト (kimberlite)　138
キンバーライト型鉱床 (kimberlite deposit)　138

く

グアノ (guano)　147
空間群 (space group)　25
苦鉄質 (mafic)　28
苦鉄質鉱物（マフィック鉱物）(mafic mineral)　31
熊本地震 (2016 Kumamoto earthquakes)　182
雲アルベド (cloud albedo)　167
雲凝結核 (cloud condensation nuclei)　154, 167
グライゼン鉱床 (greisen deposit)　140
暗い太陽のパラドックス (faint young Sun paradox)　98
クラーク数 (Clarke number)　15

クラック（crack） 56
クラトン（craton） 78, 103
グラニュライト（granulite） 44
グラノブラスティック組織（granoblastic texture） 40
クリープ（creep） 70
グリーンタフ（Green Tuff） 82
クリッペ（klippe） 57
グリパニア（Grypania） 101, 113
クレーター（crater） 91
黒鉱（kuroko） 142
黒鉱型鉱床（kuroko-type deposit） 142
黒鉱鉱床（kuroko deposit） 142
黒潮（Black current, Kuroshio current） 157
クロロ錯体（chloro complex） 140

け

珪鉱（siliceous ore） 142
珪酸塩鉱物（silicate mineral） 29
珪酸塩溶融体（silicate melt） 27
傾斜不整合（clinounconformity） 53
珪長質（felsic） 28
珪長質鉱物（フェルシック鉱物）（felsic mineral） 31
結晶化包有物（crystallized inclusion） 37
結晶系（crystal system） 25
結晶軸（crystal axis） 26
結晶質石灰岩（crystalline limestone） 44
結晶分化型鉱床（crystallization differentiation type magmatic deposit） 137
結晶分化作用（crystallization differentiation） 35, 137
原核生物（procaryote, prokaryote） 111
原岩（protolith） 37
原始海洋（primitive ocean） 98
原始大気（primitive atmosphere） 98
原始太陽系星雲（primitive solar nebula） 89
顕晶質（phanerocrystalline） 29
原生代（Proterozoic） 2
顕生累代（Phanerozoic） 2
懸濁物質（suspended matter） 158
顕熱（sensible heat） 152
玄武岩質層（basaltic layer） 9
玄武岩質マグマ（basaltic magma） 35
元禄（関東）地震（1703 Genroku earthquake） 183

こ

コアストーン（corestone） 46
高圧型変成帯（high-pressure type metamorphic belt） 39

広域変成作用（regional metamorphism） 38
公害（(environmental) pollution） 171
鉱害（(environmental) pollution caused by mining） 172
高気圧（high pressure） 154
後期隕石重爆撃（late heavy bombardment） 91
膠結作用（cementation） 50
硬骨魚類（osteichthyes, bony-fishes） 119
向斜（syncline） 55
鉱床（ore deposit） 136
洪水（flood） 159
洪水玄武岩（flood basalt） 71, 123
後生動物（metazoan） 113
鉱石（ore） 136
構造（structure） 29
構造式（structural formula） 21
構造侵食（tectonic erosion） 105
後退変成作用（retrograde metamorphism） 39
鉱物（mineral） 15
鉱物組合せ（mineral assemblage） 39
鉱物組成（mineral composition） 27
弧-海溝系（arc-trench system） 78
国際鉱物学連合（International Mineralogical Association） 17
黒色頁岩（black shale） 125
黒曜岩（obsidian） 29
古生代（Paleozoic） 2
固相線（solidus） 36
固体地球（solid earth） 5
コバルトリッチマンガンクラスト（cobalt-rich manganese crust） 146
固溶体（solid solution） 23
コリオリ力（Coriolis force） 155
古流向解析（paleocurrent analysis） 51
コールドプルーム（cold plume） 70
混合層（mixing layer） 156
コンデンスト・セクション（condensed section） 54
コンドライト（chondrite） 92
ゴンドワナ（Gondwana） 106
コンラッド不連続面（Conrad discontinuity） 9

さ

再結晶作用（recrystallization） 40
砕屑岩（clastic rock） 44
砕屑物（clast） 44
最大海氾濫面（maximum flooding surface） 54
細胞内共生（endosymbiosis） 112
差応力（differential stress） 40

砂岩・頁岩型銅鉱床（sandstone-shale type copper deposit） 145
座屈（buckling） 55
砂漠化（desertification） 159
皿状構造（dish structure） 52
サンアンドレアス断層（San Andreas fault） 69
酸化鉄・銅・金型鉱床（iron oxide-copper-gold（IOCG）deposit） 143
酸欠（irrespirable atmosphere） 173
酸性雨（acid rain） 159, 165
酸素同位体組成（oxygen isotope composition） 95, 123
三大栄養素（three major nutrients） 150
山体崩壊（sector collapse） 186
残土（surplus soil） 177
三葉虫（trilobite） 115
残留磁気（remanent magnetization（magnetism）） 59

し

シアノバクテリア（らん色細菌）（cyanobacteria） 102
CAI（Ca-Al-rich inclusion） 92
ジェット気流（jet stream） 156
シェブロン褶曲（chevron fold） 55
シェールガス（shale gas） 147
ジオイド（geoid） 5
ジオパーク（geopark） 186
磁気圏（geomagnetic sphere） 12
磁極（magnetic pole） 12
軸比（axial parameter） 26
軸率（axial ratio） 26
自形（euhedral, idiomorphic, automorphic） 28
シーケンス境界面（sequence boundary） 54
シーケンス層序学（sequence stratigraphy） 54
シーケンス層序単元（sequence stratigraphic unit） 53
資源の枯渇（depletion of mineral (-fuel) resources） 132
示準化石（index fossil） 53
地震災害（earthquake disaster） 179
地震の再来周期（earthquake recurrence cycle） 84
地震波解析（seismic wave analysis, analysis of seismic waves） 6
地震波トモグラフィー（seismic tomography） 8
地震波の陰（shadow of seismic wave） 7
地すべり（landslide） 186, 187
沈み込み型造山運動（subduction-type orogeny） 77
沈み込み帯変成作用（subduction zone metamorphism） 38
持続可能な開発（sustainable development） 170

実体波（body wave） 8
実体波マグニチュード（body-wave magnitude） 179
磁鉄鉱系（花崗岩類）（magnetite-series（granitic rock）） 33, 141
シート状岩脈群（sheeted dike） 68
地盤改良（soil improvement） 176
地盤沈下（land subsidence） 173, 174
GPS（Global Positioning System） 85
縞状組織（banded texture） 40
縞状鉄鉱層（banded iron formation） 101, 145
ジャイアントインパクト説（giant impact hypothesis） 95
斜長岩（anorthosite） 94
シャッターコーン（shatter cone） 39
斜面災害（slope disaster） 186
斜面崩壊（slope failure） 173
蛇紋岩（serpentinite） 33
獣弓類（therapsid） 122
褶曲（fold） 55
褶曲軸（fold axis） 55
褶曲軸面（fold axial plane（surface）） 55
重金属（heavy metal） 176
集合流（mass flow） 47, 50
集水（区）域（watershed） 158
集積岩（cumulate） 67
従属栄養呼吸（heterotrophic respiration） 163
従属栄養生物（heterotroph） 150
重力（gravity） 9
主成分鉱物（essential mineral） 31
シュードタキライト（pseudotachylyte） 39
純一次生産（net primary production（NPP）） 150, 163
循環型社会（recycling-oriented society） 170
循環型社会形成推進基本法（Basic Law for Establishing a Recycling-based Society） 171
準片麻岩（paragneiss） 44
準惑星（dwarf planet） 88
硝化（nitrification） 166
衝撃変成作用（shock metamorphism） 39
条痕色（streak color） 24
硝酸（nitric acid） 166
硝酸イオン（nirate ion） 166
衝上断層（thrust） 57, 77
晶族（crystal class） 25
焦電性（pyroelectricity） 24
衝突変成作用（impact metamorphism） 39
蒸発岩（evaporite） 45
蒸発鉱床（evaporite deposit） 147

蒸発散（evapotranspiration） *158*
消費者（consumer） *149*
晶癖（crystal habit） *21*
小惑星（asteroid） *90*
職業病（occupational disease） *171*
食物網（food web） *150*
食物連鎖（food chain） *150*
初生鉱物（primary mineral） *31*
シリカ（silica） *28*
シリコンバレー（Silicon Valley） *176*
震央（epicenter） *179*
真核生物（eukaryote, eucaryote） *101, 112*
震源（hypocenter） *179*
震源域（hypocentral region, focal region） *179*
人工地層（artificial bed） *190*
新鉱物形成作用（neomineralization） *40*
震災の帯（earthquake disaster belt） *181*
侵食作用（erosion） *47*
深成岩（plutonic rock） *30*
親生元素（biophile element） *149*
真正細菌（eubacteria） *110*
新生代（Cenozoic） *2*
親石元素（lithophile element） *134*
深層（deep layer） *156*
深層循環（abyssal circulation） *157*
親鉄元素（siderophile element） *134*
震度（seismic intensity） *179*
シンフォーム（synform） *55*
人類紀（Anthropogene） *190*

す

水圏（hydrosphere） *5*
水溶性天然ガス（natural gas dissolved in water） *175*
スカルン鉱床（skarn deposit） *140*
スコリア（scoria） *34*
ストロマトライト（stromatolite） *102, 111*
スノーライン（雪線，凍結線）（snow line） *89*
スーパーコールドプルーム（super cold plume） *71*
スーパーファンド法（CERCLA and SARA） *176*
スーパープルーム（superplume） *138*
スーパーホットプルーム（super hot plume） *71*
スペリオル型（Superior-type） *145*
スベンスマルク効果（Svensmark theory） *107*
スラブメルティング（slab melting） *103*
スロッシング（sloshing） *180*

せ

静岩圧（lithostatic pressure） *40*
請願示威運動（petition demonstration） *172*
整合（conformity） *52*
生産者（producer） *149*
青色片岩（blue schist） *42*
成層圏（stratosphere） *4*
生層序単元（biostratigraphic unit） *53*
生態系（ecosystem） *149*
生態系呼吸（ecosystem respiration） *164*
静態的耐用年数（static reserve index） *133*
正断層（normal fault） *57*
生物圏（biosphere） *149*
生物擾乱（bioturbation） *190*
生物地球化学的循環（biogeochemical cycle） *150, 159*
生物ポンプ（biological pump） *125*
正片麻岩（orthogneiss） *44*
正マグマ性鉱床（orthomagmatic deposit） *136*
世界保健機構（WHO） *177*
石炭（coal） *147*
赤道低圧帯（equatorial trough） *155*
石油（oil, petroleum） *147*
石灰岩（limestone） *45, 147*
石基（groundmass） *30*
接触交代鉱床（contact metasomatic deposit） *139, 140*
接触変成作用（contact metamorphism） *38*
絶滅（extinction） *108*
節理（joint） *56*
SEDEX型鉛・亜鉛鉱床（sedimentary exhalative lead-zinc deposit） *145, 146*
先カンブリア時代（Precambrian） *2*
全球凍結（Snowball Earth） *88, 113*
剪断帯（shear zone） *57*
線構造（lineation） *40*
潜熱（latent heat） *152*
全マントル対流（whole mantle convection） *104*
閃緑岩（diorite） *32*

そ

層（formation） *52*
総一次生産（gross primary production（GPP）） *150, 163*
造岩鉱物（rock-forming mineral） *21, 31*
双極子磁場（dipole field） *12*
層群（group） *53*
走向移動断層（strike-slip fault） *57*
造山帯（orogenic belt） *76*

走時曲線（time-travel curve） **7**
相似褶曲（similar fold） **55**
層準（horizon） **53**
層序（stratigraphy） **53**
層状含銅硫化鉄鉱鉱床（bedded cupriferous sulfide deposit） **142**
層状鉄鉱床（bedded iron deposit） **145**
層状マンガン鉱床（bedded manganese deposit） **145**
相対年代（relative age） **2**
相転移（phase transition） **23**
相平衡図（phase diagram） **35**
層理面（bedding plane） **52**
掃流（traction） **47**
続成作用（diagenesis） **46, 50**
組織（texture） **29**
組成式（compositional formula） **21**
粗大粒子（coarse particle） **154**
外浜（shoreface） **49**
ソリダス（solidus） **36**
ソリン（tholin） **91**
ソールマーク（sole mark） **51**
ソレアイト系列（tholeiitic series） **29**

た

ダイアピル（diapir） **56**
第1次石油ショック（1st oil crisis） **171**
大気大循環（atmospheric general circulation） **155**
大気の川（atmospheric river） **162**
太古代（Archean） **2**
第3大陸（the third continent） **105**
対称心（center of symmetry） **25**
耐震性（earthquake resistancy） **180**
大深度地すべり（deep-seated landslide） **188**
帯水層（aquifer） **159, 173**
帯水層単元（hydrostratigraphic unit） **173**
大西洋中央海嶺（Mid-Atlantic Ridge） **61**
堆積過程（sedimentary process） **46**
堆積岩（sedimentary rock） **44**
堆積鉱床（sedimentary deposit） **136**
堆積構造（sedimentary structure） **48**
堆積作用（sedimentation） **49**
堆積物重力流（sediment gravity flow） **50**
堆積盆地（sedimentary basin） **55**
大地溝帯（Great Rift Valley（East African Rift Valley）） **68**
大腸菌（colon bacillus） **176**
第2大陸（the second continent） **105**

対比（correlation） **52**
太陽放射（solar radiation） **151**
大陸移動説（continental drift theory） **59, 122**
大陸衝突型造山運動（collision-type orogeny） **77**
大陸衝突帯（continental collision zone） **77**
大陸棚（continental shelf） **9**
大陸地殻（continental crust） **8**
大陸氷床（continental ice sheet） **113**
大理石（marble） **44**
対流圏（troposphere） **4**
対流圏界面（tropopause） **155**
大粒子（large particle） **154**
大量絶滅（mass extinction） **122**
他形（anhedral, xenomorphic, allotriomorphic） **28**
多形（polymorph） **22**
脱窒（denitrification） **165**
棚倉構造線（Tanagura Tectonic Line） **79**
タービダイト（turbidite） **50**
ダルシーの式（Darcy's equation） **173**
単位格子（unit lattice） **25**
単位胞（unit cell） **25**
段丘（terrace） **84**
炭酸塩補償深度（Carbouate Compenstation Depth, CCD） **45, 124**
断口（fracture） **24**
単斜構造（monocline） **56**
端成分（end member, component） **23**
単層（bed） **52**
断層（fault） **56**
断層岩（fault rock） **39**
炭素質コンドライト（carbonaceous chondrite） **91**
炭素循環（carbon cycle） **162**
炭素同位体組成（carbon isotope composition） **111**
炭素粒子（carbon particle） **190**
短波放射（short wave radiation） **151**
断裂（fracture） **56**

ち

チオ錯体（thio complex） **140**
地殻熱流量（crustal heat flow） **13**
地殻の元素存在比（crustal abundance of elements） **15**
地下水（groundwater） **173**
地下水汚染（groundwater contamination） **173**
地下水盆（groundwater basin） **173**
地下水流動系（groundwater flow system） **178**
地球温暖化（global warming） **159, 160**
地球型惑星（terrestrial planet） **88**

地球楕円体（terrestrial ellipsoid） *6*
地球内部熱（terrestrial interior heat） *13*
地球放射（earth radiation） *151*
地溝帯（rift zone） *67*
地磁気（geomagnetism） *12*
地磁気異常（geomagnetic anomaly） *62*
地磁気逆転（geomagnetic reversal） *61*
地質学的循環（geological cycle） *150*
地層（stratum（*sg*）strata（*pl*），bed） *44*
窒素（nitrogen） *165*
窒素化合物（nitride） *177*
窒素固定（nitrogen fixation） *165*
窒素固定細菌（nitrogen fixation bacteria） *153*
窒素循環（nitrogen cycle） *165*
窒素飽和（nitrogen saturation） *166*
千葉県東方沖地震（1987 Chibaken-toho-oki earthquake） *181*
チャップマンメカニズム（Chapman mechanism） *168*
チャート（chert） *45*
中央海嶺（mid-oceanic ridge） *67*
中央海嶺玄武岩（mid-oceanic ridge basalt, MORB） *67*
中央構造線（Median Tectonic Line） *79*
中間圏（mesosphere） *4*
中間流出（interflow） *158*
宙水（perched water） *173*
中生代（Mesozoic） *2*
中生代の海洋変革（Mesozoic marine revolution） *126*
チョーク（chalk） *45*
超苦鉄質岩（ultramafic rock） *32*
超高圧変成作用（ultrahigh-pressure metamorphism） *38, 43*
超高温変成作用（ultrahigh-temperature metamorphism） *38*
長周期地震動（long-period earthquake motion） *180*
長石型置換（feldspar type substitution） *23*
超大陸（supercontinent） *105*
長波放射（long wave radiation） *151*
重複変成作用（polymetamorphism） *40*
直下型地震（earthquake directly above the focus） *181*
沈殿岩（precipitates） *45*

つ

対の変成帯（paired metamorphic belt） *39*
月（Moon） *94*
津波（tsunami） *182*

て

低圧型変成帯（low-pressure type metamorphic belt） *39*
低気圧（low pressure） *154*
底質（bottom material） *189*
定常状態（steady state） *150*
低速度層（low velocity layer） *10*
泥流（mud flow） *185*
テクトスフェア（tectosphere） *103*
テクトナイト（tectonite） *68*
デコルマ（decollement） *57, 85*
デタッチメント断層（detachment fault） *57*
テチス海（Tethys Sea） *77*
点群（point group） *25*
典型七公害（seven major types of pollution） *172*
転向力（Coriolis force） *155*
天然ガス（natural gas） *147*
天皇海山群（Emperor seamount chain） *64*
天王星型惑星（Neptune-type planet, ice giant） *88*
電離圏（ionosphere） *5*

と

同位体年代（isotopic age） *2*
撓曲（flexure, monocline） *56*
同形（isomorph） *22*
透水係数（coefficient of permeability） *174*
透水性（permeability） *175*
透水層（permeable layer） *173*
東北地方太平洋沖地震（The 2011 off the Pacific coast of Tohoku Earthquake） *182*
等粒状組織（equigranular texture） *30*
動力変成作用（dynamic metamorphism） *39*
独立栄養呼吸（autotrophic respiration） *163*
独立栄養生物（autotroph） *149*
都市型災害（urban disaster） *181*
土壌汚染対策法（Soil Contamination Countermeasures Law） *176*
土石流（debris flow） *51, 185*
トラフ（trough） *70*
トランスフォーム断層（transform fault） *62, 69*
ドロップストーン（dropstone） *106*
ドロマイト（dolomite） *100*

な

内核（inner core） *11*
内分泌攪乱物質（endocrine disruptor） *176*
ナップ（nappe） *57, 77*

索　引　203

^{210}Pb 法（lead-210 dating method）　*189*
南海トラフ（Nankai Trough）　*82*
南極底層水（Antarctic bottom water）　*157*
軟骨魚類（chondrichthyes, cartilagenous fishes）　*119*
難透水層（aquiclude）　*173*

に

新潟地震（1964 Niigata earthquake）　*180*
二酸化炭素濃度（carbon dioxide concentration）　*119*
二次鉱物（secondary mineral）　*31*
二次粒子（secondary particle）　*154*
二層対流（two-layered mantle convection）　*104*
日射（solar radiation）　*151*
日本海（Japan Sea, Sea of Japan）　*81*

ぬ

ヌーナ（Nena）　*105*

ね

ネオゾーム（neosome）　*44*
熱塩循環（thermohaline circulation）　*125*, *156*, *157*
熱圏（thermosphere）　*4*
熱収支（heat budget）　*151*
熱水交代作用（hydrothermal metasomatism）　*143*
熱水性鉱床（hydrothermal deposit）　*139*
熱水変成作用（hydrothermal metamorphism）　*39*
熱水変質作用（hydrothermal alteration）　*39*, *143*
ネマトブラスティック組織（nematoblastic texture）　*40*
年代層序単元（chronostratigraphic unit）　*53*
粘土鉱物（clay mineral）　*47*

の

濃尾地震（1891 Nobi earthquake）　*180*
農薬（agricultural chemical）　*177*
野島断層（Nojima fault）　*181*
ノランダ型（Noranda-type）　*142*
ノルム（norm）　*27*
ノルム鉱物（normative mineral）　*27*

は

ハイアロクラスタイト（hyaloclastite）　*34*
配位数（coordination number）　*22*
バイオーム（biome）　*149*
バイオマーカー（biomarker）　*112*
バイオマス（biomass）　*150*
廃棄物（waste, refuse, garbage, rubbish）　*177*
背斜（anticline）　*55*

パイピング現象（piping phenomena）　*176*
パーサイト（perthite）　*23*
ハザードマップ（hazard map）　*185*
バージェス頁岩生物群（Burgess shale biota）　*115*
は虫類（reptiles）　*121*
ハドレー循環（Hadley circulation）　*155*
バリスカン造山運動（Variscan orogeny）　*78*
バリンジャー隕石孔（Barringer crater）　*91*
パレオゾーム（paleosome）　*44*
ハワイ諸島（Hawaii islands）　*64*
斑岩鉱床（porphyry deposit）　*139*, *141*
斑岩銅鉱床（porphyry copper deposit）　*141*
パンゲア（Pangea, Pangaea）　*59*, *106*, *122*
半減期（half-life）　*2*
パンサラッサ（Panthalassa）　*59*
斑晶（phenocryst）　*30*
斑状組織（porphyritic texture）　*30*
斑状変晶（porphyroblast）　*40*
反応系（reaction system）　*36*
反応点（reaction point）　*36*
ハンモック状斜交葉理（hummocky cross stratification）　*50*
はんれい岩（gabbro）　*32*

ひ

被圧帯水層（confined aquifer）　*173*
非アルカリ岩（subalkaline rock, non-alkaline rock）　*29*
非アルカリ（岩）系列（subalkaline（rock）series, non-alkaline（rock）series）　*29*
非結晶質（non-crystalline）　*29*
非顕晶質（aphanitic）　*29*
非晶質（amorphous）　*23*, *29*
微晶質（microcrystalline）　*29*
微小粒子（fine particle）　*154*
非整合（disconformity）　*53*
砒素（arsenic）　*176*
ヒートアイランド現象（heat island phenomenon）　*161*
ヒドロキシルラジカル（hydroxyl radical）　*165*
P 波（P wave）　*7*
ヒマラヤ（Himalayas）　*77*
氷河期（galcial age）　*160*
氷期（glacial epoch）　*160*
兵庫県南部地震（1995 Hyogoken-nanbu earthquake）　*181*
漂砂鉱床（placer（deposit））　*145*
氷室地球（icehouse Earth）　*129*
標準重力（standard gravity）　*9*

標準平均海水（standard mean ocean water (SMOW)）　144
表層（混合層）（surface (mixed) layer）　156
表面波（surface waves）　6
表面波マグニチュード（surface wave magnitude）　179
表面流出（surface runoff）　158
ヒューロニアン氷河時代（Huronian ice age）　106
微惑星（planetesimal）　89
品位（ore grade）　136

ふ

不圧帯水層（unconfined aquifer）　173
フィリピン海プレート（Philippine Sea plate）　82
フィールドネーム（field name）　27
風化鉱床（weathering deposit）　148
風化作用（weathering）　46
風化残留鉱床（residual deposit）　148
風化浸透鉱床（infiltration deposit）　148
風成循環（wind-driven gyre）　156
フェルシック（felsic）　31
フェレル循環（Ferrel circulation）　156
フェンスター（fenster, (tectonic) window）　57
フォッサマグナ（Fossa Magna）　79
付加体（accretionary prism, accretionary wadge）　76
不均質集積モデル（heterogeneous accretion model）　90
副成分鉱物（accessory mineral）　31
複変成作用（polymetamorphism）　40
ブーゲー異常（Bouguer anomaly）　9
富士山測候所（Mt. Fuji weather station）　168
不整合（unconformity）　52
筆石（hemichor dates）　116
不適合元素（incompatible element）　138
伏角（magnetic inclination）　12
物質循環（mass circulation）　170
ブッシュフェルト貫入岩体（Bushveld Complex）　137
部層（member）　52
物理的風化（physical weathering）　46
部分融解（溶融）（partial melting）　35
ブーマ・シーケンス（Bouma sequence）　50
浮遊性有孔虫（planktic foraminifers）　124
ブラベ格子（Bravais lattice）　25
プルームテクトニクス（plume tectonics）　70
プレソーラーグレイン（presolar grain）　93
フロン（flon）　169
プレート境界地震（plate-boundary earthquake）　75
プレート収束境界（convergent plate boundary）　35
プレートテクトニクス（plate tectonics）　65
プレート発散境界（divergent plate boundary）　35
噴火（eruption）　71
分解者（decomposer）　149
分解融解（溶融）（incongruent melting）　36
噴火予測（eruption forecast）　185
噴出岩（effusive rock, erupted rock, extrusive rock）　30
分水界（drainage divide, watershed）　158

へ

平均滞留時間（mean residence time）　151
平行褶曲（parallel fold）　55
平行不整合（parallel unconformity, disconformity）　53
劈開（cleavage）　24, 56
ペグマタイト（pegmatite）　138
別子型鉱床（Besshi-type deposit）　142
ベルトコンベアモデル（belt conveyer model）　158
ヘルシニア造山運動（Hercynian (Variscan) orogeny）　78
偏角（magnetic declination）　12
変形作用（deformation）　37
変質鉱物（altered mineral）　31
変成岩（metamorphic rock）　37
変成鉱床（metamorphic deposit）　136
変成作用（metamorphism）　37
変成相（metamorphic facies）　41
偏西風（westerlies）　156
変成分帯（metamorphic zoning）　41
片麻岩（gneiss）　44
片麻状組織（gneissosity）　40
片理（schistosity）　40

ほ

貿易風（trade wind）　156
崩壊性地すべり（high speed landslide）　186
放射性炭素年代測定法（radioactive carbon dating method, radiocarbon dating method）　3
放射性同位体（radioisotope）　190
放射年代（radiometric age）　2
包晶系（peritectic system）　36
包晶点（peritectic point）　36
包晶反応（peritectic reaction）　36
ボーキサイト（bauxite）　148
ホットスポット（hot spot）　63
ホットプルーム（hot plume）　71
哺乳類（mammal）　126

索　引　205

ホルンフェルス（hornfels）　*44*
本震（main shock）　*76*

ま

埋没変成作用（burial metamorphism）　*38*
マイロナイト（mylonite）　*39*
マウナロア（Mauna Loa）　*72*
前浜（foreshore）　*49*
マグニチュード（magnitude）　*179*
マグマ（magma）　*27*
マグマオーシャン（magma ocean）　*94*
マグマ性鉱床（magmatic deposit）　*136*
マグマ溜り（magma chamber）　*71*
マグマ不混和型鉱床（unmixing type magmatic deposit）　*138*
真砂（マサ）（decomposed granite）　*46*
マス・ムーブメント（mass movement）　*187*
マフィック（mafic）　*31*
マンガンクラスト（manganese crust）　*146*
マンガンノジュール（manganese nodule）　*146*
マントル（mantle）　*10*
マントルオーバーターン（mantle overturn）　*104*
マントル遷移層（mantle transition zone）　*11*
マントルプルーム（mantle plume）　*64*

み

ミグマタイト（migmatite）　*44*
ミシシッピバレー型鉛・亜鉛鉱床（Mississippi Valley type lead-zinc deposit）　*139*, *143*
水循環（water cycle）　*159*
宮城県沖地震（1978 Miyagiken-oki earthquake）　*181*
ミュオグラフィー（muography）　*8*
ミラー指数（Miller's indices）　*27*
ミランコビッチサイクル（Milankovitch cycle）　*160*

む

無色鉱物（colorless mineral）　*31*
無定形鉱物（amorphous mineral）　*23*

め

冥王代（Hadean）　*2*
メガモンスーン（megamonsoon）　*122*
メガリス（megalith）　*104*
メタミクト鉱物（metamict mineral）　*23*
メタンハイドレート（methane hydrate）　*147*
メレンスキーリーフ（Merensky reef）　*139*
面構造（foliation）　*40*

面指数（plane indices）　*27*

も

木星型惑星（Jovian planet）　*88*
モース硬度（Mohs hardness）　*24*
モード（mode）　*27*
モホロビチッチ不連続面（Mohorovičić discontinuity）　*8*
モーメントマグニチュード（moment magnitude）　*179*
モンスーン（monsoon）　*156*

や

山崩れ（landslide, landslip）　*186*

ゆ

有害化学物質（hazardous chemical substance）　*176*
有機塩素化合物（organochlorine compound）　*176*, *177*
有機炭素（oraganic carbon）　*154*, *163*
有機的堆積鉱床（organic sedimentary deposit）　*147*
有効応力（effective stress）　*175*
優黒質岩（melanocratic rock）　*28*
有色鉱物（colored mineral）　*31*
優白質岩（leucocratic rock）　*28*
有理指数の法則（law of rational facial-indices）　*27*

よ

溶岩（lava）　*27*
溶岩台地（lava plateau）　*29*
溶結凝灰岩（welded tuff）　*34*
溶存物質（dissolved compound）　*158*
横ずれ断層（strike-slip fault）　*57*
横曲げ（bending）　*55*
余震（aftershock）　*76*

ら

ライフライン（life line）　*181*
ラニーニャ（La Niña）　*160*
ラブ・カナル（Love Canal）　*176*
乱泥流（turbidity current）　*50*
乱流（turbulence）　*50*

り

リキダス（liquidus）　*36*
リザーバ（reservoir）　*150*
リソスフェア（岩石圏）（lithosphere）　*10*, *64*
リフト（rift）　*67*
流域（drainage basin）　*158*

流域界（drainage divide, watershed） *158*
流痕（current mark） *51*
硫酸アンモニウム（ammonium sulfate） *154*
硫酸塩（sulfate） *154*
硫酸ミスト（sulfuric acid mist） *167*
粒子流（grain flow） *51*
流出域（discharge area） *173*
流体包有物（fluid inclusion） *144*
流紋岩（rhyolite） *29*
流理構造（fluidal structure, flow structure） *29*
離溶（exsolution） *23*
両生類（amphibians） *120*
緑色片岩（green schist） *42*

る

累進変成作用（progressive metamorphism） *41*
累積モード（accumulation mode） *154*
累帯配列（zonal arrangement） *140*

ルビジウム-ストロンチウム法（rubidium-strontium dating method） *3*
ルミネッセンス（luminescence） *24*

れ

レアアース泥（rare earth-rich mud） *147*
霊長類（primates） *129*
レイトベニア大気（late veneer） *97*
礫岩型ウラン-金鉱床（conglomeratic gold-uranium deposit） *145*
裂開（divulsion） *24*
レピドブラスティック組織（lepidoblastic texture） *40*

ろ

労働災害（job-related accident） *171*
6価クロム（hexavalent chromium） *177*
ロディニア（Rodinia） *106*

地球・環境・資源
―地球と人類の共生をめざして― 第2版

Earth, Environment and Resources : to build a harmonious relationship between the Earth and human beings, 2nd ed.

検印廃止

2008年9月15日 初 版1刷発行	編 者	内 田 悦 生 ©2019
2017年3月15日 初 版5刷発行		高 木 秀 雄
2019年3月15日 第2版1刷発行	発行者	南 條 光 章
2021年2月15日 第2版2刷発行		東京都文京区小日向4丁目6番19号
	印刷者	入 澤 誠一郎
NDC 450		東京都荒川区西尾久4丁目7番6号

発行所　東京都文京区小日向4丁目6番19号
電話 東京 (03)3947-2511 (代表)
〒112-0006 ／ 振 替 00110-2-57035
www.kyoritsu-pub.co.jp

共立出版株式会社

印刷／製本：星野精版印刷　Printed in Japan

一般社団法人
自然科学書協会
会員

ISBN 978-4-320-04734-1

JCOPY ＜出版者著作権管理機構委託出版物＞
本書の無断複製は著作権法上での例外を除き禁じられています．複製される場合は，そのつど事前に，出版者著作権管理機構（ＴＥＬ：03-5244-5088，ＦＡＸ：03-5244-5089，e-mail：info@jcopy.or.jp）の許諾を得てください．

現代地球科学入門シリーズ

大谷　栄治
長谷川　昭
花輪　公雄
【編集】

全16巻

世の中には多くの科学の書籍が出版されている。しかしながら多くの書籍には最先端の成果が紹介されているが，科学の進歩に伴って急速に時代遅れになり，専門書としての寿命が短い消耗品のような書籍が増えている。本シリーズは，寿命の長い教科書，座右の書籍を目指して，現代の最先端の成果を紹介しつつ，時代を超えて基本となる基礎的な内容を厳選し丁寧にできるだけ詳しく解説する。本シリーズは，学部2～4年生から大学院修士課程を対象とする教科書，そして専門分野を学び始めた学生が，大学院の入学試験などのために自習する際の参考書にもなるように工夫されている。さらに，地球惑星科学を学び始める学生や大学院生ばかりでなく，地球環境科学，天文学，宇宙科学，材料科学などの周辺分野を学ぶ学生・大学院生も対象とし，それぞれの分野の自習用の参考書として活用できる書籍を目指した。

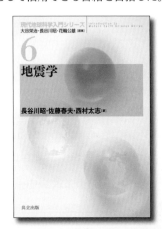

【各巻：A5判・上製本・税別本体価格】
※価格は変更される場合がございます※

共立出版
https://www.kyoritsu-pub.co.jp/
https://www.facebook.com/kyoritsu.pub

① **太陽・惑星系と地球**
佐々木　晶・土山　明・笠羽康正・大竹真紀子著
……………………………………2019年5月発売予定

② **太陽地球圏**
小野高幸・三好由純著……………264頁・本体3,600円

③ **地球大気の科学**
田中　博著…………………………324頁・本体3,800円

④ **海洋の物理学**
花輪公雄著…………………………228頁・本体3,600円

⑤ **地球環境システム** 温室効果気体と地球温暖化
中澤高清・青木周司・森本真司著……294頁・本体3,800円

⑥ **地震学**
長谷川　昭・佐藤春夫・西村太志著……508頁・本体5,600円

⑦ **火山学**
吉田武義・西村太志・中村美千彦著……408頁・本体4,800円

⑧ **測地・津波**
藤本博己・三浦　哲・今村文彦著……228頁・本体3,400円

⑨ **地球のテクトニクスⅠ** 堆積学・変動地形学
箕浦幸治・池田安隆著……………216頁・本体3,200円

⑩ **地球のテクトニクスⅡ** 構造地質学
金川久一著…………………………270頁・本体3,600円

⑪ **結晶学・鉱物学**
藤野清志著…………………………194頁・本体3,600円

⑫ **地球化学**
佐野有司・高橋嘉夫著……………336頁・本体3,800円

⑬ **地球内部の物質科学**
大谷栄治著…………………………180頁・本体3,600円

⑭ **地球物質のレオロジーとダイナミクス**
唐戸俊一郎著………………………266頁・本体3,600円

⑮ **地球と生命** 地球環境と生物圏進化
掛川　武・海保邦夫著……………238頁・本体3,400円

⑯ **岩石学**
榎並正樹著…………………………274頁・本体3,800円